U0958546

Compilation of the Best Geological Achievements in Coal Geological Industry During the 13th Five-year-plan Period

全国煤炭地质行业“十三五”优秀地质成果汇编

中国煤炭工业协会煤炭地质分会◎汇编

中国经济出版社
CHINA ECONOMIC PUBLISHING HOUSE
·北 京·

图书在版编目（CIP）数据

全国煤炭地质行业“十三五”优秀地质成果汇编／中国煤炭工业协会煤炭地质分会汇编．--北京：中国经济出版社，2021.7

ISBN 978－7－5136－6509－4

Ⅰ.①全… Ⅱ.①中… Ⅲ.①煤炭开发－地质勘探－成果－汇编－中国－2016－2020 Ⅳ.①P618.110.8

中国版本图书馆 CIP 数据核字（2021）第 120754 号

选题策划　雷　生
责任编辑　侯娅南
责任印制　马小宾
封面设计　北京·任燕飞装帧设计工作室

出版发行　中国经济出版社
印 刷 者　中煤（北京）印务有限公司
经 销 者　各地新华书店
开　　本　787mm×1092mm　1/16
印　　张　19
字　　数　315 千字
版　　次　2021 年 7 月第 1 版
印　　次　2021 年 7 月第 1 次
定　　价　128.00 元
广告经营许可证　京西工商广字第 8179 号

中国经济出版社　**网址** www.economyph.com　**社址** 北京市东城区安定门外大街 58 号　**邮编** 100011
本版图书如存在印装质量问题，请与本社销售中心联系调换（联系电话：010－57512564）

《全国煤炭地质行业“十三五”优秀地质成果汇编》
编　委　会

前言

Preface

“十三五”时期，广大煤炭地质工作者以保障国家能源安全、保障国家战略性新兴矿产资源为己任，致力于为国家经济发展提供更多的绿色清洁能源和战略性矿产资源。在适应新时代行业发展需求，努力提升科技创新能力，积极投身“美丽中国”建设、国家生态文明建设进程中，涌现出一大批优秀地质勘查、找矿成果，煤系共伴生矿产资源成果，勘查技术改进与创新新工艺，新型智能勘查设备，地质研究新理论、新观点、新型专利（产品）等，为煤炭地质行业创新驱动发展、地勘经济转型升级和产业结构调整提供了有力支撑。

为进一步宣传推广“十三五”时期优秀地质成果，中国煤炭工业协会煤炭地质分会精心组织，全力推进。各会员单位积极推荐了优秀地质成果 161 项，重点集中于获得国家级、省部级奖励的成果，结合近三届优秀地质报告 570 项，本书编委会组织相关专家，共遴选出优秀地质成果 49 项，汇编成册。其中，获国家科学技术进步二等奖 1 项，获省部级科学技术一等奖 10 项、二等奖 19 项、三等奖 7 项，其他奖项 12 项，目的是力求通过宣传、宣讲，进一步推进优秀地质成果转化应用，不断提升我国煤炭地质勘查科技水平，引领行业高质量发展，为保障国家能源安全再立新功。

汇编期间，编写人员得到中国煤炭工业协会领导的悉心指导，得到行业各单位的鼎力相助，得到中国煤炭地质总局张德高、吴国强、姚超美、赵镨、杨光辉、林中月等专家的大力支持，一并表示感谢。

不当之处，请批评指正。

编者

2021 年 5 月 10 日

目录

Contents

01

西北地区煤炭与煤层气(瓦斯)协同勘查与开发的地质关键技术

1.1 项目基本情况

六盘山以西、昆仑山以北的西北地区是我国煤炭与煤层气（瓦斯）开发战略西移的主要接续地，其煤炭及煤层气（瓦斯）资源分别约占全国的 40% 和 30%。2008 年以前，该地区的煤炭开发主要集中于地质条件复杂的浅部地区，以中小型矿井为主，开发程度较低。对于其盆内沙漠戈壁隐伏区，则多认为其地质条件复杂，地下水资源极为贫乏，未对其中赋存的煤层气（瓦斯）做系统研究。

在上述背景下，制约该地区大型煤炭基地建设与开发的主要地质难题为：①对陆相盆地煤炭资源聚集模式与控煤构造的复杂程度认识不清；②未建立适宜低煤阶储层煤层气（瓦斯）的预测理论、评价方法与开发关键技术；③对赋煤盆地水文地质结构及其富水规律、致灾机理认识不清；④缺乏对沙漠、戈壁、雪域等复杂地貌条件下的煤气水资源协同勘查与矿井隐蔽致灾地质因素进行精细探测的技术；⑤未形成煤炭与煤层气（瓦斯）资源协同开发模式及矿井生产中系统的地质灾害防治技术。

针对上述影响煤炭与煤层气（瓦斯）开发的关键地质问题，中国煤炭地质总局牵头开展了集产学研用于一体的科技攻关、勘查工程实践及应用，攻克了制约西北地区煤炭与煤层气（瓦斯）资源协同勘查与开发的地质关键技术、矿井隐蔽致灾地质因素精细探测技术，取得了煤炭、煤层气（瓦斯）及地下水资源勘查与开发的重要突破，有力支撑了国家第十四个大型煤炭基地建设，对促进边疆地区经济社会发展、“一带一路”建设等意义重大。

1.2 取得的主要成果

主要创新性成果如下：

（1）创建了煤炭、煤层气（瓦斯）、水资源绿色协同勘查与矿井构造、瓦斯、水害等隐蔽致灾地质因素快速精准探测技术体系，为煤矿建设和安全开采提供了可靠的地质保障。

——创建了煤炭、煤层气（瓦斯）、水资源绿色协同勘查理论与技术体系，其核心内容有：煤盆地、煤系矿产控矿理论；煤炭、煤层气（瓦斯）、水资源组合类型与富集单元优选；针对多地质目标的多手段勘查技术与方法优化；煤田（矿区）生态保护与环境监测技术；开发条件与经济综合评价等。实现在一个勘查区一次进场即可探获煤炭、煤层气（瓦斯）、水资源及其他共伴生矿产资源储量，避免了单矿种勘查造成的资源遗漏和不同矿种重复勘查，并进而清除了对环境带来的不良影响。

——创建了矿井构造、瓦斯、水害等隐蔽致灾地质因素快速精准探测技术体系。包括：矿井多种隐蔽致灾因素判定、高精度三维地震、精准钻探与测井等方法的优选；针对多目标、多种探查手段、多项参数的配置与优化；多项大数据的融合解释技术。可实现矿井构造、瓦斯、水害等隐蔽致灾地质因素的快速精准探查，为煤矿安全开发提供地质保障。

——研发出针对沙漠、戈壁及雪域冻土地区基于高分辨率卫星图像与雷达数据相融合的增强处理与信息挖掘技术和煤炭、煤层气（瓦斯）、水资源遥感地质填图及矿区环境遥感动态监测技术，解决了人员无法进入的地貌复杂地区和薄覆盖区无法观测的难题，减少了人工揭露对环境的破坏，实现了高效地质填图。

——创立了一整套适用于西部地区复杂矿井地质条件的高分辨率、高精度三维地震探测技术。包括：全数字、宽方位、高密度三维地震采集技术；高精度处理技术；精细高效解释技术等。生产矿井小构造的解释精度由原来的 10m 提高到 5m 以下，部分地区可达到 3m。研发出基于三分量地震数据检测煤层气（瓦斯）含量的解释技术，煤储层弹性模量叠前密度变化量、拉梅常数变化量、剪切模量变化量三参量反演预测煤层气（瓦斯）富集区新技术，在新疆准东、三塘湖等矿区取得良好的应用效果。

——研发出小口径煤炭、煤层气（瓦斯）、地下水测井技术与仪器、资料处理软件，能够准确计算煤层中铀、钍、钾的含量，解释煤层裂隙大小及产状，定量解释煤层顶底板含水层的富水性及涌水量等。建立了煤层气（瓦斯）测井解释模型，可准确定量求得煤储层工业分析参数、含气量、力学参数等。主要仪器精度由原来的 10cm 级别提高到 1cm 级别。

（2）在我国低煤阶储层煤层气（瓦斯）开发技术方面取得了突破。创立了原位储层吸附气、游离气、水溶气三相态含气量预测的理论，提出了低煤阶储层煤层气（瓦斯）开发选区技术；建立了煤层气（瓦斯）产出的理论模型；研发出高效低成本煤层气（瓦斯）钻井与储层改造关键技术，建成了开发示范区。

——构建了煤储层游离气、吸附气和水溶气含量预测的数学模型，结合储层原位温压和地下水条件，形成了三相态含气量预测量板，估算出西北地区埋深 2 000m 以浅煤层气（瓦斯）资源总量为 78 012.4 亿 m^3。提出了地下水弱径流区—滞留区厚煤层三相态含气量转换动态成藏模式，认为在埋深超过 1 500m 之后游离气含量超过吸附气含量，低煤阶储层煤层气（瓦斯）深部的开发思路为寻找圈闭或“构造高点”。

——揭示了 N_2 闷压增渗机制。低煤阶煤 N_2 连续闷压后渗透率增大 6.60% ~ 162.99%。核磁共振显示，T2 谱向微孔方向偏移，动水孔隙度增大。N_2 闷压后沟通了煤储层的孔隙和显微裂隙，增大了储层渗透率，为低煤阶储层 N_2 闷压改造开发煤层气（瓦斯）提供了理论基础。

——建立了煤层气（瓦斯）产出的三级压力降、三级流动与接力供气的理论模型。随着煤层气（瓦斯）井的连续排采，空间上煤层气（瓦斯）的解吸由井筒、压裂裂缝向煤基质块依次递进，时间上煤层气（瓦斯）由煤基质块、压裂裂缝向井筒呈现接力供气的局面。

——建立了急倾斜、低强度、厚煤层的高效、低成本钻井关键技术体系。建立了煤层气（瓦斯）地面开发井型优选评判体系；研发出适宜急倾斜、多煤层丛式井、水平井、顺煤层井、5 段（直井—增斜—稳斜—降斜—稳斜）变轨迹井等不同井型的钻完井参数优选与轨迹控制技术；研发出控制井内压力平衡的井控技术；研发出低密度、低固相、低污染的环保水基泥浆钻井液；研发出针对急倾斜、低强度、厚煤储层的高速水射流携砂穿透、连续油管底封分段高效压裂改造技术。

——创立了低煤阶储层煤层气（瓦斯）线性降压排采理论和排采模式。构建了水力压裂效果分析、产能预测分析数学模型；研发出煤层气（瓦斯）井气、液排采测量与控制专利技术；研发出低煤阶储层煤层气（瓦斯）智能排采控制系统。

（3）揭示了西北地区煤炭开发水害致灾机制。在严重贫水矿区新发现了有开发潜力的地下水资源。阐明了含煤盆地从宏观到微观的水文地质结构特征，提出了针对侏罗系弱渗含水介质的地下水资源勘查评价关键技术，为煤矿建设与开采提供了矿井水害防治保障与矿井水利用技术。

——阐明了西北地区的宏观控水机制。认为受天山等构造带及融雪径流控制，雪融水在地表形成季节性径流并在山前渗入地下，主要沿浅部松散沙砾层和侏罗系弱胶结砂岩形成补给和径流，且随距离增大而径流强度逐渐减弱；部分矿区在局部受隐伏古湖床沉积控制形成以静储量为主的含水盆地，导致不同矿区水文地质条件复杂程度的巨大差异。

——提出了 2 种典型的水文地质结构类型，阐明了其结构特征及煤炭开发条件下的致灾机理：①浅埋松散砂砾层含水—薄基岩结构，富水性相对较强，易产生突水溃砂或突水突泥等地质灾害；②浅埋松散砂层—厚基岩—顶板含水结构，富水性相对较弱，具有顶板突水等灾害隐患。

——发现了西北侏罗—白垩系砂岩具有弱胶结—高孔隙度特征，其隙度达到东部石炭—二叠系砂岩含水层孔隙度的 8～10 倍，为西北地区地下水致灾评价和水资源评价提供了依据。

——提出了针对西部侏罗系弱渗含水介质的“大流量—大降深—长延时”的大型群孔抽水试验及煤水共同勘探关键技术；阐明了侏罗系弱胶结砂岩含水层的地下水动力场特征、滞后效应、参数演变规律。

——阐明了西北干旱贫水矿区地下水赋存规律及其开发潜力。在被认为极度干旱缺水的地区发现了古湖床含水盆地、近山前浅埋松散含水层和高孔隙度砂岩含水层，这里的地下水相对丰富，具有水资源开发潜力，可通过煤水共采方式转化为水资源量。

（4）首创陆相层序地层格架下的聚煤作用理论，构建了湖侵体系域厚煤层聚集模式和典型的 18 种构造样式的控煤控气控水模式。新发现并探明 1 000m 以浅煤炭资源储量 1 325 亿 t，为特大型煤炭基地建设提供了理论支撑和资源保障。

——构建了西北地区含煤盆地陆相湖侵体系域聚煤模式，认为河流体系的泛滥盆地、湖泊三角洲体系的分流间湾及三角洲间湾为有利于厚煤层聚集的古地理单元，河湖床砂岩为有利的含水层。

——揭示了原型盆地经历多期构造运动改造后的现存面貌与控煤控气控水模式。提出了主要含煤盆地具有南北分带、东西分块和盆缘为逆冲推覆—紧密褶皱挤压构造带环绕，向盆内渐变为宽缓褶皱或断块格局的新认识。揭示了 18 种构造样式的动力学、运动学、几何学特征和对煤层赋存状态、地下水流场、煤层气（瓦斯）富集与运移的直接和间接控制作用机理，构建了控煤控气控水模式。

——应用上述控煤构造和聚煤作用理论指导勘探工作并取得了重大突破：新发现 26 个煤田，在新疆新发现并探明了 8 个构造条件简单、易于开发的百亿吨级特大型整装煤田，在青海木里和柴达木盆地北缘找到了多个赋煤断块，新发现并探明煤炭资源储量 40. 4 亿 t。

——应用构造样式的识别，对矿井构造规律提出了多项新的认识。乌鲁木齐等地的多个矿井以往被解释为密集逆冲断层带，此次重新解释为上陡下缓的推覆构造，矿井生产中也揭露并证实了推覆体下煤层平缓整装；青海柴达木盆地北缘西大滩井田重新解释为缓波状逆掩断层控煤构造样式，新探明煤炭资源储量超过 1. 2 亿 t。

（5）构建了构造与地下水双重要素约束条件下 5 类 9 型煤炭与煤层气（瓦斯）资源开发模式。建立了绿色矿山优先开发区块评价技术体系，研发出对不利开发区块进行主动改造和防灾减灾的关键技术，形成了针对西北煤矿区开采的环境地质评价技术方法。

——依据构造的复杂程度和地下水资源发育对煤炭与煤层气（瓦斯）开发的影响，构建了煤炭与煤层气（瓦斯）5 类 9 型开发模式。

——建立了依据煤炭与煤层气（瓦斯）资源禀赋特点、煤炭洁净度、地下水资源条件、隐蔽致灾地质因素发育程度、煤炭开发对环境的影响等 5 类约束要素、15 项判别指标构成的绿色矿山优先开发区块及开发顺序评价技术体系，对区内 47 个煤田（矿区）进行了评价，优选出 17 个优先开发煤田，优先开发煤炭资源储量 2 085. 2 亿 t。

——研发出对隐蔽致灾地质因素异常、不利于绿色矿山建设的区块进行主动改造和防灾减灾的关键技术，实现将瓦斯、水害等不利致灾因素转换为资源优势，为煤矿安全高效开发提供了可靠保障。

1.3　取得的经济、社会效益

该成果在西北地区及“一带一路”沿线国家煤与煤层气（瓦斯）勘查和开发利用中广泛应用，取得了重大的经济和社会效益：

（1）摸清了西北地区煤炭与煤层气（瓦斯）资源家底，新发现并探明 1 000m 以浅煤炭资源储量 1 325 亿 t，新发现 8 个适宜开发的百亿吨级特大型煤田，支撑了国家西部大开发、煤炭工业战略西移、“一带一路”建设和建设国家第十四个大型煤炭基地的战略需求。

（2）勘查煤层气（瓦斯）资源量 518 亿 m^3，取得了我国低煤阶煤层气（瓦斯）开发的重大突破，建成了年产 3 000 万 m^3 的煤层气（瓦斯）开发示范区，年可节约标煤 37 290t，年可减少 CO_2 排放 45 万 t，对环境保护具有重要意义。

（3）在干旱缺水的新疆大南湖矿区、柯尔碱矿区、三塘湖矿区等地发现了可供开发利用的地下水资源，为煤炭资源绿色开发、煤化工的发展提供了水资源保障。

（4）建立的隐蔽致灾地质因素快速精准探测技术体系，为西北地区绿色矿山建设、煤炭安全高效开发提供了地质保障。

（5）研发的煤炭与煤层气（瓦斯）、水资源协同勘查技术体系，将以往以煤炭资源勘查为主的单矿种勘查，发展为煤炭、煤层气（瓦斯）、水资源及煤系共伴生矿产协同勘查，避免了不同矿种的重复勘查及对环境带来的不良影响，社会效益巨大。

（6）研发的小口径测井仪器性能优于进口设备，价格仅为国外设备的 35% 左右，在国内煤田地质单位得到广泛应用，效益显著。

1.4　取得的知识产权、奖项

（1）共获授权发明专利 27 件，实用新型专利 35 件，制定标准 4 项，出版专著 10 部，发表论文 120 余篇，获国家科技进步二等奖 1 项、省部级科学技术一等奖 5 项。

（2）制定国家标准和行业标准 4 项，提高了煤炭、煤层气（瓦斯）、地下水勘查等方面的技术规范。

（3）通过产学研用结合，“煤炭与煤层气（瓦斯）地质研究团队”2017 年被国土资源部正式授予“科技创新团队”称号。培养博士研究生 17 名，硕士研究生 42 名。

（供稿单位：中国煤炭地质总局）

02

新疆北部煤层气勘探开发关键技术与应用

2.1 项目基本情况

煤层气是与煤伴生、共生的气体资源，属于非常规天然气。煤层气是以吸附在煤基质颗粒表面为主、部分游离于煤孔隙中或溶解于煤层水中的烃类气体，是煤的伴生矿产资源，是近一二十年在国际范围内崛起的洁净、优质能源和化工原料，是21世纪提倡使用的主要洁净能源。煤层气资源的开发与利用有利于改善能源结构，缓解能源供求矛盾，并从根本上防治煤矿瓦斯灾害，有效缓解温室效应。煤层气的开发利用具有一举多得的功效，商业化后能产生巨大的经济效益，为国家战略资源。

2.2 取得的主要成果

2.2.1 探获资源量及技术创新点

开展清洁能源勘查（煤层气地质勘查）项目7个，提出相关技术创新点5个。

2.2.2.1 资源量成果

共探获煤层气资源量927.56亿m^3。其中，探明资源量48.4亿m^3，控制资源量169.63亿m^3，推断资源量126.06亿m^3，潜在资源量506.12亿m^3。

2.2.2.2 技术创新点

（1）研究推广应用大倾角地层水平井钻完井技术。

——进行了井身结构优化，水平井由三开简化为二开，钻井周期缩短20天，成本大幅减低。

——形成了大倾角地层水平井轨迹设计原则与方法。

——提出了适宜区块的轨迹控制技术、探顶技术、主动侧钻技术方法。

——形成了适宜区块的钻井液体系。

——优选出适宜不同地区的水平井完井方式。

（2）进行低产井增产综合治理研究试验。

——通过负压抽采增产试验、富水层封堵增产试验、裂缝解堵增产试验，有效地提高了低产井的产气量；为解决煤层气井普遍低产的现状做出了有益尝试，初步形成了低产井综合治理技术体系。通过低产井综合治理研究试验，形成了针对新疆地区“低中煤阶，大倾角，多、厚煤层联合开发”特点的负压抽采增产、封堵异常含水层、近井地带解堵等一系列增产改造方式。

——丰富了煤层气排采理论，低产井综合治理研究试验的有效性验证了富水性、渗透性以及有效井径对煤层气井产气效果的影响。明确了排采分析方向，使排采分析针对性更强、更有效，有利于指导现场排采生产井的分析、生产和增产改造工作。

（3）申请“煤层气排采管理系统 V1.0（登记号：2017SR582996）”登记。

煤层气排采管理系统能够实时传输生产数据，实时预警，实现了煤层气智能化排采控制，煤层气生产井现场实现了无人值守，节省了大量人力与资金，大幅提高了工作效率，为煤层气井动态分析、研究提供了实时数据依据。通过煤层气排采管理系统的使用，大幅提升了煤层气井排采控制的精度，实现了煤层气井的精细化排采生产。

（4）申请“压裂裂缝形态分析软件 V1.0（登记号：2018SR384739）”登记。

该软件对裂缝形态及相关参数进行合理分析，为后续压裂工程提供技术服务。

（5）申请“一种煤层气轴向自调节双极密封装置（专利号：ZL201920851566.3）”专利。

该密封器设计增加润滑油油舱，在光杆上下冲程时可以将油舱内的润滑油分别带入上下密封舱内，使密封填料得到润滑，达到延长寿命的目的。调偏装置在光杆上下冲程时起到调整光杆对中的作用，防止由于井斜，光杆上下冲程时对密封填料造成更大的磨损伤害，对延长该密封器密封填料寿命也起到了一定的作用。存水泄水短接的泄水口处连接软管，将软管延伸到井场外，在无人值守而两级密封无法密封时，可以将采出液排到井场之外，以免污染井场及井口装置。

2.2.2 推广应用

煤层气勘查项目成果和技术创新均得到应用或已达成项目意向。应用分布区域主要在阜康、乌鲁木齐米东区、吉木萨尔地区和艾维尔沟地区。

7 个煤层气勘查项目成果中，已经利用 5 个开展煤层气项目，2 个已达成项目意向，正在有序推进中。正在开展的煤层气项目有：新疆大黄山兴森煤业有限责任公司一号井地面 L 型钻井抽采系统改造项目，吉木萨尔县昆仑天泽新能源有限责任公司在吉木萨尔矿区开展瓦斯综合治理项目，乌鲁木齐国盛汇东新能源有限责任公司米东煤层气区块示范工程。项目累计资金额人民币 4.3 亿元。正在推进的项目有：优派能源有限公司小黄山煤矿煤层气开发/瓦斯治理及综合利用项目，新疆华帝汇鑫能源科技有限公司艾维尔沟矿区煤层气开发/瓦斯治理及综合利用项目。

技术创新均已应用在本区煤层气开发项目中。

（1）“大倾角地层水平井钻完井技术”已推广应用到乌鲁木齐矿区、阜康矿区、吉木萨尔矿区共计 27 口水平井钻井生产中。工艺优化后，单井节约成本 70 万元，合计节约成本 1 890 万元以上。

（2）“低产井增产综合治理研究试验”目前在新疆阜康白杨河煤层气开发利用示范工程（72 口井）、乌鲁木齐米东区块煤层气示范工程（100 口井）、昌吉州吉木萨尔县水溪沟矿区瓦斯气综合治理项目（一期 22 口井）等项目推广，主要用于指导排采分析及生产、低产井的分析和改造。

（3）“压裂裂缝形态分析软件 V1.0（登记号：2018SR384739）”的使用，对分析不同地区区域地层应力、压裂裂缝延伸展布、裂缝高度、裂缝长度、裂缝比例，改进压裂工艺，提高压裂效果等具有实际意义。

（4）“煤层气排采管理系统 V1.0（登记号：2017SR582996）”目前在新疆阜康白杨河煤层气开发利用示范工程（72 口井）、乌鲁木齐米东区块煤层气示范工程（100 口井）、昌吉州吉木萨尔县水溪沟矿区瓦斯气综合治理项目（一期 22 口井）等项目应用，主要用于煤层气井排采生产控制及分析研究。该系统在煤层气井生产中的应用，使人均管理井数提高了6～7倍，精准化控制使煤层气产量实现了较大提高，年节约费用及产量增加价值约2 000余万元，并且随着管理井数的增加，节省成本将会大幅提升。煤层气井生产成本的降低，有利于提高煤层气井的生产效益，有利于推动清洁能源煤层气的开发。

（5）“一种煤层气轴向自调节双极密封装置（专利号：ZL201920851566.3）”技术在乌鲁木齐米东区块煤层气示范工程试验4口井，效果良好。目前正在新疆阜康白杨河煤层气开发利用示范工程（72口井）、乌鲁木齐米东区块煤层气示范工程（100口井）、昌吉州吉木萨尔县水溪沟矿区瓦斯气综合治理项目（一期22口井）等项目推广，主要用于解决煤层气井产水量大、井口光杆偏磨严重的问题。该密封装置的投入使用，使煤层气井光杆润滑效果增强。光杆密封器内盘根未进行更换，且盘根仍有压缩空间，减少了盘根消耗及人工维护，节约了经济成本；解决了产水量、井口偏磨严重阻碍煤层气井正常生产的问题，有利于推动该类型煤层气井的开发。

2.2.3 取得的知识产权、奖项

2.2.3.1 专利情况

一种煤层气轴向自调节双极密封装置（专利号：ZL201920851566.3）。

2.2.3.2 计算机软件著作权登记情况

（1）压裂裂缝形态分析软件V1.0（登记号：2018SR384739）。

（2）煤层气排采管理系统V1.0（登记号：2017SR582996）。

2.2.3.3 获奖情况

（1）“新疆准南煤田乌鲁木齐矿区煤层气开发利用先导性试验”获得优秀地质勘查报告奖特等奖。

（2）“新疆准南煤田乌鲁木齐矿区煤层气资源勘探”获得新发现矿产资源报告奖。

（3）“新疆准南煤田乌鲁木齐河东矿区北部煤层气资源预探”获得优秀专业地质报告奖二等奖。

（4）“新疆阜康市甘河子—大黄山一带煤层气资源勘探总结”获得优秀专业地

质报告奖二等奖。

（5）“新疆吉木萨尔县水西沟一带煤层气资源调查评价”获得优秀专业地质报告奖二等奖。

（供稿单位：新疆维吾尔自治区煤田地质局）

03

煤系矿产资源综合评价关键技术与应用

3.1 项目基本情况

煤炭是我国的基础能源。含煤岩系中除煤之外，还赋存有多种能源矿产、金属矿产和非金属矿产，包括煤层气、镓、锗、锂、铀等战略性矿产（关键矿物）。项目以煤系战略性新兴矿产、能源矿产为主攻矿种，实现综合勘查和找矿重大突破，为煤炭综合清洁高效利用和煤炭工业绿色发展提供可靠的资源保障。

3.1.1 理论提升

拓宽和完善了“煤系矿产资源”和“煤中金属元素矿产资源”两个矿产地质基本术语，建立了煤系矿产资源类型划分方案和煤系矿产资源组合分类系统，揭示了我国煤系矿产资源时空分布规律，奠定了煤系矿产资源综合评价的理论基础。

（1）由煤系共伴生矿产发展为煤系矿产资源。在20世纪后期煤系共伴生矿产评价工作的基础上，根据近年工作进展（尤其是煤系非常规气勘查开发和煤中金属元素研究所取得的显著进展），厘定了“煤系矿产资源”的概念，将其定义为：煤系矿产资源是指赋存于煤和含煤岩系以及邻近地层中与煤有成因联系或空间组合关系的所有矿产资源。提出由煤层综合矿产、煤系综合矿产、煤盆地综合矿产组成的煤系矿产资源层次结构，充实了煤炭资源的内涵、拓宽了煤炭地质工作领域。

（2）由煤中金属元素发展为煤中金属元素矿产资源。充分吸收国内外煤中金属元素研究成果，提出从富集程度、经济性出发，按照煤中金属元素、煤中金属元素矿产和煤中金属元素矿床3个层次，开展全国煤中金属元素矿产资源的评价新思路。确定了煤中金属元素综合评价参考指标，总结了煤中金属元素矿产资源调查方法，实现了由煤中金属元素研究向煤中金属元素矿产资源评价的转变。

3.1.2 实践意义

该项目成果的推广应用，不仅为煤炭地质勘查、煤炭和煤层气生产企业促进技术进步、拓宽工作领域、增加经济效益提供了有力的科技支撑，而且还被国土资源部门和地方政府采用，在能源规划、自然资源保护和生态环境建设等方面发挥了积极作用。例如：项目成果支撑了中国地质调查局组织的《中国地质调查百项成果》之《中国煤炭资源调查报告》的撰写，提出"十三五"期间煤炭地质调查工作的重点任务，显示了煤系综合矿产开发利用的广阔前景；项目第一承担单位中国煤炭地质总局指导西藏国土资源厅编制《西藏自治区煤炭资源勘查规划》，为边疆地区能源安全和经济发展作出贡献；项目调查成果资料支持了西藏丁青县国家地质公园的立项和建设。

依托项目成果，承担单位组织和参与组织了中国地质学会2017年学术年会分会场"煤系矿产资源与洁净煤地质论坛"、第十四届全国矿床会议"煤系伴生矿床"专题研讨、第三届全国青年地质大会等全国性学术会议。同时，在《煤炭学报》《煤田地质与勘探》《中国煤炭地质》《中国矿业》等专业期刊分别出版了项目成果专辑或专栏，项目组成员在国内外学术期刊公开发表论文45篇，其中SCI检索5篇、EI检索13篇；出版学术专著3部；编制地质勘查行业规范1项；申请专利10件。《科技日报》《中国自然资源报》和《中国地质调查成果快讯》等多家媒体报道了该项目在煤系矿产资源综合研究和评价方面取得的重大创新成果，对推动煤炭地质科技进步和扩大煤炭地质行业学术影响起到积极作用。

3.2 取得的主要成果

主要创新性成果如下：

（1）揭示了我国煤系矿产资源时空分布规律，建立了系统的煤系矿产资源类型划分方案和煤系矿产资源组合分类系统，为煤系矿产调查评价提供了科学依据。

——总结了全国煤系矿产资源时空分布特征。

从中国煤田地质条件和煤系矿产资源时空分布差异性角度出发，从赋煤区→成煤时代的思路，总结了全国五大赋煤区的煤系矿产资源发育特征及其组合类型。

——建立了煤系矿产资源类型划分方案及评价技术方法体系。

在分析煤系矿产资源概念形成和发展历程基础上，从经济性、赋存特征、成因、相态、工业分类等5个方面对煤系矿产资源进行研究；以《中华人民共和国矿产资源法实施细则》矿产分类体系为依据，结合资源开发利用现状，以工业分类为基础，将煤系矿产资源划分为能源矿产、金属矿产与非金属矿产三大类(表3-1)。

表3-1 煤系矿产资源类型与主要矿种

大类	主要矿种
能源矿产	煤层气、煤系页岩气、煤系砂岩气、砂岩型铀矿、油页岩、天然气水合物
金属矿产	铝土矿/Al_2O_3、煤中“三稀”金属矿产（锂、镓、锗、稀土）
非金属矿产	高岭土、耐火黏土、隐晶质石墨、硫铁矿、硅藻土、膨润土

——建立了煤系矿产资源组合分类系统。

根据煤系矿产资源赋存特征，从含煤岩系矿产资源耦合成矿机理分析入手，以含煤岩系矿产赋存状况为依据，通过典型实例研究和归纳总结，建立了含煤岩系矿产资源组合分类系统。包括：煤—能源矿产、煤—金属矿产、煤—非金属矿产、煤—能源矿产—金属矿产、煤—能源矿产—非金属矿产、煤—非金属矿产—金属矿产等6大类、23个主要组合类型。

——形成了一套由研究思路、工作流程、测试分析、综合评价指标等核心环节构成的煤系矿产资源综合调查评价技术方法体系（图3-1），在煤系矿产资源综合调查和评价中得到推广应用。

（2）开展全国煤中金属元素矿产资源调查评价，深化了对中国煤中金属元素矿产资源成矿机制的认识，初步摸清了煤中金属元素矿产资源家底。

该项目以煤中锗、镓、锂、铝、稀土元素为重点研究对象，建立了煤中金属元素矿产综合评价指标，从全国—赋煤区—重点矿区层面开展煤中金属元素分布赋存规律研究及矿产资源评价工作。在系统收集梳理全国上万份煤炭地质勘查报告的基

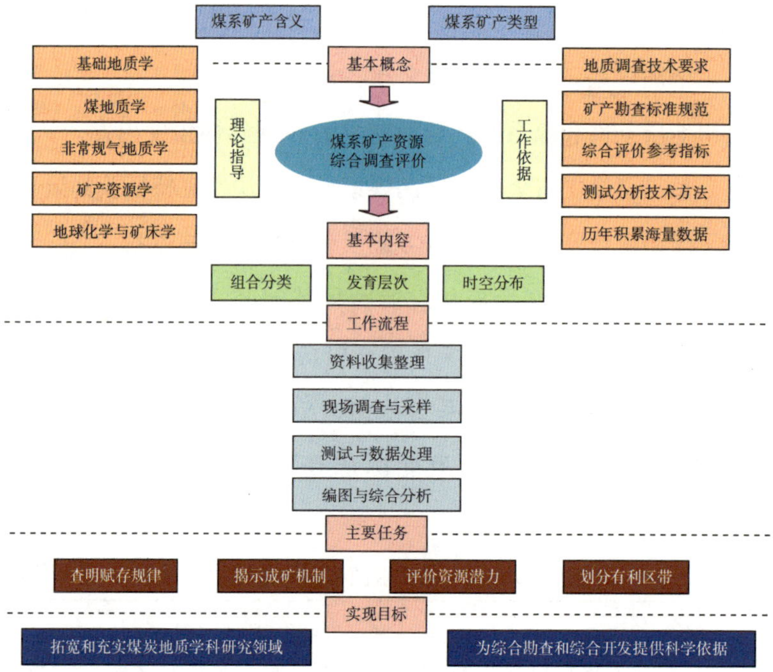

图 3－1　煤系矿产资源综合调查评价技术方法体系

础上，重点矿区采样测试 3 870 件，在内蒙古五牧场矿区、新疆大井矿区、山西晋城矿区、广西扶绥矿区等地新发现一批煤中金属元素矿产地；首次划分了全国煤中金属元素矿产资源成矿区带，圈定了地质工作远景区。

初步摸清了我国煤中金属元素矿产资源家底，预测煤中锗、镓、锂、铝、稀土资源量分别为：1. 17 万 t、188. 02 万 t、86. 49 万 t、195 746. 9 万 t、1 130 万 t。确认我国煤中"三稀"矿产资源潜力和价值巨大，有望成为"三稀"矿产资源的重要来源。"全国煤中金属矿产资源评价取得新进展"入选 2017 年度中国地质学会十大科技进展。出版专著《中国煤中金属元素矿产资源》。

（3）揭示了鄂尔多斯盆地煤系气赋存规律及其控制因素，建立了层序地层格架和构造热演化控制下的煤系矿产耦合成藏模式，煤系多能源矿产资源调查取得重要进展。

以鄂尔多斯盆地石炭—二叠纪煤系和侏罗纪煤系为目标，从煤系多能源矿产的形成、构造—热演化、富集改造等关键问题研究入手，开展煤系多能源矿产资源（重点是煤系非常规气）综合研究。查明了煤系矿产资源的种类及其组合特征，划分了煤—能源矿产—金属矿产、煤—非金属矿产、煤—能源矿产 3 种主要组合大类和 8 种主要共生组合类型。探讨了成煤期层序地层格架层序旋回、盆地构造—热演化及构造格局对煤系矿产形成、赋存、分布的控制，建立了煤系矿产资源的共生耦合成矿模式（图 3 -2）。

从有机质丰度、类型、成熟度、储层物性、生储盖组合等方面论证了鄂尔多斯盆地石炭—二叠纪煤系和侏罗纪煤系具有良好的非常规气发育条件和巨大的资源前景。估算了鄂尔多斯盆地煤系气资源潜力：2 000m 以浅煤层气资源量为 86 276.44 $\times 10^8$ m^3，煤系页岩气 72 330.44 $\times 10^8$ m^3，煤系砂岩气 18 875.87 $\times 10^8$ m^3。开展煤系矿产资源综合评价，采用多矿种叠加方法，对鄂尔多斯盆地 53 个矿区进行了有利区带评价，优选出 10 个有利区、19 个较有利区、24 个次有利区。上述成果为开展煤系多能源矿产资源调查评价提供了良好范例。

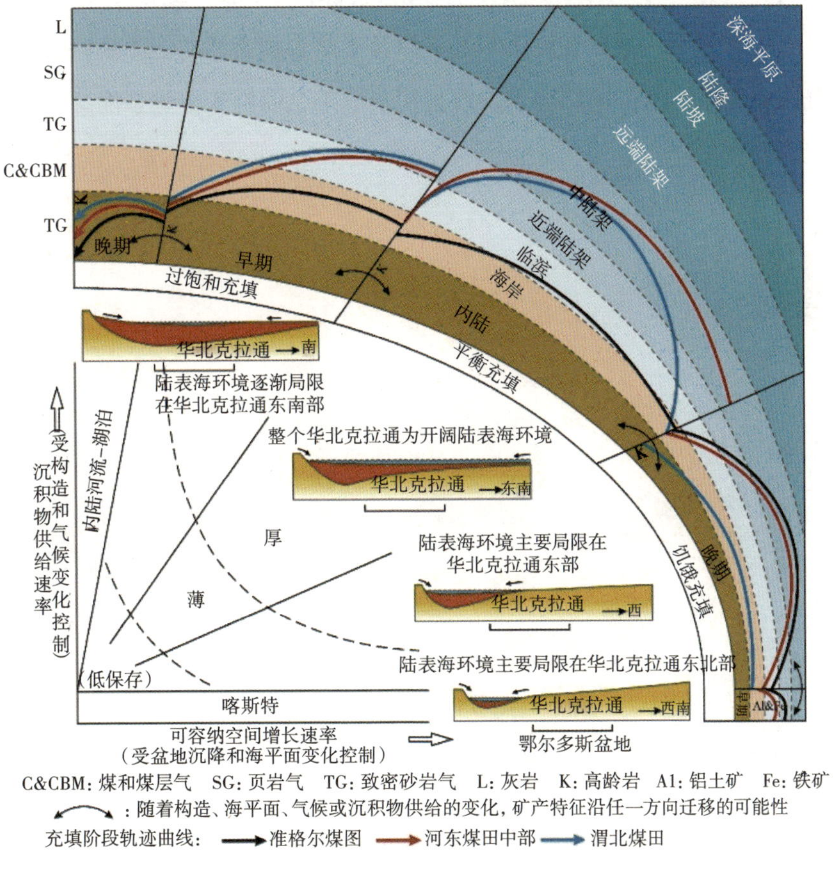

图 3 -2　鄂尔多斯盆地 C - P 煤系矿产耦合成矿模式

（4）青藏高原煤系矿产系统调查评价成果丰富，对边疆地区能源安全和能源布局具有重要意义。

以板块构造、大陆动力学及盆地沉积理论为指导，充分应用现代矿产资源预测评价理论和以遥感技术为核心的多种技术手段、以聚煤规律和构造控煤作用研究为切入点，开展青藏高原煤系矿产综合调查与评价。系统梳理了青藏高原含煤地层，恢复了主要成煤期成煤大地构造背景，建立了构造活动区成煤作用的构造—沉积模式。在综合分析青藏高原区域构造格局和含煤地层分布特征的基础上，重新厘定青藏高原二级赋煤单元分布范围，总结了主要赋煤单元煤炭资源分布特征。

调查统计了青藏高原的煤炭资源勘查开发现状，获得青藏高原煤炭资源潜力最新数据：截至 2015 年底，埋深 1 000m 以浅的预测煤炭资源量 45. 99 亿 t（0 ~ 600m 预测煤炭资源量为 12. 93 亿 t）。划分了青南、青南—藏北、藏南三大煤炭资源经济综合分区，提出青南—藏北煤炭资源经济综合区是青藏高原的能源战略安全储备区。

青藏高原煤系矿产资源综合调查取得初步成果，圈定 8 个煤系能源/金属矿产资源有利区。

（供稿单位：中国煤炭地质总局）

04

煤炭地质云及数字煤矿地质保障系统研发与应用

4.1 项目基本情况

信息技术的日臻成熟促进了煤炭地质工作的信息化建设，信息技术与传统煤炭地质工作相结合成为必然，使得煤炭地质云服务平台的建设成为可能。2014 年 3 月 1 日实施的《煤矿地质工作规定》新增第九章“煤矿地质信息化工作”，专门对煤矿地质信息化工作进行了规定，对煤矿企业提出了煤矿地质信息化工作的要求。基于煤矿信息的特点和信息化的现状，提出“煤炭地质云及数字煤矿地质保障系统”项目，对数字煤矿建设过程中的重大关键技术进行研究。

煤炭地质为煤炭工业发展提供资源保障和地质保障。互联网、云计算、大数据时代的到来，推动煤炭地质走进“互联网＋”新时代。习近平总书记指出：“我们对煤的注意力不要分散。”煤炭依然是我国主体能源，“煤炭革命”不是“革煤炭的命”；绿色开采是“煤炭革命”的必然要求，煤炭地质保障支撑煤矿安全绿色开采；IT 行业的发展给传统煤炭地质工作的智能化转型提供了技术支持，智能化建设已成为煤矿绿色开采的必由之路。

4.2 取得的主要成果

4.2.1 成果关键技术要点与创新点

4.2.1.1 关键技术

（1）煤炭地质云服务平台关键技术。

基于 OpenStack 二次开发，建成了全国首个“互联网＋煤炭地质”专业云服务平台（CGC），系统架构采用虚拟化、弹性化、服务化的设计思想，基于时空信息数据库的数据模型，按照“四层”云平台架构体系进行设计。系统逻辑架构分为四层，从下至上分别为基础设施即服务（IaaS）、平台即服务（PaaS）、软件即服务（SaaS）、客户端（Client），并通过贯穿多个层次的管理与调度系统实现各层之间的协同工作，实现平台的应用集成，为各类业务应用提供数据资源服务和功能服务。基于成熟的 OpenStack 云计算平台技术，与煤矿 GIS 应用服务器软件、煤矿 GIS 分发服务器软件、煤矿 GIS 制图软件、煤矿 GIS 端软件、云计算 IaaS 平台等一起，构成面向企业矿山云 GIS 解决方案。其关键技术是弹性计算、地图数据海量存储及云消息队列技术。云服务平台通过 CGC 导航、煤炭管理、地质服务、资源共享、软件服务、手机 App、CGC 云盘、设备仪器、资讯发布等功能模块，为煤炭企业、行业管理部门和地质生产科研单位提供全方位的贴心服务。

（2）煤矿绿色开采地质保障信息系统关键技术。

——煤矿绿色开采地质保障 GIS 协同管理技术。协同“一张图”技术是将地理信息服务于云平台深度融合的产物，充分发挥云计算平台对弹性计算、海量静态与动态的空间地质数据存储管理的能力，为煤矿绿色开采地质保障提供技术支持。

——精细动态煤矿三维地质模型建模技术。基于海量地质数据，采用 TIN、AR-TP 技术和灰色地理信息系统理论，构建云计算环境下动态更新的高精度三维地质模型，实现多部门、多专业、多层面的空间业务数据分析与集成。

——采煤保水智能分区预测技术。基于采煤保水的理论基础，建立识别判据，运用判别分析与数据比对，智能辨识煤—水空间组合关系，进行采煤保水的智能分区预测，为矿区生态环境保护提供技术支持。

——地质环境承载能力智能分区预测技术。从地质角度出发，根据对构造环境、开采强度和煤矿区的自然生态环境的客观规律的认识，建立关于地质环境承载能力的量化评价体系，智能辨识煤炭开采强度与地质环境扰动之间的关联度，为煤炭开采与地质环境保护并举提供必要依据。

——煤矿物联网技术。运用煤矿复杂环境下的无线网络覆盖技术、传感网动态组网与实时传输技术、人员和设备的无线定位跟踪算法、一体化的感知识别协同处理与预警预报技术，研发一套本安型井下模块化物联网传输分站，使煤矿井上井下所有生产工况信息在统一的网络平台上运行，在异构条件下进行联通与共享，解决了传统的数字化矿山系统设备冗余、维护复杂等问题。

4.2.1.2 主要创新点

该项目属于原创性自主研究，具有完全自主知识产权，经陕西省煤炭学会和中国煤炭工业协会组织院士专家鉴定，成果达到国际先进水平。主要创新性点有如下五点：

（1）建成全国首个“互联网+煤炭地质”云服务平台，为煤炭资源的勘查、开发、研究和管理提供便捷在线云服务，满足煤炭地质工作云服务的行业诉求。

（2）率先研发煤矿地质保障信息系统，实现了煤矿隐蔽致灾地质因素预警、煤炭资源储量信息化管理等，突破了矿井地质灾害防治的信息化技术瓶颈。

（3）建立精细动态三维地质模型实现矿山透明化，构建了在数据驱动下实时更新的三维透明地质模型，全息反映了煤矿的时空属性，成为实体煤矿的数字孪生煤矿，为煤矿安全生产提供了数字可视环境。

（4）首次实现了“煤—水—环”地质系统分区智能化预测，为煤矿绿色开采和矿区生态保护提供了技术支持，适应市场需求。

（5）对煤矿健康状况进行动态诊断。应用大数据分析技术，从人、机、管、环四个方面，实时诊断煤矿健康状况，显示潜在风险因素，并给出解决方案。这些技术创新为煤矿安全开采、绿色开采、精准开采保驾护航，为智慧煤矿建设奠定基础和提供技术服务。

4.2.2 成果的主要内容及应用场景

4.2.2.1 成果的主要内容

项目主要建设了煤炭地质云管理平台和煤炭地质云服务平台，以及基于煤炭地质云的系列化煤炭地质保障应用与管理系统，包括：基于3DGIS的煤炭地质保障综合管理平台、煤矿GIS协同管理系统、地质环境承载能力智能评价系统、煤矿物联网系统。服务于煤矿安全、高效、绿色、智能建设和协同管理。

其技术路线是：根据矿井地质资料多源性的特点，利用地理信息系统、模式识别、数据库等多学科的融合，建立矿井多元地质信息集成系统。以云计算、物联网、数据挖掘技术为支撑，结合综合自动化、在线监测数据，对煤矿安全生产的各类信息进行展示、分析，挖掘历史数据中隐藏信息，诊断现势安全状态，预测未来安全形势，实现煤矿安全生产的动态诊断和辅助决策。

4.2.2.2 应用场景

煤炭地质云及数字煤矿地质保障系统先后在陕西郭家河煤业有限责任公司、陕西永陇能源开发建设有限责任公司崔木煤矿、陕西小保当矿业有限公司、陕西红石岩煤矿等煤炭生产企业推广应用。投入使用以来，煤炭地质云平台、数字煤矿信息集成与融合、数字煤矿地质保障系统、煤矿物联网系统均运行稳定、效果良好。

“一张图”分布式协同管理核心技术的研究、软件开发是实现煤矿地质保障和安全生产技术信息化管理的重要基础，为煤矿生产、管理部门对安全生产技术信息的实时管理提供了先进的手段。煤炭地质云的数据存储与分析在陕西郭家河煤矿应用，成功预报了1307工作面煤层缺失区域，避免无效掘进405m；煤矿信息集成与融合系统在陕西崔木煤矿成功应用以及数字煤矿地质保障系统在陕西小保当煤矿成功应用，实现了矿井安全生产管理工作和地测、生产等业务工作的信息化、网络化和规范化，改变了煤矿安全生产技术的管理模式，提高了矿山的现代化管理水平，不仅促进了煤矿的安全生产，且大大提高了矿井各级工作人员的工作效率，为崔木煤矿和小保当煤矿无纸化办公奠定了基础，产生了巨大的间接经济效益。

4.2.3 成果的技术实用性和实践效益

该项目的成功实施，为我国数字煤矿建设和绿色安全生产的信息化建设攻克了大量的核心技术。地质保障信息系统为煤炭安全开采保驾护航，保水采煤和环境承载能力分区为煤炭绿色开采开辟道路，三维精细地质模型为煤炭精准开采提供可视化、透明化的动态地质保障，煤炭地质云大数据分析为智慧煤矿建设奠定坚实基础。研究成果为煤矿区生态环境保护和修复治理提供有力的技术支撑。

对煤炭行业显现出明显的实用性和实践效益，归纳为以下四点：

（1）开启了“互联网+煤炭地质”工作模式，提供煤炭地质工作的在线服务。全国首个“互联网+煤炭地质”云服务平台实现煤炭资源数据云端采集、汇聚、加工和存储，为煤炭资源规划、勘查、开发提供服务，为煤矿数据存储、数据分析与数据管理等方面提供便利，减少投入，节约成本。

（2）推动了煤炭地质行业信息化技术发展，激活煤炭地质勘查信息流。研究了链接煤炭地质勘查与矿井地质保障工作的有效技术途径，拓展煤田地质勘查内涵；

通过对煤炭地质信息的海量数据进行大数据分析，挖掘煤炭地质信息资源，实现从数据到信息、从信息到知识、从知识再到智慧的煤炭地质大数据转换。

（3）提高了煤炭生产企业管理水平，促进煤炭地质行业转型发展。“一张图”协同管理核心技术的研究与应用，提高了煤矿基础数据的协同处理能力，实现了各专业、各部门间业务数据的即时动态更新与信息在线共建共享。通过电脑、手机等终端对生产的各项业务信息实时动态的图形化显示，为实现企业宏观管理、保障安全生产和领导层决策打下了坚实基础，对于煤炭地质行业的转型发展具有重大里程碑式的意义。

（4）精细三维地质模型技术支撑精准开采。精细三维建模技术推动煤炭地质服务于煤炭安全绿色、高效智能开采。地质勘查技术向着精细化、精准化、精密化的“量化地质”方向进步，必将推动煤矿地质保障技术向“智慧地质”“透明矿山”“智慧勘探”方向的技术进步，为煤矿区水资源和生态保护提供精细地质依据。

4.2.4 推广价值

该成果形成了煤炭地质云管理平台和服务平台，集成了基于煤炭地质云的煤矿地质保障信息系统系列产品。

项目成果正在更多地质条件复杂的煤矿进行推广和应用，为煤炭地质工作提供信息平台和信息技术，保障矿井安全和矿区生态保护。所有服务平台和系列产品在煤矿的生产实践中运行以来，系统稳定，效果良好，提高了生产效率，节约了劳动成本，值得推广。

4.2.5 取得的知识产权、奖项

通过该项目的实施，共申请获得煤矿数字化智能化方面的软件著作权 11 项，发表科技论文 17 篇。

4.2.5.1 计算机软件著作权情况

计算机软件著作权情况见表 4 -1。

表 4 -1 计算机软件著作权一览表

序号	名称	登记号	证书号
1	数字煤矿地质保障系统 V1.0	2015SR277753	软著登字第 1164839
2	数字煤矿 3DGIS 动态信息系统 V1.0	2015SR275334	软著登字第 1162420

续表

序号	名称	登记号	证书号
3	数字煤矿地学信息一体化 GIS 系统 V1.0	2016SR081044	软著登字第 1259661
4	数字煤矿目标连续定位跟踪与警示联动系统 V1.0	2016SR081045	软著登字第 1259662
5	煤矿物联网井下设备设施管理信息系统 V1.0	2016SR081046	软著登字第 1259663
6	煤矿物联网安全预警分析系统 V1.0	2016SR081047	软著登字第 1259664
7	煤矿地质云业务应用系统（移动端）V1.0	2017SR743429	软著登字第 2328713
8	煤矿顶板富水危险性综合评价系统 V1.0	2017SR743270	软著登字第 2328554
9	煤炭地质云服务系统 V1.0	2017SR742582	软著登字第 2327866
10	保水采煤地质保障系统 V1.0	2019SR0264697	软著登字第 3685454
11	煤矿地质环境承载能力评价系统 V1.0	2019SR0376172	软著登字第 3796929

4.2.5.2 获奖情况

（1）获得 2020 年度中国煤炭工业协会科学技术三等奖。

（2）被中国企业联合会和中国企业家协会遴选为“2019 年全国智慧企业建设创新实践案例”。

（3）被中共陕西省委网信办评为“2020 数字陕西建设优秀成果和最佳实践案例（产业互联网类）”。

（供稿单位：陕西省煤田地质集团有限公司）

05

矿山灾害钻井救援关键技术

5.1 项目基本情况

近年来，随着矿山开采不断向纵深发展，安全生产事故发生的趋势尽管有所减弱，但重大事故时有发生。瓦斯爆炸、老窑透水、底板突水、顶板冒落等仍然是煤矿生产的主要灾害。事故灾害发生后，救援人员无法靠近实施救援时，就必须通过地面钻孔与井下被困人员取得通信联系；为井下输送氧气、食物、药品等救援物资，维持被困人员生命；通过大孔径提升救生，解救被困人员。

5.2 取得的主要成果

5.2.1 成果关键技术要点与创新点

根据矿山灾害具体灾情及地形、地质构造特征，利用救援钻孔准确定位技术、救援钻孔快速钻进技术、复杂地质条件下救援钻孔钻进技术、救援钻孔定向钻进技术、大孔径救援孔钻进技术等技术，实现快速、准确、安全施工通信联络孔、维持生命孔、救生钻孔、瓦斯抽放孔及抽水孔等救援钻孔，开展帮助被困人员脱离险境等救援工作。

该技术的创新性与解决的突出问题如下：

（1）建立了钻井救援技术体系，并应用于矿山应急救援实战，改变了以往只能在井下开展救援工作的状况，实现了通过地面钻孔开展救援工作的目标，丰富了我国矿山应急救援的手段，提高了矿山应急救援水平。

（2）研发了以空气潜孔锤/泡沫钻进技术为主，PDC 钻头 + 螺杆组合钻进技术为有力补充的快速钻进技术，实现在救援黄金时间72h内完成600m以浅的地面生命保障孔，用于投放水、营养品等物资，确保被困人员能够维持生命，并等待救援。

（3）基于气动潜孔锤反循环钻进、气举反循环钻进及跟管钻进工艺，研发了大孔径救援孔钻进技术，解决了大口径救援孔钻进速度慢、排渣难、井壁不稳定等问题，实现了从地面大口径救援井内将被困人员从有限空间（坍塌巷道）提升到地面，完成直接从地面救援被困人员的工作。

（4）针对救援钻孔施工中经常会遇到的松散地层、裂隙及断层带地层、煤层采空区地层、坚硬砂砾岩地层等复杂地质条件，总结形成松散地层救援钻孔施工技术、地层裂隙及断层带条件下的施工技术、煤层采空区的钻孔施工技术，可根据现场地层不同复杂程度，快速选用不同的钻进技术，克服了复杂地质条件下难钻进、难成孔等问题。

5.2.2 成果的主要内容及应用场景

5.2.2.1 成果的主要内容

成果的主要内容见图5－1。

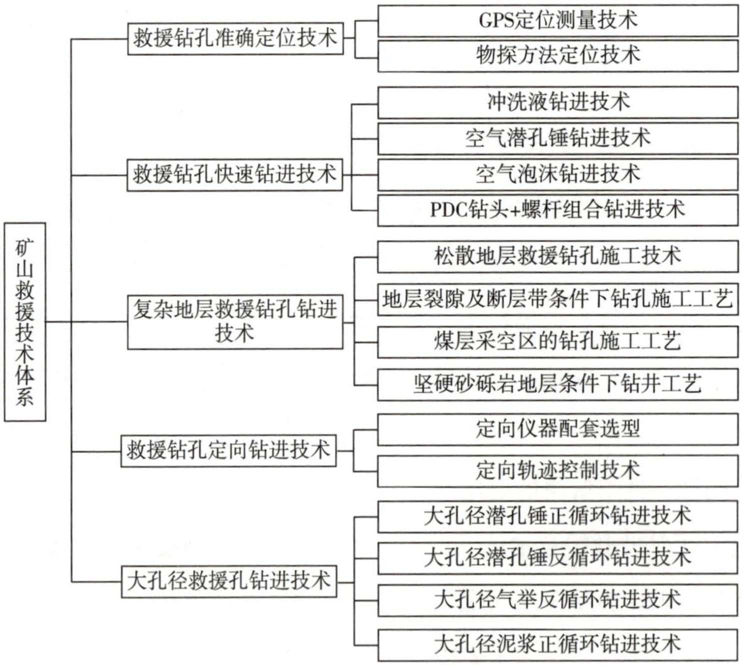

图5－1 钻井救援技术

（1）救援钻孔准确定位技术。

准确定位是救援钻孔施工的基本要素。矿井发生灾害后，确定被困人员的所在位置，以便采取钻孔的方式进行救援，是救援钻孔选择施工方法和采取施工工艺的重要前提。研究团队结合 GPS 定位测量技术、物探方位定位技术等，研发了救援钻孔快速定位技术，实现了快速、精准、便捷确定救援钻孔井口坐标，确保钻井救援工作的快速开展。

（2）救援钻孔快速钻进技术。

实施救援时，时间是宝贵的因素，最快的钻进速度是救援钻孔的核心，尽可能快地建立地面与井下被困人员的联系是钻孔救援的最重要任务。施工时间越短，意味着营救成功的可能性越大。因此，研究团队研发了以空气潜孔锤/空气泡沫钻进技术为主，PDC 钻头＋螺杆组合钻进技术为有力补充的快速钻进技术，并研发两种工艺快速转换的配套设备和机具，解决了以往钻进工艺转换慢，影响救援速度的问题，实现了空气潜孔锤/空气泡沫钻进工艺与 PDC 钻头＋螺杆组合钻进工艺的快速切换。

（3）复杂地质条件下救援钻孔钻进技术。

针对救援钻孔施工中经常会遇到的松散地层、裂隙及断层带地层、煤层采空区地层、坚硬砂砾岩地层等复杂地质条件，总结形成松散地层救援钻孔施工技术、地层裂隙及断层带条件下的施工技术、煤层采空区的钻孔施工技术，可根据现场地层不同复杂程度快速选用不同的钻进技术，克服了复杂地质条件下难钻进、难成孔等问题。

（4）救援钻孔定向钻进技术。

救援钻孔地面井口位置确定后，即可实施钻孔救援施工。但在钻进过程中，受地层等各种因素的影响，钻孔轨迹会发生偏斜，导致钻孔最终钻不到目标救援位置，达不到救援目的。运用定向钻进技术能够有效地解决这一问题，在钻进中，一旦发现偏斜可及时纠斜，使钻孔始终在竖直位置上，并最终钻达目标救援位置。还有一种情况：当地面钻孔定位后，钻孔点正好处在障碍物、建筑物等位置，此类障碍物无法移除，为避开障碍物，只能另择钻孔位置，并采用定向钻进技术造斜钻进至救援目标位置，达到救援目的。

（5）大孔径救援孔钻进技术。

在确定被困井下人员还有生命迹象但采用井下救援无法实施救援时，就需要地面人员进行大孔径钻孔实现救援，采用救生舱将被困人员提升至井口，达到救援目的。基于气动潜孔锤反循环钻进、气举反循环钻进及跟管钻进工艺，研发了大孔径救援孔钻进技术，解决了大口径救援孔钻进速度慢、排渣难、井壁不稳定等问题。

5.2.2.2 成果应用场景

由于矿山事故灾害类型千差万别，矿井构成形式也有不同，因此钻井救援也有多种类型。

（1）通信联络孔。

通信联络孔是指当井下存在被困人员时，从地面向被困人员的位置施工一个小孔径钻孔，一般孔径 95 ~ 115mm（能下放一根通话线及对讲机），功能主要是与井下被困人员取得联系。

（2）维持生命孔。

维持生命生孔是指已知井下被困人员具有生命特征，需要地面向井下提供水、食物、药品等维持生命的基本物品，钻孔直径应大于 215mm，必要时输送小型音响设备，以便让被困人员听到亲人的问候，并接受医生的心理干预。

（3）救生钻孔。

救生钻孔是指将井下被困人员通过钻孔提升到地面，也称逃生孔。救生钻孔直径要求必须大于 650mm，使得提升设备能够顺利提升。

（4）瓦斯抽放孔。

瓦斯抽放孔是指井下瓦斯突出，或瓦斯、粉尘发生爆炸，必须通过地面钻孔进行抽排，或通过地面钻孔输送灭火气体、水、泥浆等灭火材料。钻孔直径要求大于 215mm，以便使足够的风量和液体量及时送到灾区，或具有足够排出气体的能力。

（5）抽水孔。

钻孔抽水孔是指井下发生突水后，从地下施工一口抽水孔，钻孔直径大于 300mm，以便潜水泵下到一定位置排出水量，以降低井下空间水头压力和水位。

该成果研究的技术已被应用于矿山应急救援地面钻孔工程中，参与国家煤矿、金属矿山、铁路、公路隧道、城市地质塌陷及矿山地质灾害治理等上百起事故救援任务，救助遇险人员 300 人，营救被困人员 186 人，为国家和企业挽回了上百亿元的经济损失，得到了国家应急管理部的充分肯定（表 5 - 1）。

表5－1　国家矿山应急救援大地特勘队救援业绩

序号	救援时间	事故企业	事故类型	救援技术与目的	救援效果
1	2003.03	金牛集团东庞煤矿	采掘面突水	垂直定向钻井与定向造斜堵水钻孔	钻孔5个，堵漏率98%，提前半年复产
2	2003.11	宁煤集团白芨沟煤矿	矿井煤层自燃	定向造斜钻进灭火钻孔	钻孔11个，成功灭火，达到复产要求
3	2004.04	郑煤集团超化煤矿	巷道冒落	垂直定向钻孔、救生钻孔	钻孔1个，12名矿工获救
4	2004.10	峰峰集团牛儿庄煤矿	矿井突水	定向造斜、堵水钻孔	4个钻孔，堵水率100%，提前半年复产
5	2004.12	郑煤集团超化煤矿	矿井突水	垂直定向钻井与定向造斜堵水钻孔	施工钻孔7个，堵水率100%，提前三个月复产
6	2006.03	湖北马鹿箐铁路隧道公司	巷道突水	垂直定向堵水钻孔	钻孔5个，堵水率95%，达到复产要求
7	2006.12	内蒙古包头市壕赖沟铁矿	矿井突水	垂直定向救生钻孔	探查灾情、提供决策，钻孔指导5人逃生
8	2007.03	大同煤峪口矿	煤层自燃	垂直定向灭火钻孔	钻孔2个，灌注黄土泥浆成功灭火，提前复产
9	2008.03	安徽巢湖非金属矿	矿井突水	垂直定向钻进救生钻孔	3天成孔400m，探查生命无迹象
10	2009.01	峰峰集团九龙煤矿	矿井突水	垂直钻孔与定向造斜堵水钻孔	4个钻孔，堵水率98%，提前复产
11	2009.08	河北恒辉铁矿	矿井突水	垂直钻孔与定向造斜堵水钻孔	2个钻孔，堵水率96%，达到复产要求
12	2009.11	福建龙岩铁路隧道公司	巷道坍塌	垂直钻孔与定向造斜救援钻孔	4个钻孔，探查无生命迹象，堵水率95%
13	2010.03	内蒙古乌海能源骆驼山煤矿	矿井突水	定向钻井救生钻孔	500m钻孔2天成孔，探查生命无迹象
14	2010.03	山西王家岭煤矿	矿井透水	垂直定向救生钻孔	指导定向施工救生排水钻孔，156人获救
15	2010.11	峰峰集团黄沙煤矿	矿井突水	定向钻井施工堵水钻孔	5个钻孔，堵水率97%，达到复产要求
16	2010.11	峰峰集团山西大远煤矿	采面突水	垂直钻井与造斜钻进	8个钻孔，堵水率98%，达到复产要求
17	2011.01	峰峰集团黄沙煤矿	矿井突水	垂直定向施工堵水钻孔	4个钻孔，堵水率98%，达到提前复产要求

续表

序号	救援时间	事故企业	事故类型	救援技术与目的	救援效果
18	2012.06	江苏沛县封新庄铁矿	矿井突水	定向钻孔施工堵水钻孔	3个钻孔，堵水率96%，达到提前复产要求
19	2012.11	峰峰集团九龙矿	奥灰水治理	水平钻井堵水钻孔	26个分支，达到提前复产要求
20	2013.04	吉林八宝煤矿	瓦斯爆炸	垂直定向钻进救生钻孔	1个钻孔，600m穿越2层采空区，注氮气灭火
21	2014.06	邢台县显德旺煤矿	巷顶冒落	垂直定向钻进救生钻孔	1个钻孔，300m 2天完成，指导逃生，2人获救
22	2014.08	峰峰集团梧桐庄煤矿	矿井透水	垂直定向钻进堵水钻孔	8个钻孔，堵水率99%，提前半年复产
23	2015.12	山东平邑石膏矿	矿井坍塌	垂直定向钻孔及大孔径救生钻孔	3个钻孔，小孔径投食物维持生命，大孔径救援生命，4人通过钻孔提升获救
24	2016.04	河南焦煤集团赵固煤矿	奥灰水突水	水平定向钻进堵水钻孔	6个水平多分支钻孔，达到提前复产要求
25	2017.01	峰峰集团九龙矿	矿井突水	定向钻进堵水钻孔	2个钻孔，堵水率99%，提前复产
26	2017.05	辉县市龙田煤业	矿井突水	定向钻进堵水钻孔	5个钻孔，达到复产要求
27	2018.03	冀中能源邢煤集团邢东矿	矿井突水	垂直定向堵水钻孔	2个钻孔，堵水率98%，提前复产
28	2020.11	华电茂华万通源煤业有限公司	矿井透水	定向钻进排水钻孔	1个排水钻孔，观测水位

5.2.3 成果的技术实用性和典型救援案例

5.2.3.1 救援案例一：茂华万通源煤业有限公司透水事故钻井救援行动

（1）应急救援实战情况简介。

2020年11月11日2：50，中国华电集团所属茂华万通源煤业有限公司发生透水事故。11月12日11：30，国家矿山应急救援大地特勘队接到国家安全生产应急救援中心通知，要求大地特勘队以最快的速度组织救援人员、携带救援钻机和配套装备赶赴救援现场。时间就是生命，大地特勘队火速集结，指战员、专家组、调配钻机及配套设备立即前往救援现场。救援施工场地地层情况：地表以上 70m 为露天矿渣石堆，地表以下 30m 为第四系黄土原生地层，116m 为基岩地层，有破碎，无出水。

（2）钻井救援施工简介。

大地特勘队按照现场指挥部制定的救援方案，利用钻井救援技术施工地面排水孔。设计井深 225.5m，开孔直径 445mm，终孔直径 311mm。钻孔上部为超过 60m 的回填层，存在易漏失、易坍塌、难成孔等问题，经救援队现场指挥组与专家组讨论，选择泥浆钻进工艺进行排水孔施工。在钻进上部回填层时，采取顶漏钻进、边钻边堵方法，快速穿过上部回填层，在进尺 70.2m，见基岩，下入直径 340mm 套管，以隔离上部回填地层。

（3）钻井救援成果。

在大地特勘救援队全体指战员不懈的努力和坚持下，经过不眠不休、争分夺秒的钻探工作，仅历时 26 个小时，排水孔便成功透巷，井底打到预设位置，毫无偏差。顺利完井后，按照救援现场指挥部要求，依次向井下巷道中下生命探测仪、水位探测仪、水泵等仪器设备，完成生命探视、水位测量、井下抽排水等工作，顺利完成此次救援行动。

5.2.3.2 救援案例二：山东平邑石膏矿矿井坍塌事故钻井救援行动

2015 年 12 月 25 日 7：56，山东省临沂市平邑县万庄石膏矿区发生采空区坍塌，随后从万枣石膏矿竖井以及玉荣石膏矿 5 号、4 号、3 号、1 号井口喷出黄色烟柱，地面塌陷变形，玉荣石膏矿 29 名作业人员被困井下。

事故发生后，党中央、国务院和山东省委省政府、国家安全监管总局高度重视。山东省委省政府领导抵达现场，成立救援指挥部，国家安全生产应急救援指挥中心领导及有关专家赶赴事故现场，指导协调现场救援工作。

因井底车场坍塌堵塞，井下搜寻救援无法进行。救援指挥部决定成立地面钻井救援指挥部。救援现场布置的 1 号孔于 12 月 28 日 22：00 与井底车场西侧巷道贯通。利用该孔进行探查，并未发现生命迹象。30 日 8：00，2 号探查孔与井底车场东侧巷道贯通。通过生命信息钻孔探测系统探测，发现了被困矿工伸出的一只手，经语音联系，得知有 4 名被困矿工存活。当即成立了由营养、呼吸、消化、心理等学科专家组成的医疗救治团队，与井下被困矿工进行沟通，并及时进行心理安抚及疏导。随后输送了营养液、矿灯、衣物和药品等，并架设了井上下电话线路。在与井下被困矿工通话后，得知在井底车场附近有 8 人被困，其中 4 人留在井底车场东侧，另外 4 人走向西侧逃生。经 6 号钻孔证实，此时车场西侧已经坍塌，利用钻孔生命信息探测系统探测没有发现生命迹象。对井下人员了解的情况进行分析后，救援指挥部研究决定，在车场东侧约 50m 处施工 4 号救生孔，同时在被困人员所处井下回风道上 58m 处施工 5 号救生孔，形成双保险。

在施工 4 号、5 号救生孔时，被困矿工反映井下渗水渗泥，2 号孔底部巷道泥水淤积严重，4 名被困矿工取用食品物资困难，救援指挥部研究决定在 4 号井井筒东侧增加一个 7 号探查孔，接替 2 号孔作为与井下被困人员联络和输送物资的新通道。

由于 7 号钻孔垂直地面有建筑物障碍，无法施工垂直钻孔，只能在地面位移 13m 处施工一直斜钻孔做为救援补给通道。7 号孔井身结构为：一开 Φ311mm 开孔，钻深 52m，下 Φ244. 5mm 套管护壁，二开 Φ215. 9mm 潜孔锤钻头，采用斜井定向钻进工艺，3 天成孔，打到预定位置，顺利透巷，恢复了食品和物资输送通道，并增加了一条通信线路。

5 号救生孔开孔钻进使用的是 BG38 旋挖钻机，采用 Φ1 500mm 旋挖钻头钻进 3m 后，下放 1 450mm 孔口套管；然后采用 Φ1 250mm 钻头旋挖钻进，挖至孔深 54. 15m，对该孔测斜，测得孔斜角 1. 23°，继续施工会导致孔斜增加过快，因此停止旋挖钻进，提前下置 Φ820mm × 10mm 套管，并在井筒与套管之间充填水泥浆固井。

在 5 号救生孔继续使用旋挖钻进的过程中，4 号救生孔使用水钻钻进，遇破碎裂隙地层，循环介质漏失严重；孔内发生坍塌，岩粉无法排出；地层倾角变大，造成井斜偏移角度过大等地质问题，并出现卡钻现象，造成施工进度缓慢。

为了确保 4、5 号钻孔有一个成功完井，4 号钻井仍采用传统泥浆正循环钻进工艺，5 号钻孔采用空气反循环钻进工艺，调用 350 型大型泥浆泵和 Φ700mm 牙轮钻头。调用 4 台空压机、1 个 Φ711mm 潜孔锤，整合了 4 号钻机的 4 根 Φ680mm 的扶正器和 Φ219/168mm 双壁钻杆。

由于地层受矿震影响继续变形，岩层本身松散破碎、胶结薄弱，在钻孔穿过这些地层的钻进过程中，一边为 4 号钻孔堵漏，一边继续钻进。5 号钻孔至孔深 170. 10m 时出现埋钻事故，通过测绳测得淤塞深度为 26m，随即决定采用气举反循环工艺技术排渣处理事故，现场将 Φ73mm 油管底口向上 1m 割眼，焊接 Φ15.24mm 高压胶管，一起下入双壁钻杆与钻孔的环空，下入深度为 143m，再用吊车下入 Φ50mm 钻杆至 151m 处。Φ50mm 钻杆连接固井车向孔内压入水来搅动淤塞和沉渣，高压胶管连接空压机进风，油管作为上返排渣管，形成反循环，将钻渣排出。Φ50mm 钻杆压水形成的沉渣扰动区较好地保证了沉渣被吸走排出。排渣的同时，三路管汇缓慢下放，保证油管底口始终高于 Φ50mm，钻杆底口至少 2m。至 1 月 12 日 16：00，钻具全部提出，埋钻处理完成。

因地层持续缓慢变形破碎，孔壁不规则，套管难以下置到位，救援指挥部根据专家组的意见研究决定，提前下三开 Φ610mm 套管进行护壁，用石油固井车固井。套管实际下置深度为 167.73m。为避免起钻耽误救援时间，采用 Φ565mm 牙轮钻头、气水混合接头、Φ545mm 扶正器、Φ279mm 双壁钻铤、Φ545mm 扶正器、Φ279mm 双壁钻铤和 Φ219/168mm 双壁钻杆组成的牙轮钻头空气（泡沫）正循环钻进工艺，并联 7 台空压机（6 台使用、1 台备用），从双壁钻杆中心进气，封住排渣口，形成牙轮钻头空气（泡沫）正循环钻进。截至 1 月 23 日，钻进 216m，过巷道底板深度。起钻后，孔内发生垮孔，形成约 20m 岩渣。专家组研究，采用 Φ565mm 牙轮钻头、正反接头、Φ590mm 阻风环、Φ545mm 扶正器、Φ219/168mm 双壁钻杆若干组成牙轮空气（泡沫）反循环钻进。循环介质从牙轮底口出，携带钻渣后上行，从正反循环接头进入钻杆内部。此举的优点是排渣速度大，携渣能力强。1 月 26 日中午，到达孔深 216m，排渣结束。

为保证孔内安全，继续钻进，打了一个 10m 沉渣口袋，钻进至 226.25m 后起钻。起钻后，孔内持续掉块，对于在钻孔内提升被困人员带来更大难度，原定的裸孔终孔的计划再次被否定。救援指挥部专家组研究决定，下 Φ508mm 套管稳定下部变形的砂质泥岩地层段。直到 1 月 29 日，Φ508mm 套管下至 204.5m。经清理孔壁、视频探查，已经具备了钻孔救生条件，至此，5 号救生孔施工完成。

5 号大口径救生孔打到预定位置后，未与巷道贯通，钻孔偏离巷帮 0.8m，救援指挥部和专家组经多次分析研讨，决定从 7 号孔将打眼工具送至井下，在被困矿工的努力下，27 日 16：10，巷道与孔壁贯通，井下巷道与钻孔贯通工程成功实现。

在实施钻孔救援的同时，总局工作组先后调集了淮南队 Φ640mm、Φ618mm 两部救生舱及提升设备。由于 5 号孔钻孔期间孔径与套管内径多次变化，4 次下套管后孔内直径只有490mm，套管只能下至204.5m，距钻孔底部还有10m距离为裸孔，救生舱难以下放到位。救援指挥部和专家组经多次分析研讨，确定了采用全身式安全带提人方案，由消防战士在地面进行演练，对头、肩、膝及其他裸露部位使用专用防护用具，并录制操作录像，送入井下供被困矿工学习。最终于2016年1月29日22：49，通过5号救生孔，采用全身式安全带，成功将被困的4名矿工安全救出。本次救援开创了垂深200m以上钻孔采用全身式安全带提人先例。

4号救生钻孔因采取水钻施工，虽然工艺传统，方法成熟，但在此地层条件下进展缓慢。在5号钻孔贯通巷道216m时，该钻孔 Φ711mm，孔径深度仅172m，随之结束钻进。

5.2.4 取得的知识产权、奖项

5.2.4.1 专利情况

（1）一种大孔径应急救援钻孔的施工方法［专利号：201811387904.9（CN109611024B）］。

（2）一种钻杆夹持装置（专利号：201720961357.5）。

（3）一种钻杆固定装置（专利号：201720961359.4）。

（4）一种钻井套管结构［专利号：201920877035.1（CN210317216U）］。

（5）一种垂直式钻井工具［专利号：201920959838.1（CN210317164U）］。

（6）一种空气螺杆的防飞车控制装置［专利号：201921024322.4（CN210659910U）］。

5.2.4.2 获奖情况

（1）获得国家安全生产监督管理总局第六届安全生产科技成果奖二等奖。

（2）获得中国煤炭工业协会科学技术二等奖。

（供稿单位：中煤地质集团有限公司）

06

沁水煤田榆社—武乡
深部煤系气地震勘查技术

6.1 项目基本情况

近年来，为积极贯彻习近平总书记生态文明思想，贯彻山西省委“气化山西”总体战略部署，推动能源革命综合改革试点建设，实现煤层气增储上产，按照“油气勘探，地震先行”的理念，依托省级地勘基金项目“山西省沁水煤田榆社—武乡区块煤层气页岩气及致密砂岩气综合普查”和山西省煤基重点科技攻关项目“煤层气、页岩气资源潜力综合评价及共探共采选区研究”，在煤系气地震勘探技术方面开展了相关研究。

通过该项目的实施，在进一步查明本区的地质构造、煤系气（煤层气、页岩气及致密砂岩气）赋存特征的基础上，探索适用的煤系气勘探开发相关技术，为进一步勘查开发提供地质依据和技术支撑。

该项研究成果通过工程应用与验证，取得了良好的应用效果和显著的经济、社会效益，在深部煤系气地震勘探方面起到了示范意义，具有较强的推广价值和广阔的市场前景。

6.2 取得的主要成果

6.2.1 成果关键技术要点与创新点

针对勘查区地形条件复杂、目的层埋藏深、目的层数多且单层厚度薄等难点，攻克了地震数据采集、资料处理等难题，开展了储层物性预测技术研究、资源潜力综合评价及有利区优选，建立了一套针对深部煤层气、页岩气的地震勘探方法技术体系。

6.2.1.1 数据采集关键技术

采用小道距、小面元、大排列、高覆盖次数的观测系统以及基于浅表层地质调查的井深设计、低频多检波器组合的接收等技术措施，取得了较高质量的原始数据。

6.2.1.2 数据处理关键技术

开展基准面静校正、基于浮动基准面的拟三维层析静校正、分频地表一致性剩余静校正、全局寻优剩余静校正等技术研究，解决复杂地形条件下山区静校正问题；采取以“保真、保幅”为核心的处理思路，在叠前去噪、精细的速度分析与切除、精细成像等关键技术上取得突破，获得了高品质的地震数据体，为区块构造解释和后续煤层反演预测奠定了基础。

6.2.1.3 叠后地震相控波形混沌随机反演

首先，在地震剖面上对目的层进行宏观划分并确定地震相界面，为地震相控约束反演奠定约束条件；其次，选择标准化和重构后的测井曲线作为井旁地震道反演的初值和精细标定的样本，增强储层反演在纵向上的分辨能力；最后，将波形混沌反演算法与随机模拟理论相结合，有效提高地震资料的垂向分辨率，并充分考虑地下地质的随机特性，使反演结果更符合实际地质情况。

6.2.1.4 叠前地震多参数反演

利用丰富的叠前地震数据，在测井多波资料的约束下，基于稀疏贝叶斯理论开展叠前地震弹性参数反演，通过不断调整模型参数与地震残差间的函数关系，得到高精度的、能够反映储层空间变化的纵横波速度和密度，并在此基础上获得定量描述储层物性、含气性的纵横波速度比、泊松比、拉梅系数乘密度等数据体，为地质解释人员提供了更多信息，实现对含气储层的定量预测，减少多解性，提高钻井成功率，降低勘探风险。

6.2.1.5 有利区综合评价技术

基于对研究区构造特征、沉积相和油气成藏的研究成果，结合高分辨率储层、流体反演结果，煤层气、页岩气储层厚度预测及储层含气“甜点”预测成果，对有利目标区（或潜力区）进行综合研究评价，确定“甜点”优势发育区，并提出勘探井位建议。

6.2.1.6 创新技术手段

（1）在国内率先将地震相控波形混沌随机反演方法应用于煤系“三气”的预测，解决了薄储层识别和厚度预测的难题。

（2）采用叠前（EI）地震多参数反演和叠后（AI）地震联合反演技术，获得对“三气”敏感的物性参数，实现了煤系“三气”的含气性定量预测，为寻找“三气”富集区提供可靠依据。

6.2.2 成果的主要内容及应用场景

该研究主要从地震数据采集、资料处理、叠后叠前反演、有利区预测等方面开展工作。通过研究和应用最终实现了复杂山区高品质数据采集、“保真、保幅”处理、储层刻画、含气性预测和有利区圈定。所取得的技术成果主要应用于煤系气（煤层气、页岩气等）及煤田地震勘探等领域，主要包括：

（1）查明勘查区的地层形态和断裂特征。

（2）查明目的层的构造、埋藏深度及空间展布。

（3）预测目的层段的含气性、裂隙发育等。

（4）圈定煤系气目标有利区，提出勘探部署建议，为下一步的勘查开发提供地质依据。

该研究的技术成果已应用于“山西省沁水煤田榆社—武乡煤层气页岩气及致密砂岩气综合勘查”“山西国新能源榆社东区块煤层气二维地震勘探”“山西潞安煤业集团金源煤层气有限公司王村—夏庄区块二维地震勘探工程”“山西和顺横岭区块煤层气资源勘查项目三维地震勘探”等项目建设中。

6.2.3 成果的技术实用性和实践效益

6.2.3.1 技术实用性

通过在榆社—武乡区块的应用，所取得的成果与地质填图、钻井、测井及气测录井结果吻合良好。其中，对新钻 8 口钻井的真实厚度与预测厚度进行对比，吻合率达93%；3号、15号煤层等主要目的层段和12号煤层及下石盒子组中砂岩层等含气层的预测成果与气测录井结果相吻合。成果有效指导了后续钻井的部署，并且为预测资源量的计算提供了依据。

6.2.3.2 实践效益

该项成果的实践效益主要体现在经济效益和社会效益两个方面。

经济效益方面，该技术在榆社—武乡及续作区块煤层气、页岩气及致密砂岩气综合勘查项目共实现直接经济产值4 000多万元；在所圈定的有利区内成功对“试验1井”进行了直井压裂，单井稳定日产1 200m^3；为榆社—武乡5 456亿m^3超大型气田的发现提供了重要技术支撑。依托该项目的研究技术及成果，完成后续相关勘探工作，累计合同额近1亿元。

社会效益方面，该成果突破一般煤层气勘查在1 000m以内的深度，标志着山西省深部煤系气勘探取得了重要技术创新和突破，是山西省煤层气、致密气、页岩气“三气”共探共采的一个生动实践；同时，也促进了山西省对煤层气探矿权的公开出让，为全国煤层气矿业权改革进行了积极探索。

6.2.4 推广价值

通过研究和应用，建立了一套针对深部煤层气页岩气地震勘探方法技术体系。该成果可应用于煤炭、煤层气地震资料的构造解释，对储层空间刻画、含气性特征表征及储层裂隙进行预测，并在综合钻探、测井等资料的基础上圈定煤层气有利区范围，从而进一步用于指导煤层气钻井井位的布置。同时，该成果也可用于煤矿采区煤层后续及瓦斯富集区的预测。

根据目前的市场行情，井深1 500m的探井预计成本为200万~300万元，通过该项目研究成果的应用，可有效圈定含气有利区，减少布井的盲目性，提高钻井的成功率，产生显著的经济效益。因此，该项成果具有较高的推广价值和广阔的应用前景。

6.2.5 取得的知识产权、奖项

6.2.5.1 专利、软著情况

授权发明专利2件、软件著作权1项；已发表学术论文17篇，其中SCI检索3

篇，EI 检索 2 篇，中文核心 7 篇。

6.2.5.2 获奖情况

（1）获得 2018 年中国煤炭工业协会专业地质报告一等奖。

（2）获得 2019 年中国地球物理学会首届地球物理工程金奖。

（3）获批 2020 年山西省晋中市科技局奖励性后补助。

（供稿单位：山西省煤炭地质物探测绘院）

07

煤矿防治水关键技术研究与应用

7.1 项目基本情况

我国一次性能源的国情是“缺油、少气、相对富煤”，这决定了煤炭的主体能源地位短期内难以改变。然而，我国煤矿水文地质条件复杂，多存在煤层顶、底板及采空区突水问题，轻者会使生产环境恶化，影响煤矿正常运行和发展，耽误工作进度；稍微严重点的水害则会造成国家财产损失、资源浪费，同时在排水和维护过程中增加了不必要的费用；严重者会造成人员伤亡，造成不可弥补的损失。许多煤矿水害问题已经成为制约矿井安全、经济有效开采的主要因素。因此，对煤矿防治水关键技术进行研究与应用，对改善煤矿的生产环境和提高煤矿的效益、实现绿色安全开采具有十分重要的意义。

7.2 取得的主要成果

7.2.1 成果关键技术要点与创新点

7.2.1.1 关键技术要点

（1）多手段综合勘查技术的综合应用（图 7 – 1）。

（2）复杂构造高角度多水平开采顶板水害综合勘查与防治。

（3）薄层灰岩定向跟踪技术（图 7 – 2）。

（4）区域底板探查治理技术。

（5）利用离层注浆工艺对煤层顶板动水断层、流沙层注浆封堵。

（6）排—供—生态环保三位一体的保水采煤技术方法。

图 7-1　多手段综合勘查技术

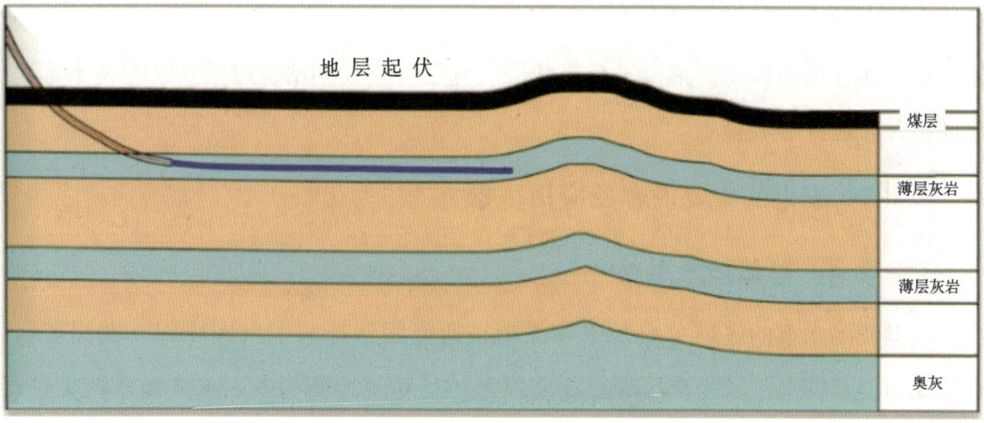

图 7-2　薄层灰岩定向跟踪技术

（7）根据钻探、冲洗液消耗量、水位实测、钻孔摄像、相似材料模拟和数值模拟的方法进行综合分析，确定鹤岗矿区导水裂缝带探测孔的导水裂缝带发育高度；分析影响导水裂缝带高度的主要参数指标；确定了鹤岗矿区导水裂缝带的经验公式。

7.2.1.2　创新点

（1）不断创新勘查理论和技术方法，建立了以精细探查、定量评价为目标的煤矿水文地质勘查技术体系。创新了基于地下水赋存理论的矿井涌（突）水危险性和矿井涌水量定量评价预测，勘查技术处于国际先进水平。

（2）采用“地—井—巷”精细探测技术，实现了多源数据的有机融合，提高了探测精度。将三维可视化解释技术贯穿整个资料处理解释过程，提升了物探解释水平，大大提高了资料解释的准确率，打造了“水文物探”特色品牌。

（3）能够准确探测高角度厚煤层多层开采的导水裂缝带高度和巨厚层南岭砾岩含水层的空间分布，与三图双预测法顶板突水危险性评价技术相结合，形成了复杂构造高角度多水平开采顶板水害综合勘查评价技术。

（4）采用羽状多分支水平定向钻探技术进行煤层底板加固和水害防治，实现煤矿防治水“五大理念转变”，为保水采煤提供了新途径和新技术，形成了以薄层灰岩定向跟踪技术、暗构造精细探查技术、水平钻探减摩阻技术、智能注浆改造技术、安全性评价技术为核心的煤矿防治水模式。

（5）采用“地面—主孔多分支孔”探查工艺，实现了长距离顺层连续精细探查，代替以往地面大面积“多点”布孔探查和井下短距离反复探查工艺，解决占地难、占地多的难题，同时节省大量人力、财力、物力。创造性地应用井眼轨迹地质模拟技术建立地质模型，解决了反复找层、判层、频繁侧钻、过采空区等技术难题，保证钻井按设计顺利施工。

7.2.2 成果的主要内容及应用场景

7.2.2.1 总体技术思路

根据我国水害的区域分布及水害类型，研究团队选取了大同煤田、鹤岗矿区、东胜煤田，及邯邢、淮南矿区等主要产煤区域，对其地质构造、水文地质特征进行探查分析，研究水害防治的关键技术，为矿井的安全绿色开采提供有力的依据和保障。

7.2.2.2 技术方案

（1）针对华北石炭—二叠系岩溶—裂隙水害区水文地质条件不清楚地区。

在大同煤田，对7个生产矿井（年产4500万t）采用遥感解译、水文地质调查、地面物探、水文钻探、水文测井、流量测井、单孔（多孔）抽水试验、岩样测试、水化学测试及薄片鉴定等综合勘查方法，充分分析大同煤田岩溶系统特征及其构造影响下的动态演化机制和时空展布规律，明确底板高承压开采突水通道的形成条件及致灾机制，采用了相关分析法、比拟法及数值模拟法进行了矿井涌水量预测，采用传统的突水系数法和先进的脆弱性指数法进行了底板突水危险性评价。

（2）针对华北石炭—二叠系岩溶—裂隙水害区水文地质条件清楚地区。

在邯邢矿区和淮南矿区，随着开采深度的增加，受奥灰水威胁越来越严重，通过对收集到的地质、水文地质资料综合分析，对区域内的地层特征及构造发育情况、含水层裂隙发育情况和富水性、与奥灰承压水的水力联系进行分析，选择目的层，利用石油钻机，采用定向钻探技术对其进行注浆治理，对注浆加固质量进行评述，通过计算突水系数，对治理地区进行开采安全性评价。

（3）针对东北白垩系裂隙水害区。

在鹤岗矿区南部7个煤矿，采用水文地质调查、地面物探、钻探、抽水试验、水文测井、井下电视测井、超声波测井、岩性测试及水样测试等综合勘查方法，深入研究了煤矿生产特别关注的采空区精细圈定、导水裂缝带发育高度、断层富（导）水性等问题，采用传统的大井法和比拟法及先进的数值模拟进行了矿井涌水量预测，采用 Flac－3D 及相似材料模拟了导水裂缝带发育高度，采用先进的三图双预测进行了顶板突水危险性评价。

（4）针对西北侏罗系裂隙水害区。

在东胜煤田，以水文地质钻探和抽水试验为主，辅以遥感、物探（三维地震、瞬变电磁）、水文地质测绘、测井、采样化验等勘查方法，分析研究了首采区顶底板隔水层的岩层组合、厚度、岩石力学性质及隔水性能，分析了勘查区地下水补径排条件，重点分析了首采区煤层直接充水含水层的岩相结构、埋藏条件、空间展布等水文地质特征，预测了煤层顶板导水裂缝带高度和矿井涌水量，提出了防治水措施。

7.2.2.3 技术成果

（1）深入分析研究大同煤田岩溶水系统特征并定名，查明了其岩溶地下水的埋藏条件、分布范围、发育特征、动态特征及补、径、排条件。以非连续的岩溶裂隙介质渗流理论为指导，提出了断层与节理等地质构造控制下非均匀各向异性裂隙水参数识别方法，构建了岩溶裂隙水的三维数值仿真模型，深入揭示了构造控制下裂隙水流场的动态规律及影响机制，系统分析了“围岩应力场—裂隙场—水化学场—渗流场”的多场耦合时空演化特征，构建了煤层底板突水的主要控制因素指标体系，对大同煤田石炭系煤层带压开采突水危险性进行了总体评价，为华北型煤田勘查提供了范例，为大同煤田防治水工作指明了重点和方向。

（2）在邯邢矿区和淮南矿区，通过区域精细化探查治理，探清了目的层的静水储量、隐伏构造发育情况，并对底板灰岩含水层进行注浆改造为相对隔水层，进一步阻隔灰岩含水层与下伏奥灰含水层的水力联系，增强了煤层底板岩层的完整性或增加了煤层至奥灰含水层之间的隔水层厚度，从而增强了底板的隔（阻）水性能，使煤层开采安全系数增加，解放了大量受奥灰水害威胁的煤炭资源，达到了区域治理效果，实现安全绿色开采。

（3）在鹤岗矿区，采用多种手段对巨厚砾岩、高角度、厚煤层、多煤层、多构造的水文地质勘探，并总结了适合复杂情况下的勘探方法体系，尤其是深入研究了煤矿生产特别关注的采空区精细圈定、导水裂缝带发育高度、断层富（导）水性等问题，并利用最终勘探成果，科学有效地指导鹤岗矿区矿井防治水工作，大大提高了鹤岗矿区矿井涌水量预测的精度，提出防治水措施，为实现安全绿色开采提供依据，提高了鹤岗矿区防治水技术能力。此次研究结果也属国内首次对东北地区极为复杂的倾斜多煤层进行勘探研究，为今后类似矿区具有重要的指导意义。

（4）通过采用多种方法对东胜煤田进行勘探，总结了基于煤田地质理论的综合勘查技术，查明了勘查区水文地质条件，获取了各含水岩组水文地质参数，为勘查区建立地下水观测系统提供了基础条件，为矿井设计、建设提供了技术支撑，同时也为西部地区“保水采煤”提供了科学依据。

7.2.2.4 应用场景

（1）华北石炭二叠系岩溶—裂隙水害区。

（2）东北白垩系裂隙水害区。

（3）西北侏罗系裂隙水害区。

（4）淮南矿区水害区。

7.2.3 成果的技术实用性和实践效益

通过实施该项目，总结了华北石炭—二叠系岩溶—裂隙水害区、东北白垩系裂隙水害区和西北侏罗系裂隙水害区的勘查和防治技术，为查清水害、消除水害隐患提供了技术支撑和实例依据，保障了煤炭安全绿色开采（华北、西北和东北的煤炭资源约占全国的80%），从而保障了能源安全。该项目的实施不仅解放了受奥灰水威胁的煤炭资源，还很好地保护了水资源，能够延长东部老矿井的寿命，增加职工收入，保障社会就业；同时为西部新矿井改善施工环境，实现绿色高效安全开采提供依据。该项目的实施创造了极大的经济、社会和环境效益。

7.2.4 推广价值

该项目的综合勘查技术以先进的专业技术为引领，以较强的施工能力为保障，以高质量的成果报告为支撑。中国煤炭地质总局水文地质局占据了我国大型煤炭基地60%以上的水文地质勘查市场份额，在黑龙江鹤岗矿区、山西大同矿区、内蒙古东胜煤田开展了一批大规模综合勘查项目，奠定了水文地质局的核心产业地位。

此项目的超前区域探查治理的实施对于邯邢、淮南、河南、山西等地区构造复杂区域内的综合探查治理工作是一个极大的突破，形成了多参数综合薄层灰岩层位跟踪判定技术方法及构造复杂地区区域治理施工关键技术，居于国内先进水平，在钻探施工、地层判定、构造分析、注浆工艺优化等多项技术方面获得了大量经验，能够为其他类似工程提供可靠的技术支持。水文地质局已在邯邢、淮南、山西、河南、内蒙古等区域形成产值近7亿元的项目市场。

7.2.5 取得的知识产权、奖项

7.2.5.1 知识产权专利情况

（1）海域地质、水文地质勘查组合小平台。

（2）一种用于地下抽水试验的储水箱。

（3）一种新型水文钻探夹持器。

（4）一种移动式注浆平台。

（5）一种水文地质取样装置。

（6）一种煤矿灾害监测预警系统。

（7）一种水文地质勘探钻具。

（8）一种用于压水实验的辅助装置。

（9）一种钻井液液面观测器。

（10）一种地质勘探用扩孔器。

（11）一种泥浆消耗量观测装置。

（12）一种新型水文钻探夹持器。

7.2.5.2 项目获奖情况

（1）《黑龙江龙煤鹤岗矿业有限责任公司鹤岗矿区水文地质补充勘探报告》获

得中国煤炭工业协会优质地质报告（地质勘查）特等奖。

（2）《大同煤田（北区）岩溶水文地质勘查与开采石炭系煤层底板突水危险性评价报告》获得中国煤炭工业协会优质地质报告（专业地质）二等奖。

（3）《基于独立岩溶水系统的大同煤田（北区）构造控制下的突水评价研究与应用》获得2020年中国煤炭工业协会科技奖二等奖；获河北省煤炭学会科技奖一等奖。

（4）《内蒙古自治区东胜煤田通格朗井田水文地质勘探报告》获得中国煤炭工业协会优质地质报告（专业地质）一等奖。

（5）《内蒙古新上海庙一号煤矿地质及水文地质补充勘探报告》获得中国煤炭工业协会优质地质报告（专业地质）一等奖。

（6）《邯郸孙庄矿12661试采工作面区域治理一期工程综合成果报告》获得中国煤炭工业协会优质地质报告（专业地质）一等奖。

（7）《华北型煤田区“承压水体上”煤炭资源调查评价成果报告》获得中国煤炭工业协会优质地质报告（专业地质）一等奖。

（8）《华北型煤田（鄂尔多斯盆地以东）受奥灰水威胁煤炭资源评价关键技术与应用》获得河北省煤炭学会科技奖一等奖。

（9）《淮南新集二矿1煤底板灰岩地面超前区域探查治理效果评价指标及评价标准》获得河北省煤炭学会科技奖一等奖。

7.2.5.3 论文发表情况

该项目共发表论文40多篇，其中中文核心和科技核心论文10余篇：

（1）李冲：《深部煤层开采高承压奥灰水害防治关键技术》，2018年，《煤矿安全》（国家级核心期刊）。

（2）李曦滨：《华北型煤田岩溶区下组煤开采水害防治的水文地质勘查方法》，2016年，《煤炭工程》（中文核心期刊）。

（3）方向清：《基于华北型煤田岩溶充水矿床充水模式的勘查模式》，2016年，《中国煤炭地质》。

（4）吴铁卫：《鹤岗矿区新路煤矿主要含水层之间水力联系分析》，2016年，《中国煤炭地质》。

（5）方向清：《基于单位面积静涌水量的煤层顶板突水危险性评价》，2018年，

《中国煤炭地质》。

（6）翟丽娟：《煤矿水害勘查与治理技术新进展及发展趋势》，2016 年，《中国煤炭地质》。

（7）方向清：《有关煤矿床水文地质勘查类型问题的探讨》，2016 年，《中国煤炭地质》。

（8）王永全：《羽状分支水平孔在煤矿水害地面区域探查与治理中的应用探讨》，2018 年，《中国煤炭地质》。

（9）方向清：《基于单位面积静涌水量双因子的煤层顶板突水危险性评价与应用》，2019 年，《中国煤炭地质》。

（10）李冲：《深部矿井隐伏导水构造探查与治理技术研究》，2020 年，《煤炭与化工》。

（11）王锋利：《大同煤田岩溶发育特征研究》，2018 年 11 月，《中国煤炭地质》。

7.2.5.4 专著情况

在中国学术期刊（光盘版）电子杂志有限公司出版专著两部：

（1）《煤矿岩溶水精细探测、防治技术理论与实践》。

（2）《基于单位面积静涌水量双因子的煤层顶板突水危险性评价与应用》。

（供稿单位：中国煤炭地质总局水文地质局）

08

全数字高密度三维地震勘探技术

8.1　项目基本情况

20 世纪 90 年代，为适应我国大中型、特大型矿区建设高质、高效、安全集约化矿井的需要，有关部门在安徽省淮南矿区研发了一种专门为煤矿采前勘探服务的煤矿采区三维地震勘探技术，并在随后 20 年里在全国主要矿区进行了推广应用，取得了令人鼓舞的地质成果和社会经济效益。但是，尽管这种传统的常规三维地震勘探技术已在一些矿区得到推广应用并取得较好的效果，在当前技术环境下，其与满足煤矿开采地质保障的需求还有一定差距。当前存在的主要问题包括以下四个方面：①常规三维地震勘探技术精度不够，从井巷工程对地震成果的验证情况来看，落差 5～10m 的小断层验证率在 44%～67%，落差在 3～5m 的小断层验证率约为 30%；直径大于 30m 的陷落柱准确率在 17%～50%。②至今，在大多数矿区地震勘探中只取得了上组煤层反射波，下组煤层反射波能量很弱，信噪比很低，解释下组煤层构造，主要靠其他资料综合推断。③目前，煤田三维地震勘探大体上还处于构造勘探阶段，难以细致辨别出煤层的厚度和顶底板岩性变化。④煤炭瓦斯突出灾害、矿井水突出灾害、顶板陷落灾害已处于预测阶段，但存在精度差、验证率低等问题。

基于常规三维地震成果的主要问题，中国煤炭地质总局地球物理勘探研究院与淮南、淮北矿业集团合作针对两淮矿区地震地质条件和地质保障需求，采用引进、消化、吸收国内外先进油气勘探新技术的思路，成功建立发展了一套崭新的适合煤矿采区精细勘探的全数字高密度三维地震技术，其具有高分辨率、高信噪比、高精度地震成像的技术优势，在断层方位、小断层识别、陷落柱探测、下组煤层探测以及高陡构造勘探等多个方面取得了突破性进展，无疑可以帮助解决当前煤矿采区勘探所面临的很多复杂问题。

8.1.1 理论提升

全数字高密度煤矿采区三维地震勘探中的“高密度”与我们经常讲的“高分辨率”一样，是一个相对概念。正如美国学者 J. B. Fars（1976）在他的《高分辨率有多高》一文中所解释的那样，今天的每件东西都是高分辨率的——这完全取决于你对普通分辨率或低分辨率的理解。美国勘探地球物理学家学会（SEG）对分辨率倒是有个明确的说法，但至今对“高密度”的定义仍然众说纷纭。我们这里所讲的“高密度”是相对于以往的常规三维地震勘探而言的，是在煤矿采区三维地震勘探中采用的是一套数字检波器、单点接收、更小接收道距及线距、更小激发点距及线距、超高单炮道数、小面元、全方位、高覆盖次数观测，真实记录全波场海量数据的采集技术，以及与之相配套的高精度地震成像技术和精细综合地震解释技术。

该研究拓宽和完善了“煤田三维地震勘探技术”，建立了“煤田地震全数字高密度观测系统高密度煤炭三维地震勘探观测系统”（专利号：ZL201520160285.5）、“煤矿小断层影响因子分析方法及装置”（专利号：ZL201810696203.7）、“基于谱矩法的复杂煤层厚度预测系统”（登记号：2018SR296984）和“一种构造软煤发育区的预测方法及装置”（专利号：ZL201910592958.8），揭示了煤矿采区全数字高密度地震勘探的特点，奠定了煤矿全数字高精度三维地震勘探技术的理论基础。

该技术成果先后获得中国煤炭地质总局科学技术奖一等奖（渭北示范区煤层气地球物理预测技术研究及应用）、二等奖（煤矿小构造精细解释及导水通道富水性分析技术研究与实践），第七届全国煤炭勘查技术论坛一等奖（高密度三维地震勘探谱矩法反演煤厚技术）、二等奖（基于频谱分析技术预测煤与瓦斯突出带）。并在国家“十三五”煤层气重大专项中（2016ZX05043001、2016ZX05041002）进行了理论攻关与推广应用。先后发表论文 40 余篇，授权专利 8 件，软件著作权 8 项，先后在 CPS—SEG 北京 2018 国际地球物理会议、第七届全国煤炭地质及勘查技术论坛、第六届煤炭行业青年科学家论坛上做学术报告。

8.1.2 实践意义

全数字高密度地震勘探技术有利于解决复杂构造成像问题；有利于下组煤层的成像；利于提高地震勘探纵向和横向分辨率，大幅提高对小断层及较小异常的识别能力；有利于提高资料信噪比，改善地震剖面成像质量；连续采样有利于减小采集脚印；宽方位角接收和高密度均匀采样更有利于解决瓦斯问题、矿井水的问题以及各向异性问题等。

全数字高密度地震勘探技术成果的推广应用，为煤矿采区勘探和煤层气勘探开发生产企业促进技术进步、拓宽工作领域、增加经济效益提供了有力的技术支撑。

8.2 取得的主要成果

从技术框架上看，全数字高密度三维地震勘探技术体系由三部分组成，即全数字高密度三维地震采集技术、高精度三维地震成像技术、精细地震解释技术。合理应用该技术，可以提高地震资料分辨率和信噪比。

近年来，中国煤炭地质总局地球物理勘探研究院与东方地球物理勘探有限责任公司、煤矿企业共同推进全数字高密度三维地震技术在煤矿开采中的应用，已完成多个勘探项目，均取得了良好的地质效果，主要体现在以下几方面：

（1）研发出高密度煤炭三维地震观测系统、减弱采集脚印的变观三维地震探测系统及方法、以炮补道的煤炭三维地震观测系统等专利技术，形成了全数字、宽方位、高密度煤田三维地震采集技术。大大提高了煤层分辨率，勘探小断层能力与精度大幅度提高。

——进行微小断层井巷验证。

丁集煤矿井巷验证全数字高密度三维地震解释地质成果情况：共验证3个工作面，实际揭露大于2m落差断层14个，地震解释断层12条，验证合格率达85.71%。

——查明了断层对比。

潘北煤矿全数字高密度三维地震勘探效果明显好于常规三维勘探，通过高密度三维查明落差大于2m以上的断层215条，较常规三维地震勘探新发现断层185条。

——发现了典型的小断层及微小断层剖面（图8－1）。

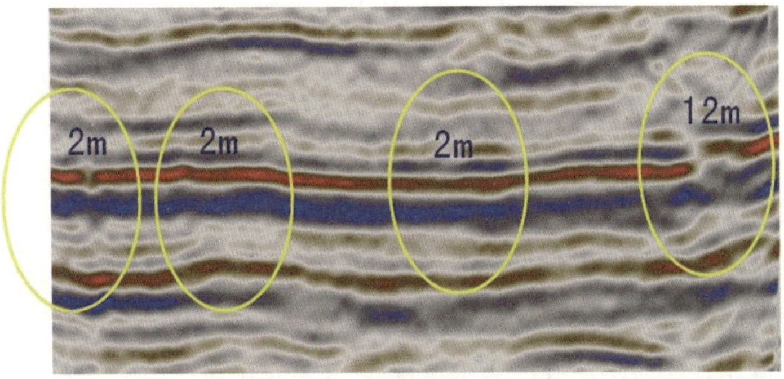

图 8－1　丁集典型剖面

（2）研发了“一种实现三维地震数据偏移归位的处理方法、装置”专利核心处理技术，在静校正、去噪、高精度叠前偏移等方面达到了国内领先水平，形成了一整套煤炭高密度处理技术体系。提高了煤系地层的成像质量，为后续矿井小构造的精细解释提供了保障。下组煤层弱反射信噪比大幅度提高，成功实现了对下组煤层主要可采煤的勘探。

淮南矿区主要含煤地层为二叠系山西组，主要可采煤层 5 层，即 13－1、11－2、8、5、1 煤层。常规三维地震可见 T5（13－1 煤）、T4（11－2 煤）、T3（8 煤）三组反射，由于 13－1 煤层的屏蔽作用，其中下组煤层反射波 T4 波和 T3 波信噪比低、连续性差，下组煤层中最下部的 T2（5 煤）、T1（1 煤）反射波品质更差，信噪比更低，不能用于地质解释。如图 8－2 所示，淮南矿业集团采用全数字高密度三维地震勘探技

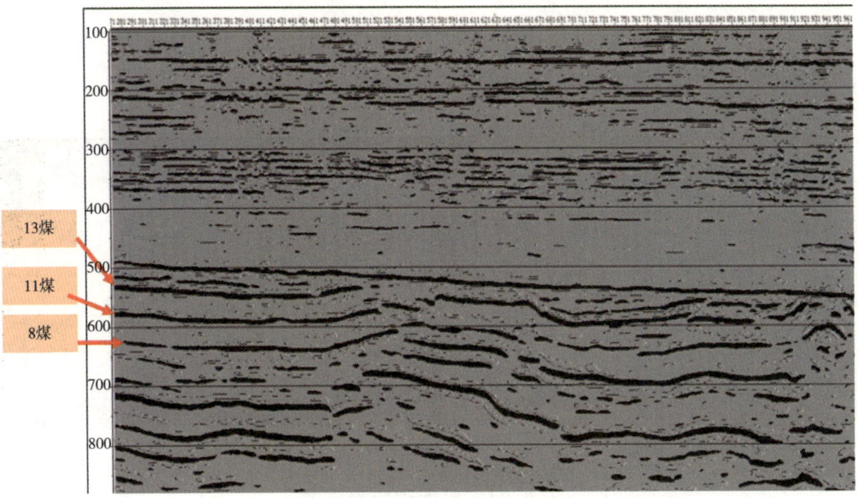

图 8－2　丁顾偏移成果剖面

术，13－1煤、11－2煤、8煤、6煤甚至1煤的反应都非常清楚，断点准确可靠。

（3）基于联合反演的高分辨率地震解释技术，研发了适用于薄煤层的井震联合反演技术和高密度谱矩法预测煤厚技术，将测井的高分辨信息外推到地震数据体上，可以清晰识别煤矿采空和巷道。

全数字高密度三维地震勘探成果对巷道的显示清晰度明显高于常规三维勘探，尤其通过各种地震属性解释方法，巷道显现更为清楚明了。2007年，在三维地震勘探施工前，丁集矿已经在该块段矿井中施工了两条巷道，其开挖位置与分频振幅中的两个条带相非常吻合，在波阻抗属性和方差体图中，两条巷道清晰可辨（图8－3）。

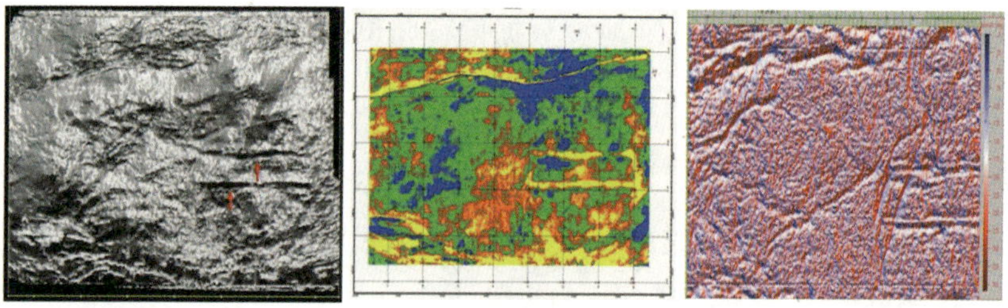

a）断棱检测技术识别巷道　　b）层波阻抗属性图　　c）方差体中11–2煤层断裂雕刻图

图8－3　丁集矿巷道识别

（4）基于弹性参量法多属性综合分析的煤矿预测技术，实现了煤层瓦斯富集带预测。

瓦斯突出是煤矿井下采掘过程中受地下应力作用瓦斯剧烈释放的过程，它是煤矿井下最严重的自然灾害之一。瓦斯主要以吸附储存于煤层裂隙、割理、构造煤和断层附近，瓦斯含量与多种复杂因素有关，AVO属性分析有助于煤层瓦斯富集带预测（图8－4、图8－5）。

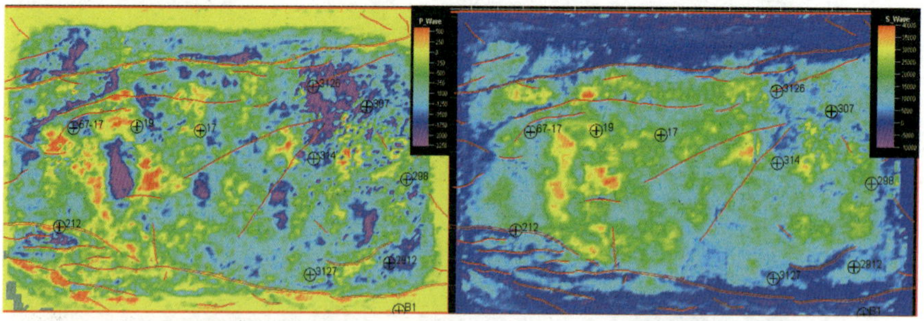

a）纵波　　b）横波

图8－4　纵波横波对比图

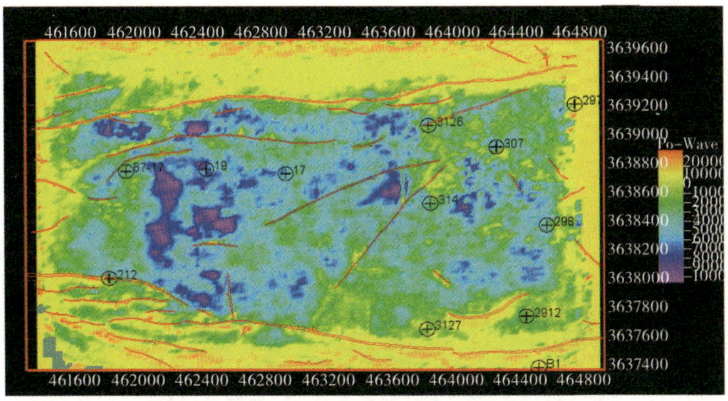

图 8－5　相对波松比振幅属性

（5）高密度三维与普通三维比较。

在淮南地区通过二次采集高密度三维图像与前期普通三维图像对比发现，高密度三维图像在大倾角成像（图 8－6）和断层分辨方面有明显优势（图 8－7）。

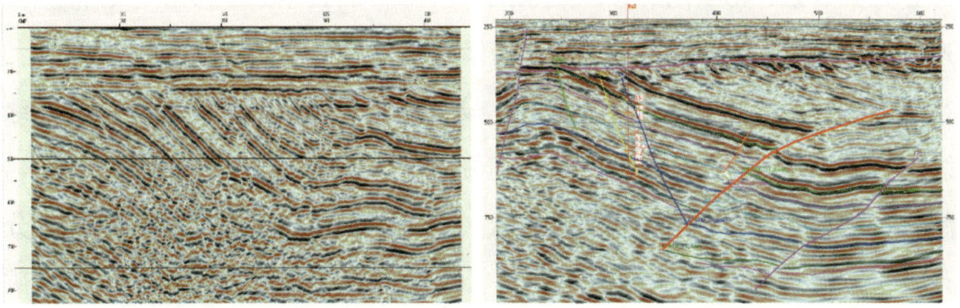

a）普通三维剖面图像　　b）高密度三维剖面图像

图 8－6　潘北普通三维剖面图像与高密度三维剖面图像比较

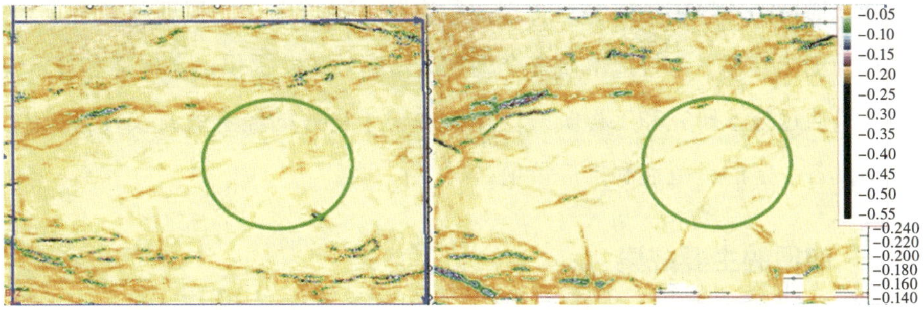

a）普通三维断层图像　　b）高密度三维断层图像

图 8－7　丁集普通三维断层图像与高密度三维断层图像显示

（供稿单位：中国煤炭地质总局地球物理勘探研究院）

09

智慧矿山安全生产管理平台关键技术研究与工程实践

9.1 项目基本情况

根据《煤炭工业发展“十三五”规划》以及国家绿色矿山建设等政策要求，随着云计算、大数据、物联网、移动互联网、人工智能技术、工业技术、信息技术等的高速发展和融合，智慧矿山相关技术有了长足发展。

智慧矿山安全生产管理平台研究与建设旨在实现矿山的“共享、协同、绿色与可持续”，以矿山信息化管理为手段，追随国家矿山建设“两化融合”技术导向、发展趋势，基于智慧矿山的总体结构模式，通过对煤矿原有系统的集成及部分系统改造升级与新建，形成统一的数据管理平台和智慧矿山综合监管平台，将煤矿建设成为一个自动化、信息化、安全、高产高效、管控一体的现代化矿井，从根本上提升矿山生产安全和生产管理的信息化水平。

该成果通过实现煤矿生产安全管理的数字化，融合生产、管理和安全等相关业务，实现精细化管理，为打造本质安全型和高产高效矿井提供信息保障和技术支持。

该成果通过技术研究和工程实践应用，取得了良好的经济效益及社会效益，在其行业中具备一定的示范性和推广价值。

9.2 取得的主要成果

9.2.1 成果关键技术要点与创新点

9.2.1.1 总体架构

总体架构包含基础设施建设、公共信息服务平台建设、矿井空间支撑平台、业务应用系统建设和安全生产调度指挥系统建设。

9.2.1.2 搭建矿井信息公共服务平台

该矿井信息公共服务平台是矿井信息综合服务的核心，也是智慧矿山的基础设施，负责交换各类监测控制数据、生产与资源数据和应用服务，管理分布在各专题的数据库和应用服务接口，建立数据标准和服务接口标准，为各应用间的数据多源检索和应用服务提供桥梁。

9.2.1.3 搭建矿井空间支撑平台

矿井空间支撑平台建立三维可视化的空间矿山，是矿井信息空间分布的容器，是矿山各业务应用系统的运行载体，也是智慧矿山的操作环境。

9.2.1.4 集成安全生产调度指挥系统

依托基础网络传输系统、公共信息服务平台、矿井空间支撑平台、业务应用系统、矿井通信系统、集成调度中心显示系统和有线调度系统，建立信息高度集成、渠道一致通畅的安全生产调度指挥系统，涵盖安全监测、生产管理、设备控制、视频监控、上传下达、统计分析等业务，为调度中心提供信息服务和指挥工具。

9.2.1.5 创新技术手段

（1）网络地理信息系统（WEB GIS）技术。

（2）多图层空间数据聚合浏览技术。

（3）图形浏览速度流畅，加载数据速度高。

（4）数据类别全面，数据库性能高。

（5）面向应用的图件分析功能全面。

（6）基于空间数据的三维煤炭安全生产数据管理技术。

（7）煤矿三维数据管理技术。

（8）三维矿山模型建设与动态更新技术。

（9）系统三维浏览加载速度快。

（10）煤矿数据云服务平台技术。

（11）煤矿大数据分析技术。

（12）云服务煤矿业务应用功能完备。

（13）D-InSAR 监测地表形变。

9. 2. 2　成果的主要内容及应用场景

该成果研究主要从地理信息数据更新、自动化远程控制、安全监控补充、安全和生产智能管理、矿区环境遥感监测等5个方面进行了10余项工作内容，通过矿山项目建设最终实现装备自动化、管理信息化、控制智能化，实现减人提效、保障安全生产。具体内容为：

（1）无人机倾斜摄影及地理信息数据更新。

（2）三维地理信息系统建设。

（3）主风机远程控制系统。

（4）井下水泵房无人值守系统。

（5）井下供电远程联动控制系统。

（6）井下主运输远程联动控制系统。

（7）压风自救系统与供水施救系统监测。

（8）网络视频监控系统。

（9）井下指挥中心网络应用系统。

（10）矿井安全生产“一张图”管理系统。

（11）基于三维空间模型的智慧矿山安全生产综合管理系统。

（12）智慧矿山安全生产管理云服务系统。

（13）D-InSAR 矿区沉降监测。

（14）矿区环境遥感监测。

该成果研究的技术已应用于“榆林市杨伙盘煤矿智慧矿山建设”（一期、二期）、“新疆焦煤1890煤矿智慧化信息平台”“葛洲坝当阳水泥矿山生产管理系统”等项目建设中。

9. 2. 3　成果的技术实用性和实践效益

该成果创造的直接经济效益体现在两个方面：一是在投入使用后为煤矿企业产生的实际效益，二是为单位带来的成果应用推广效益。

通过该成果在煤矿生产管理中的应用，实现了矿山生产管理数字化、智慧化，使矿山安全环境产生了根本性的改变。通过数字矿山、智慧矿山技术在煤炭安全生产中的应用，强化了煤炭生产安全监测，是煤矿安全监控的一次管理方式改变。

此外，还形成了智慧矿山调度指挥、矿井安全保障智慧网络、综合自动化、远程监测监控、安全生产管理等子系统，全面提升了煤炭生产安全水平，可以提前发现安全隐患，杜绝和减少了煤矿安全事故。

同时，推动了信息化、工业化深度融合，实现了企业管理要素高效集成，促进了企业管理水平明显提升。该项技术将极大地改善职业安全健康环境，改善煤矿工人作业环境，减少矿山职业病，具有较高的社会效益。

该成果在榆林市杨伙盘煤矿应用后，在生产管理、经济效益、安全管理等方面都发挥了积极作用：

（1）生产系统方面：实现了集约高效。通过实施机电运输大型设备智能化、自动化、系统化升级改造，供电、通风、排水、胶带主运系统均实现地面自动化集中控制，减轻了职工的劳动强度，提高了工作效率。实现了井上下生产系统的遥测、遥控、遥试和遥调四大功能，无人值守范围不断扩大，解放了人力资源，减少井下作业人员。

（2）安全管理方面：提升了矿井安全保障水平。使集安全监视、监测、监控于一体的数字化指挥操作系统普及率达到 100%，综合利用井下安全监测监控系统、高精度人员定位系统、井下 3G 无线系统等，在安全方面节省投入 100 万余元，减少各类安全隐患百余项。

（3）用工管理方面：精简了企业管理层次。在建设过程中，紧紧围绕企业的核心业务和主导流程进行再造，用计算机程序、网络视频会议、文件网上审批逐步代替传统的办公方式，精简部门设置，将矿区各单位机关科室由 15 个压缩为 10 个、基层区队由 18 个压缩到 13 个，机关人员由 85 人压缩到 53 人，采掘人员由 867 人减少到 531 人，实现了管理层和执行层的直线挂接，建立起了合理适用的组织管理体系，节约人力资源成本 100 万余元。

（4）销售方面，由于采用销售系统与生产系统联动的生产销售模式，提高块煤率，减少矸石，与上年同期环比增加销售额 1000 万余元。

（5）资源配置方面，在优化配置物流、资金流的基础上，对供应、生产、销售、财务、人力资源、安全质量管理控制等内部系统实施智慧矿山集成改造，消除内部信息孤岛，实现了人力、物力、财力等各类资源的科学合理配置，确保发挥出最佳效能。

9.2.4 推广价值

成果形成了标准化平台，综合集成了采掘、安全、运输、监控、供电、排水、通风、污水处理、筛分、矿图等各个方面共30个子系统的各类信息。

平台基于三维SCADA软件开发，具有各类信息监测、查询、浏览、控制、报警、统计分析、多系统集成等主要功能。平台对外展现企业形象、对内集成各种管理于一体，能够简便而准确地调用各种信息，能检测监控各种子系统，通过千兆工业以太环网汇聚至平台，实现以上信息的共享监测、分析、决策和智能化感知与控制。

平台对煤矿原有系统的集成及部分系统的改造升级与新建，形成统一的数据管理和矿山综合监管，将煤矿建设成为一个自动化、信息化、安全性高、高产高效、管控一体的现代化矿井，从根本上提升矿山生产安全和生产管理的信息化水平。此外，平台的建设对提高生产效率，改善产品质量控制，有效利用资源和减少能耗，减人增安，提高矿井生产安全，具有重要作用和现实意义，值得推广。

9.2.5 取得的知识产权、奖项

9.2.5.1 专利情况

（1）三角网切割方法及装置［专利号：2019102365296（CN109949421A）］。

（2）一种水平切割三角网模型的方法［专利号：2019110849258（CN110838181A）］。

（3）一种基于面向对象的高分辨率遥感影像道路提取方法［专利号：2020101685228（CN111310771A）］。

9.2.5.2 计算机软件著作权情况

（1）煤矿风险分级管控与隐患排查治理系统（登记号：2019SR1229727）。

（2）矿山“一张图”管理系统（登记号：2019SR1130980）。

（3）矿山图形坐标转换软件（登记号：2019SR1130984）。

（4）矿山坐标转换软件（登记号：2019SR1130621）。

（5）煤矿储量及三量管理信息系统（登记号：2019SR0290645）。

（6）通用系统功能用户权限管理软件（登记号：2019SR0182684）。

（7）煤矿安全生产标准化评分自查系统（登记号：2019SR0182668）。

（8）煤矿调度日报系统（登记号：2019SR0187069）。

9.2.5.3 获奖情况

（1）获得第八届陕西省煤炭工业科技成果一等奖。

（2）获得中国地理信息产业优秀工程金奖。

（3）获评中国煤炭工业两化深度融合示范项目。

（4）获得全国优秀测绘工程奖铜奖。

（供稿单位：中煤航测遥感集团有限公司）

10

高原矿山地质灾害监控与恢复治理技术研究及应用

10.1 项目基本情况

青藏高原的地形地貌复杂，风化作用强烈，地处欧亚大陆地震带，降雨、低温等作用因素都比东部地区强烈。因此，具有微地震、地压、边坡等地质灾害频次高、影响大、恢复治理难等特点。鉴于此，国家启动了柴达木循环经济试验区多金属矿产资源循环利用项目，而“高原矿山地质灾害监控与恢复治理技术研究及应用”是柴达木循环经济试验区多金属矿产资源循环利用项目的重要研究课题，其目的和意义在于以西部高原矿山为工程依托单位，对高原矿山地质灾害进行实时监控和研究，给出相应灾害预警信息和矿山恢复治理具体措施，开发具有自主知识产权的高原矿山恢复治理地质灾害监控技术及预警系统，解决我国柴达木盆地乃至青藏高原地区有色金属矿产资源开采中所面临的地质灾害和矿山生态环境恢复问题，以提高我国资源供应的安全保障度、产业效益与科技水平，带动矿产资源开发的可持续发展，促进行业技术进步。

项目研发了高原矿山岩体稳定性的多尺度评价模型。利用卷积神经网络对岩体测试数据进行训练，获得岩体稳定性主要影响因素的参数，构建了适合高原矿山的岩体稳定性多尺度评价模型，实现全过程的岩石灾害治理的透明管理，防止次生灾害发生。

项目对高原矿山地质灾害监控的实时数据进行建模和分析，研发了高原矿山不稳定边坡的削坡、排水及锚杆多层次融合的恢复治理方法，实现了高原矿山的快速恢复治理目标。项目研发了区域卸荷与局域卸荷相结合的应力重分布采矿技术，首先通过优化采场空间布局与回采顺序，再对矿体实行空间分割，并结合应力释放孔与锚杆支护，实现降低岩爆风险的目的。

项目研发了基于三层 P 波传播的微震定位方法和基于深度学习—支持向量机的微地震超前预报系统，解决了微震准确定位和微震超前预报问题，其定位精度达到 3m 以下，超前预报预警时间达到 8h 以上，可实现矿山安全生产。项目研发了基于局域均值分解—深度学习的巷道围岩变形预测技术，解决了围岩变形中短期准确预测的问题，可提前发现矿山安全隐患并识别危险源。

项目研发了不确定环境下卷积神经网络—粒子群的生产调度优化技术。首先对涉及不确定事件生产调度模型进行优化，进而完成了不确定事件下的卷积神经网络—支持向量机生产调度优化方案，研发了基于深度学习技术的生产调度优化软件，实现了矿山生产的透明管理。

项目系统集成了矿山岩体稳定性演化规律分析、巷道围岩变形规律、微地震事件超前预警、矿山恢复治理、不确定事件生产调度优化和应急管理等关键技术，形成了高原矿山地质灾害监控与恢复治理技术研究及应用系统成套工程化技术。应用该技术以来，矿山安全生产水平得到显著提高，处于行业先进水平。目前，该技术已成功在青海天峻木里雪霍立煤矿、青海威斯特德尔尼铜矿、内蒙古特弘煤炭有限公司官板乌素矿、鄂尔多斯市张家梁煤炭有限责任公司和张矿集团 5 家矿山企业实现工程应用，新增产值 4.07 亿元，新增利润 2.2 亿元，新增税收 1.62 亿元。

该项目已通过青海省科技厅鉴定，整体达到国际先进水平，项目申请发明专利 10 件；申请软件著作权 4 项；发表论文 34 篇，其中被 SCI、EI 核心期刊收录 20 篇。

10.2 取得的主要成果

10.2.1 主要创新点

（1）研发了高原矿山岩体稳定性的多尺度评价技术、巷道围岩变形预测技术和高原矿山环境恢复治理技术。

（2）研发了基于三层 P 波传播的微震定位方法。项目系统研究了高原矿山微地震发生规律，探寻微地震影响因素之间的关联性，提出了一种适合高原矿山的三层 P 波传播的微震定位方法，定位精度达到 3m 以内。

(3) 研发了基于卷积神经网络—粒子群的生产调度优化技术。

(4) 利用深度学习技术系统，研究了巷道围岩变形监测数据，以及在不同时间尺度下巷道围岩的变形演化规律和地应力活动规律，探寻影响巷道围岩变形的物理影响因素间的内部关联特性，提出了一种适合高原矿山深度学习—局域均值分解的巷道围岩预测方法，实时预测精度达到97%以上，满足矿山围岩灾害预测和恢复治理的要求，提高矿山安全生产水平和生态水平。

10.2.2 关键技术内容

高原矿山地质灾害监控与恢复治理技术研究及应用平台研发整体架构如图10-1所示。在系统级平台及基础数据平台的支持下，该系统由“高速实时动态采集技术”“岩体稳定性评价”“安全预警系统”“恢复治理和控制技术”和“生产过程优化系统”五个子系统组成，这五个子系统均集成在智能监控平台之上，共同协作，从而组成了“高原矿山地质灾害监控与恢复治理智能平台”。

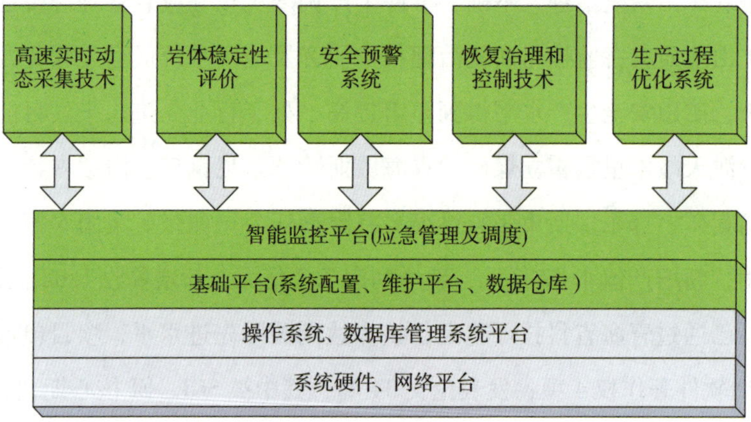

图10-1 系统整体架构

10.2.2.1 高原煤矿恢复治理和控制技术

该技术主要以高原煤矿——青海天峻木里雪霍立煤矿作为研究对象。青海天峻木里雪霍立煤矿存在露天采坑、排土场边坡滑坡、崩塌等地质灾害。为此，在进行环境治理恢复的同时，必须采取相应的监测和防治措施，以有效防止露天采坑、排土场边坡滑坡和崩塌等地质灾害的发生和发展。

10.2.2.2 高原非煤矿山恢复治理和控制技术

该技术以高原非煤矿山——青海威斯特德尔尼铜矿作为研究对象。青海威斯特铜业有限责任公司下属的青海威斯特德尔尼铜矿地处海拔 4 200m 的青海省果洛藏族自治州，存在巷道围岩变形、微地震及地压等地质灾害。为此，在进行矿山开采的过程中，必须对相应地质灾害进行全过程动态监测、实时预警，为矿山安全生产和环境保护提供技术支撑。

10.2.2.3 高原矿山岩体稳定性评价与演化规律研究

对威斯特德尔尼铜矿不同位置处的岩体选取试验用岩样，每个位置分别沿三个正交方向各取一个岩样。每条岩心的直径大约为 30mm，长度 110 ~ 130mm。而后，通过岩样现场应力解除试验，得到相应试验结果。可以发现，不同岩样所发生的应力事件数具有一定的演化规律。该演化规律可以对现场数据采集及分析提供技术支撑。

10.2.2.4 微地震定位技术与采矿技术优化

（1）微地震定位。

针对西部金属矿山地处高原特性，结合已有的微地震定位算法，提出了一种适合高原矿山的微震定位算法，定位精度 3m 以内。

（2）采矿技术优化。

通过优化采场空间布局与回采顺序，对矿体实行空间分割，结合应力释放孔与巷道锚杆支护，降低了岩爆风险。

10.2.2.5 安全管理系统及生产调度优化技术

（1）安全管理系统。

在青海天峻木里雪霍立煤矿、青海威斯特德尔尼铜矿、鄂尔多斯市张家梁煤炭有限责任公司等矿山建成一套地质灾害安全管理系统，有效监测通道数 32 个，A/D 转换分辨率 24Bit，主要对矿山安全产生影响的人员、微地震、边坡、地压等物理参量进行有效监测，对发生的相关安全事件进行实时动态评估，实时给出矿井人员定位情况。而后通过智能专家系统对这些评估给出相应的应对措施，比如矿山安全支护和巷道设计、爆破参数设计和日常的安全技术等，提出安全控制参数，确保科学决策，实现安全生产。

通过对已经监测得到的微地震、地压、巷道围岩事件数据，应用基于 LSTM-SVM 的人工智能预测方法，建立了微地震、地压、巷道围岩事件发生时间、强度超前预测预报方法，对青海天峻木里雪霍立矿、青海威斯特德尔尼铜矿等矿山潜在非突发性地压安全事件演变情况的超前预报预警时间≥8h；通过对已经监测得到的边坡位移变形数据，应用基于 EMD-SVM 的人工智能预测方法，建立了边坡位移发生时间、强度超前预测预报方法，对雪霍立矿等矿山潜在边坡安全事件演变情况的超前预报预警时间≥8 小时。

虽然还无法从理论上严格证明方法的可靠性和适用范围，但是将其用于矿山安全的预测预报，仍具有十分积极的工程应用价值。

（2）生产调度优化技术。

以生产计划为基础，对实际生产过程中的各种不确定因素进行分析，研究这些不确定因素对生产调度的影响，提出了生产过程中相关参数如生产计划弹性、实际需求模糊、非精确的加工时间等优化模型，建立了生产过程人员、设备、生产任务、时间等不确定因素的定量评价模型，将这些随机因素对生产调度影响的程度数量化。

10.2.3 成果应用

高原矿山地质灾害监控与恢复治理技术已成功在青海天峻木里雪霍立煤矿、青海威斯特德尔尼铜矿、鄂尔多斯市张家梁煤炭有限责任公司、内蒙古特弘煤炭有限公司官板乌素矿和张矿集团 5 家矿山实现工程应用。

青海省木里矿区事件爆发后，中国煤炭地质总局、北京科技大学等单位第一时间受邀参加了木里矿区采坑、渣山综合治理的前期调研及提交治理方案等工作。通过招投标，中国地质集团有限公司（中国煤炭地质总局二级公司）中标承担“木里矿区生态整治项目（标段一）”木里矿区聚乎更及哆嗦贡玛区的治理，目前已完成了第一阶段的采坑、渣山一体化治理工程，即将开展接下来的覆土复绿工程和后续的监测工程，该技术已作为后期监测工作的重要手段之一进行设计部署，将在监测阶段应用并发挥重要作用。

（供稿单位：青海煤炭地质局）

11

中国煤层气资源综合评价与勘查关键技术研究

11.1 项目基本情况

党的十八大以来，在新发展理念的指引下，国民经济发展对清洁能源的需求急剧增长，煤层气资源保障及开发利用问题十分突出，难以满足大规模产能建设需要。为统筹安排煤层气勘查开采合理布局，促进煤层气绿色勘查开发和技术进步，依托国土资源部等重点项目，本项目在煤层气资源综合评价、关键技术方法、工程运用等方面取得重大突破。

11.1.1 主要研究内容

（1）系统建立了我国煤层气资源综合评价指标体系，创建了煤层气资源综合评价与区划方案，科学评价了我国煤层气资源潜力及开发利用前景。

（2）提出了首批煤层气国家规划矿区划定方案，创建了首批煤层气国家规划矿区评价系统，首次划定了13个煤层气规划矿区，面积6.57万km^2，地质资源量6.6万亿m^3。

（3）创建了煤层气/煤炭资源探采时空配置模型，提出了典型矿区探采时空配置关系及开发时序，为解决我国煤炭煤层气矿权重叠情况及科学规划提供了有效指导。

（4）提出了针对低煤阶煤层气勘查开采关键技术，有效指导了工程运用，在新疆等地得到有效验证。

11.1.2 理论提升

我国煤层气资源量较大、赋存地质条件复杂，资源综合利用率不高。针对这一问题，该项目依托国土资源部、国家发展改革委、中国地质调查局等部门的重点科研项目，以煤层气地质赋存规律为切入点，建立了我国煤层气综合评价指标体系，科学评价了我国煤层气资源潜力及开发利用前景；提出首批煤层气国家规划矿区划定方案；针对我国煤炭煤层气矿权重叠重大问题，创建了典型地区煤层气/煤炭开采时空配置模型，进行了煤炭、煤层气探采时空配置研究，项目成果从整体上提升了中国煤层气资源评价理论研究水平，为新时期我国煤层气资源动态管理、科学规划、煤层气勘查开发及基地建设提供了重要依据。

11.1.3 成果特点

该项目具有科学性、可操作性、先进性和实用性等特点。

特点一：首次划定的13个首批煤层气国家规划矿区具有科学性和前瞻性，可为国家政府部门宏观决策提供依据。

特点二：建立了典型矿区煤层气/煤炭资源探采时空配置模型，以晋城矿区为例，提出的探采时空配置方案具有可操作性，可为其他地区开展相应工作起到典型示范作用。

特点三：构建了“五类四层三级”的煤层气有利目标区评价体系，评价方法具有先进性。

特点四：提出的厚层分段分压合采、四段双控压排采等关键技术具有实用性，可复制推广应用，为我国低煤阶煤层气的勘查开发及利用提供支撑。

11.2 取得的主要成果

11.2.1 创新点

11.2.1.1 划定煤层气国家规划矿区

该项目提出了首批煤层气国家规划矿区划定方案，首次划定13个煤层气国家规划矿区，对规划矿区资源禀赋、含气性、矿权重叠及开发利用等进行了科学系统评价。

在综合煤层气地质特征、资源丰度、含气性和区位条件的基础上，研究提出划定首批煤层气国家规划矿区的原则和方法，划定13个首批煤层气国家规划矿区，总面积65 682km^2，煤层气资源总量6.6万亿m^3。全面摸清了首批国家煤层气规划矿区中煤炭、煤层气、油气矿权的空间分布和重叠情况，深入研究煤层气和煤炭的探矿权、采矿权叠置的处理模式，为我国制定煤层产业规划及布局提供基础依据。

11.2.1.2 建立煤层气/煤炭资源探采时空配置模型

该项目建立了煤层气/煤炭资源探采时空配置模型，提出了5大类24种时空接替类型。系统分析了煤炭矿权、煤层气矿权和煤层气最低预抽年限3个维度的关系，凝练了晋城矿区Ⅰ、Ⅱ、Ⅲ、Ⅵ、Ⅴ类区块探采时空配置方案。

采用配置基本原则、空间配置原则、时间接替原则，通过煤炭矿权、煤层气矿权和煤层气最低预抽年限3个维度，构建煤层气/煤炭矿权区块时空配置类型的概念模型。此模型中存在24种配置类型，可进一步归纳为五大类别，凸现出煤层气/煤炭探采区块的时空接替关系。

以晋城矿区为例，在煤炭、煤层气探采时空配置研究中，将晋城矿区内207个煤炭矿区划分为5大类区块：Ⅰ类区块，建议实施“先采气，后采煤”；Ⅱ类区块，建议实施“采气采煤一体化”；Ⅲ类区块，建议实施“先采气，后采煤”；Ⅳ、Ⅴ类区块，建议煤层气优先地面抽采。这就解决了晋城矿区煤层气/煤炭开采在时间上和空间上的接替序列，为其他省区开展相应的工作起到了典型示范作用。

11.2.1.3 构建了煤层气有利目标区评价体系

该项目构建了“五类四层三级”的煤层气有利目标区评价体系，圈定了15个煤层气勘查开采有利目标区。

以我国煤炭与煤层气资源赋存特征为基础，综合考虑构造、聚煤期、煤层含气性等3个因素，将我国煤层气资源展布划分为5个聚气区、42个含气盆地（群）和121个煤层气含气区带，从中选出41个煤层气资源有利区。在此基础上，运用聚类分析方法从中优选沁水、鄂东、鄂南、准南等15个Ⅰ类煤层气勘查开采有利目标区，总面积5.07万km^2，埋深1 000m以浅的地质资源量达4.47万亿m^3，为我国煤层气的勘查开发奠定了基础。

11.2.1.4 提出了一系列关键技术

该项目针对阜康矿区倾角大、变质低、煤层多及厚度大的特点，提出了厚层分段分压合采、四段双控压排采等关键技术。

在新疆阜康矿区，通过研究合层排采的影响因素和适应性，提出了多煤层分层优选、厚煤层分段压裂及多层段合层排采技术。同时，通过对矿区内煤层气排采井初始井底压力、临储比、产水量、产气量等特征的研究分析，提出了四段双控压排采技术，实现了不同阶段双控压条件下的定量化精细控制，为我国低阶煤煤层气的勘查开发提供了技术支撑。

11.2.2 推广应用情况

该项目历时6年，由多家单位进行产学研联合攻关，取得了丰硕成果。在榆社—武乡发现了一个超大型气田，预测煤层气、页岩气资源量5 000亿 m^3，新增利润4 500万元。研究提出的首批煤层气国家规划矿区被国土资源部和国家发展改革委采纳，列入《全国矿产资源规划（2016—2020）》。项目成果从整体上提升了中国煤层气资源评价理论研究水平，为新时期我国煤层气资源动态管理、科学规划、煤层气勘查开发及基地建设提供了重要依据。

11.2.3 社会和经济效益

应用研究成果在沁水盆地榆社—武乡地区发现的超大型气田，为当地经济发展和人民生活水平改善提供了清洁能源保障，有利于贯彻落实习近平总书记提出的“绿水青山就是金山银山”的发展理念。

项目提出的煤层气/煤炭时空配置基本原则和方法，解决了晋城矿区煤层气/煤炭开采在时间上和空间上的接替时序，为其他地区解决矿权重叠问题提供了指导和示范，提高了煤炭煤层气资源的综合利用水平。

应用研究成果实施煤层气调查评价、勘查工作取得显著成效。探获煤层气资源储量1 683.69亿 m^3，预测煤炭资源量61 031万t；完成“三交地区煤层气常规水平井”等煤层气项目钻井工程施工项目，累计新增利润17 891万元，新增税收627万元。为煤层气的勘探开发提供资源保障，产生了巨大的经济效益和社会效益。

11.2.4 已获奖项

该项目已获奖项见表11－1。

表 11－1　已获奖项

获奖时间	奖 项 名 称	奖励等级	授奖部门（单位）
2018 年	中国煤层气资源综合评价与勘查关键技术研究	科学技术一等奖	中国煤炭地质总局
2019 年	中国煤层气资源综合评价与勘查关键技术研究	绿色矿山科学技术一等奖	绿色矿山联盟

（供稿单位：中国煤炭地质总局勘查研究总院）

12

综合电磁法高精度采空区积水探测技术研究

12.1 项目基本情况

我国的能源结构和国家能源安全战略决定了在今后很长一个时期内，煤炭仍然是主要的能源。据不完全统计，2014—2020 年，全国相继发生煤矿透水事故 30 余起，被困或死亡 150 多人，绝大部分是采空区积水导致的透水事故。对于复杂环境条件下的采空区积水进行高精度探测，长期以来都是世界性难题。

我国主要产煤区煤矿普遍具有多层采掘、地形复杂、矿区干扰大等特点，开采条件复杂。以往所用的 TEM（瞬变电磁法）、CSAMT（可控源音频大地电磁法）、直流电法等探测技术和数据处理与解释方法多有不足之处，致使地面电磁法探测采空区积水的准确率通常仅为 50% ~60%，探测精度普遍不高，难以满足煤矿防治水的要求，亟须实现突破和创新。

为此，山西省煤炭地质 115 勘查院联合江苏大学和中科院地质与地球物理研究所开展了技术攻关，以将采空区积水探测准确率提高到 80% 为目标，消除煤矿采空区积水这一重大安全隐患，为煤矿安全高效生产提供切实的技术保障，推进煤炭产业提质增效，提升煤矿安全生产现代化水平。

基于此，研究复杂条件下采空区积水的精确探测技术是实现我国煤矿安全高效生产、促进煤炭能源产业可持续性发展和社会和谐的重要保障，该项研究具有重要的理论意义和实用价值。

12.2 取得的主要成果

12.2.1 成果关键技术要点与创新点

12.2.1.1 关键技术

（1）多层积水采空区探测。

中心回线 TEM 在水平层状大地表面上激发的场对探测低阻层（即使是很薄的低阻层）十分有利。但与探测单层积水采空区不同的是，多层积水采空区的上部积水低阻层对下部积水层形成屏蔽，探测同样的深度，不仅需要更长的观测时间，而且低阻层还会减弱下伏地层的响应特征。为此，该项目利用数值模拟和解析的方法，分析上覆低阻层的屏蔽作用、确定观测时间长度，论证探测多层积水采空区的可行性条件，同时给出异常判别的准则，确定了时域 TEM 勘探中的纵向分辨率与探测仪器的采样率的关系。

（2）山地电磁法探测技术。

现有的电磁勘探主流地形影响校正技术有比值法和带地形的二维或三维反演，但二维、三维反演前处理的工作量巨大，对计算机的内存容量和速度要求极高。为寻求快速、简便、准确的地形校正方法，该项目在二维、三维数值模拟以及带地形反演向实用化发展的过程中，发展了一种新的快速比值地形校正技术和小回线 TEM 山地探测技术。

（3）单分量 CSAMT 勘探方法。

在矿区普遍较强的电磁干扰环境下，电场和磁场在各类干扰下表现出不同性状。在煤田等沉积地层的 CSAMT 勘探中，磁场分量往往受到较大的干扰，故很有必要从 CSAMT 记录中分离出电场或磁场分量，这就不仅可在观测质量不高时挖掘可用数据，还可连同比值视电阻率一起，为 CSAMT 提供多样化的勘探和资料处理解释手段。

12.2.1.2 创新点

（1）电磁法高精度探测多层积水采空区的新方法。

——观测时间长度的确定。由于上覆积水低阻屏蔽层的减速作用，使得探测同样的深度需要更长的观测时间。确定出激励场从地面到目标体的往返倍程时间和异常显示所需的分离时间，满足了探测积水采空区的必要条件。

——确定了微弱异常可分辨的标准。上层积水采空区的屏蔽作用不仅延长了观测时间，还减弱了下伏地层异常显示的幅度。同时，提出将大于观测误差 3 ~ 5 倍的差异作为判定异常可分辨的标准。这个标准在电磁法勘探中是普遍适用的。

——揭示了纵向分辨率与时间采样率的关系。指出了为提高纵向分辨率增加的时间道应以高采样率为基础保持叠加平均所需的统计意义。为使长时观测有较高的信噪比，应随时长增加采样数。提出的固定高采样率 TEM 仪器已由中煤科工集团重庆研究院有限公司研制成功。

（2） 山地勘探中地形影响校正与探测新技术。

——提出了一种新的地形快速比值校正方法。利用小极距直流装置、TEM 早时道和 CSAMT 高频点所测电阻率作为比值公式中的标准电阻率配合权重系数，校正地形影响。该方法快速简便，避免了巨大的数值运算量和额外测地工作量，校正程序可作为标配软件在野外现场应用。

——开发出山地小发射回线 TEM 探测技术。根据地形影响产生的机理，采用小回线 TEM 装置勘探，减小发收间电流线密度的变化；将平铺回线的测点位置换算到投影水平面上，定位地下目标体。

（3） 单分量 CSAMT 勘探新方法新技术。

——单分量视电阻率。将比值的电磁与磁场分离开来，利用电场分量和磁场分量对噪声敏感程度的差异，在比值视电阻率受干扰畸变时，挖掘可用数据。

——单分量勘探方法。根据各分量对地质体、地形、静态偏移等响应特征的差异，选择合适的观测分量，完成地质任务。

——相位曲线的定量拟合反演。相位参数不受静态偏移的影响，将相位曲线代入广义逆矩阵反演，消除了静态偏移影响，提高了定量解释的准确度。

12.2.2 成果的主要内容及应用场景

（1） 多层积水采空区高精度探测技术可普遍在矿井水文地质勘探中应用。其中，观测时长确定的应用范围为时域 TEM 勘探，微弱异常可分辨标准可在各种装置的时域 TEM、频域 CSAMT、直流 DC 以及天然源的 MT 勘探中应用，纵向分辨率与采样率的应用范围为各种装置的时域 TEM 勘探与 TEM 的仪器研制。

（2）在山地探测技术中，新的地形影响快速比值校正技术可在煤系地层稳定平缓、地表剥蚀侵蚀形成起伏山地的各种探测装置的时域 TEM、频域 CSAMT、直流 DC 和天然源 MT 勘探中应用；小发射回线 TEM 勘探方法可在山西和其他类似的山地勘探中应用。

（3）单分量 CSAMT 勘探方法适用于各种装置的标量、矢量和张量的 CSAMT 勘探，其中，相位的定量拟合反演适用于频域 CSAMT 和 MT 受到静态偏移影响、需要进行定量反演解释的场合。时域 TEM 勘探中受到静态偏移影响的分量，经傅里叶变换后也可应用。

12.2.3 成果的技术实用性和实践效益

该技术先后在大同煤矿集团、山西煤炭运销集团、山西煤炭进出口集团、中煤能源集团、晋煤集团等各大煤炭集团下属的 30 余个煤矿、50 余个工作面的积水探测中得以应用，累计施工面积 65 km^2，物理点 130 000 个，为研发单位自身的创新发展及其服务的煤矿创造了极大的经济和社会效益。经钻探和开采验证，探测准确率达 80% 以上（特别是在对晋能控股集团和尚嘴煤业、达子沟煤业的多层采空区积水的成功探测中发挥了巨大作用），消除积水安全隐患共计 20 处，探测积水面积 12 km^2，预测积水量 2 000 万 m^3，为所服务的煤矿企业实现 3 000 万 t 煤炭的安全开采提供了保障，创造直接经济效益 100 亿元，避免经济损失 20 亿元以上。

该项目的部分成果在研究阶段就已投入实际应用，最终成果已在行业内逐步推广，提升了山西省煤炭地质 115 勘查院的科技创新能力和技术水平，促进了该院的转型升级和行业的技术进步。2014—2016 年，该院凭借煤矿积水采空区探测技术服务已累计实现收入 5 720 万元，年均实现收入 1 907 万元，累计实现利润 3 070 万元。

研究成果以“综合电磁法数据处理解释软件”的形式体现。成果中的固定高采样率 TEM 仪器设计方案已由中煤科工集团重庆研究院有限公司研制成功，并保有稳定的销售量，在勘探工程中取得了良好的应用效果。

12.2.4 推广价值

该项成果在保障煤矿安全生产的水患地质勘探、采煤沉陷区生态治理修复工程物探以及矿井水资源开发利用等领域中具有广阔的推广价值。2014 年，由中国地球物理学会主办、山西省煤炭地质115勘查院承办的“全国煤田地质电法勘探学术交流会”在山西省大同市成功召开，该项成果在会议上进行了交流。此外，该项成果还先后在“煤矿采空区地球物理勘查技术暨第五届工程物探疑难问题研讨会”（太原，2012）、“环境与工程地球物理国际会议”（西安，2014）、“地球物理年会”（昆明，2013）、“地球物理年会”（北京，2016）、“环渤海及珠三角地球物理勘探学术会议”（太原，2016）、“首届‘一带一路’地球物理国际论坛”（西安，2016）以及2015年和2016年举行的SEG年会等国内外学术会议上交流推广。2018年，山西省太原市举办了项目成果推广会，多家省内外地质勘探单位和高校参会。

12.2.5 取得的知识产权、奖项

12.2.5.1 发明专利情况

（1）一种多层积水采空区探测方法（专利号：ZL201310666509.5）。

（2）一种时域瞬变电磁探测仪器的固定高采样率设计方法（专利号：ZL201310002771.X）。

（3）三维高分辨电阻率勘探及直接成像方法（专利号：ZL200810022181.2）。

（4）一种CSAMT纵向分辨率判定和一维真电阻率精细反演（专利号：ZL201310002346.0）。

（5）一种小回线TEM山地铺设和测点归位方法（专利号：ZL201310003094.3）。

（6）一种无边缘效应的中心回线TEM全期真电阻率计算方法（专利号：ZL201310037890.9）。

（7）一种等视电阻率曲面图电磁勘探资料解释方法（专利号：ZL201310038374.8）。

（8）一种校正电磁勘探中地形影响的比值方法（专利号：ZL201310039614.6）。

（9）一种井下直流超前探测的电极布置方法（专利号：ZL201310173282.0）。

（10）一种消除巷道和地形对直流勘探视电阻率影响的方法（专利号：ZL201310173286.9）。

（11）一种利用实测数据中误差记录提高电磁探测质量的方法（专利号：ZL201310667115.1）。

（12）一种煤矿充水采空区检测方法（专利号：ZL201110363286. 6）。

（13）一种瞬变电磁探测方法、装置和系统（专利号：ZL201510072462. 9）。

（14）一种基于瞬变电磁法探测煤矿积水采空区的方法和装置（专利号：ZL201510052516. 3）。

12. 2. 5. 2 计算机软件著作权情况

综合电磁法高精度探测采空区积水技术数据处理解释软件 V1. 0（登记号：2015SR111532）。

12. 2. 5. 3 获奖情况

获得 2017 年山西省科学技术进步奖二等奖（2017-J-2-005）。

（供稿单位：山西省煤炭地质局）

13

内蒙古自治区东胜煤田纳林河矿区绿色清洁煤炭资源评价技术体系

13.1 项目基本情况

“十一五”时期和“十二五”时期是煤炭工业发展历史上极不平凡的10年，煤炭行业全面贯彻落实党中央、国务院重大决策部署，从稳固保障能力到加快推动产业结构调整，有力地保障了国民经济发展的需要。但是，受国际金融局势影响和国内经济增速放缓、能源结构调整以及追求生态清洁、环境安全等因素的制约，在“十三五”时期，煤炭工业的发展环境更加错综复杂：世界经济在深度调整中曲折复苏，增长乏力；能源格局发生重大调整，能源结构清洁化、低碳化趋势明显，煤炭消费比重下降，煤炭生产向集约高效方向发展；企业竞争日趋激烈，外部风险挑战加大。

当前，我国仍处于工业化、城镇化快速发展的阶段。虽然国内经济发展进入新常态，但是在能源需求上仍有很大空间，煤炭资源消费仍占能源消费的90%以上。随着能源革命加快推进，生态环境约束不断强化，煤炭资源的消费比重逐步降低，但在相当长的时期内，其作为主体能源的地位仍不会变。因此，在煤炭行业，提质增效、转型升级的要求更加迫切。

我们要实现煤炭资源的清洁、高效利用，首先需要有绿色优质的煤炭资源，其次是利用先进清洁的开采方式，最后是利用科学高效、创新的开发技术，来提高煤炭资源附加值，增加煤炭资源的经济效益，减少对环境、生态的影响，从而激发煤炭行业发展动力，开拓煤炭工业发展新局面。

13.2 取得的主要成果

13.2.1 成果关键技术要点与创新点

13.2.1.1 优质资源赋存环境的选择

鄂尔多斯盆地位于中国中西部地区，为中国第二大沉积盆地，赋存了丰富的矿产资源。其中，煤炭、天然气、煤层气三种资源的探明储量均居全国首位。东胜煤田位于鄂尔多斯盆地中北部，煤田的基本构造形态为一向南西倾斜的单斜构造，地层倾角1°~3°，褶皱、断层不发育，但局部有小的波状起伏，未见岩浆岩侵入，属构造简单类煤田。

纳林河矿区位于东胜煤田中南部，构造形态与东胜煤田基本一致，归属鄂尔多斯市乌审旗管辖。该矿区为一个不规则的多边形，南北长约88km，东西宽约61km，面积1 853.27km^2。

东胜煤田为鄂尔多斯台向斜中的东胜隆起在三叠纪开始形成的大型盆地。三叠纪末期，由于印支运动，使得该盆地整体隆起，以河流相沉积为主体，堆积形成浅黄绿色、浅红色粗粒碎屑岩，且具大型交错斜层理。之后，沉积逐渐间断。古地形呈由东南向西北倾斜的单斜坡，在区域中部发育成比高小于50m的侵蚀性丘陵。

侏罗纪早期，地壳开始逐渐下沉，盆地中湖水扩张，广泛沉积了延安组这一套陆相含煤岩系，由河流相、湖三角洲相、沼泽相沉积交替组成，其沉积垂向层序见图13-1。

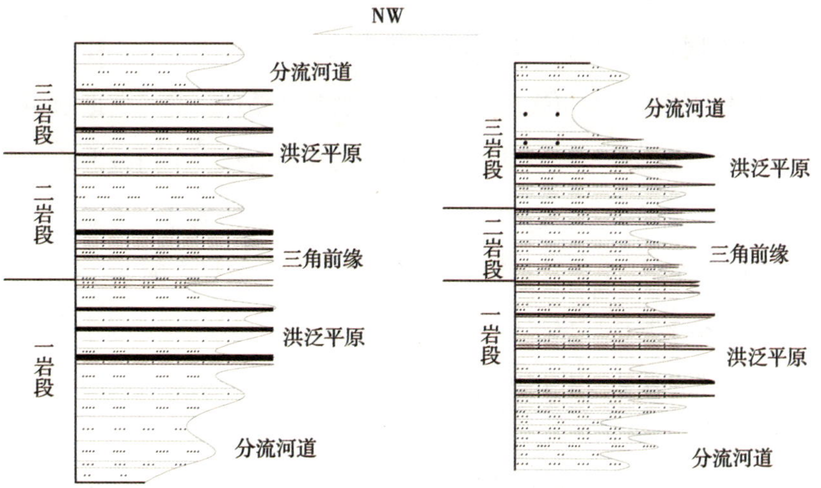

图13-1 延安组地层沉积垂向层序

纳林河矿区含煤地层沉积基底呈北部高南部低的特征。早侏罗世时期，随着地壳的下降，湖水逐渐侵入，并携带粗粒碎屑物从勘查区西北向东南沉积，将盆地填平补齐，其沉积体系以河道、分流河道为主。随着水进扩张，全区接受沉积，并发展为湖—洪泛平原，在沉降速度和湖水携带物堆积速度相对平衡阶段，广泛泥炭沼泽化，造成成煤事件，生成层位稳定、厚度较大的 5 煤组煤层和 6 煤组煤层。早侏罗世至中侏罗世时期，勘查区水进扩张达到高峰期，盆地沉积以湖湾、湖三角洲前缘体系为主。此时，湖水进退频繁，沉积物为粉砂及淤泥，并与成煤事件交替出现，形成 4 煤组煤层层数特别发育但煤层厚度普遍变薄的沉积特征。之后，随着水进扩张，勘查区全区又一次接受沉积，沉积体系发展为湖—洪泛平原，并在勘查区广泛泥炭沼泽化，形成聚煤环境，生成层位稳定、厚度较大的 3 煤组煤层和 2 煤组煤层。

纳林河矿区煤层埋藏深度为 420.00 ~ 1 122.05m。根据矿区含煤地层发育情况分析，区内延安组（$J_{1-2}y$）地层保存完整，赋存 2 ~ 7 煤组，共见 21 层煤，其中可采煤层 15 层，煤层总厚度为 9.16 ~ 22.89m，平均 14.51m，含煤系数 5.02%。可采煤层总厚度为 10.11 ~ 20.41m，平均 15.68m，平均含可采煤层系数 4.39%。矿区面积较大，利用沉积旋回法、标志层法、煤层层间距及底板标高追索法、煤层组合关系法、地球物理特征法等方法，抓住主要特点，全面分析，认真推敲，从中发现规律，进而可达到将各煤层对比较清楚的目的。全区或大部可采煤层为 5 层，均为主采煤层。

13.2.1.2 煤质情况的选择

在我国的不同成煤时代，煤中微量元素（As、Cl、Cs、F、Mo、P、Su、U、W）分布特征差异明显，突出表现为早第三纪、晚三叠世、晚二叠世的煤中所含微量元素总体水平明显高于早侏罗世、中侏罗世及晚白垩世、早白垩世的煤中所含微量元素含量水平。这些微量元素的含量和分布有较明显的规律，比如：晚古生代煤中 Se 的含量明显高于中生代及早第三纪煤；而早第三纪煤中的 As、Cs、Sb、U 等元素的含量明显高于其他成煤时代的煤；F、P 等元素在晚三叠世煤中含量最高，Cl 则主要富集于华北的晚古生代煤中；至于其他微量元素，在各时代的煤中，其平均含量差别较小。

根据国内外煤化学专家的长期研究，煤中硫分的高低与成煤时的沉积环境有十分密切的关系，即在陆相沉积的煤系（煤层）中，其硫分往往较低，全硫含量

（$S_{t,d}$）多在1%以下。而在海陆交互相沉积和浅海相沉积的煤系中，由于海水中硫分的侵入，其硫分常会增高，且煤系受海水侵蚀的时间越长，煤中硫分就越高，其硫分多在2%以上，最高的可超过10%。在我国煤炭储量中，以侏罗纪的煤最多，而这一煤系几乎都是在陆相沉积条件下形成的，所以其平均硫分在1%以下，其中不少还在0.5%以下。东胜煤田纳林河矿区的成煤时期为侏罗纪延安组，成煤环境为浅湖—陆相沉积环境，煤中硫分多为1%左右，煤类多为不黏煤和弱黏煤。在煤中，除了煤的灰分和硫分与煤的类别无关外，其他指标（如煤的水分、挥发分和焦渣特征以及发热量等）都与煤的类别有关系。

13.2.1.3 绿色勘查实施

绿色勘查是指在实施地质找矿的过程中，以绿色发展理念为指导思想，通过运用先进的找矿手段、方法、设备和工艺，最大限度地减少对生态环境的负面影响，实施地质勘查的全过程可达到对生态环境影响的最小化，实现地质找矿和生态环境保护双赢的一种全新勘查模式。选择对环境影响小的勘查方法和技术手段，最大限度地减少矿产资源勘查开发对环境造成的扰动和破坏是绿色勘查的基本要求。

从规划初期，纳林河矿区就会先行避开重点生态功能区、生态环境敏感区和生态脆弱区（如毛乌素沙地柏自然保护区），再圈定矿区范围。

野外施工是实现和保证绿色勘查的关键环节。绿色勘查的关键方法及技术就是在传统的勘查技术、勘查方法手段的基础上，采用有效的技术及管理措施，做好安全文明施工、生态环境保护等管理工作，采用先进的技术方法、设备工艺、新材料等，开展勘查科技创新，让勘查工作更加绿色、和谐。内蒙古煤炭地质勘查（集团）一一七有限公司以绿色发展理念为指导思想，通过运用地形测绘、水文、工程、环境地质填图、岩心钻探、地球物理测井、煤层气勘查、采样化验等找矿手段、方法，投入先进的钻探设备和工艺，使用环保型钻井冲洗液材料，最大限度地减少勘查过程对生态环境的负面影响，实现绿色地质勘查和绿色地质找矿，取得了东胜煤田纳林河矿区绿色清洁煤炭资源评价技术成果。

（1）地质测量（填图）。

本矿区煤层均未出露，基岩出露较少，仅在沟谷的陡坎地段局部出露，地表主要为第四系全新统风积沙层（Q_4^{eol}）和分布于河漫滩及一、二级阶地上的全新统冲积洪积层（Q_4^{al+pl}），及残存在黄土梁、峁上的上更新统马兰组（Q_3m）黄土。因此，地质测量采用1∶10000比例尺，无须布置专项验证勘查工程用以揭露地质现象，合理利用探煤钻孔揭露上覆地层，进行验证。这种“一种工程，多种用途”的测量方法能够尽可能地减少勘查工程的施工，且达到相应的精度要求。

（2）物探测量。

——采用先进的仪器、设备及工作方法，鼓励采用轻型物探设备施工，尽量避免采用重型物探设备。

——对于施工物资、油料以及有害物质存储的区域，均在地面上铺设防渗漏材料（如防渗油布）。

——对于施工生产及生活中产生的废弃物和垃圾，都分类存储、堆放，按当地环保部门要求回收、处置，严禁任意丢弃。

（3）钻探施工。

钻探方法作为地质勘查找矿的重要手段，对勘查目标可进行准确验证和有效控制，是目前勘查中不可缺少的方法。在生态安全、环境保护的严格要求下，我们采取以下方法，实现了绿色勘查。

——优选钻探设备和钻进工艺，鼓励采用空气反循环钻进、金刚石钻进绳索取心、冲击回转钻进、空气潜孔钻进等进行钻探施工。

——优选泥浆处理剂，防止有毒、有害处理剂高浓度聚集，避免泥浆组分以及废浆液对环境的污染。

——对钻探机台实施标准化管理，尽可能不开挖泥浆坑、泥浆槽、蓄水池等对环境破坏较大的施工设施，采用有机塑料桶等大型容器代替施工泥浆坑、蓄水池；采用封闭式铁槽进行泥浆循环。

——在钻探施工中，如果出现孔内浆液较严重漏失或涌水现象，及时采用环保堵漏材料或下入套管等方法进行封堵，防止钻井液对地下水环境造成污染。

——钻孔终孔后，按照地质设计做好封孔工作，确保封孔质量，以恢复地下水环境或减轻钻孔施工对地下水环境造成的扰动影响。

——钻探工程施工完毕后，将废泥浆、废水、废渣、废油料等进行集中固化后，拉运至指定的垃圾处理站统一处理。

——在施工前，将占地范围内的表层土壤铲起，堆放在指定位置进行养护；作业结束后，平整场地，恢复表层土壤的植被。

——采用“一孔多用”的原则，既做探煤孔，又做水文孔，兼做工程孔，以较少的工作量完成较多的地质任务，减少对环境、土壤、地下水的破坏污染。

（4）其他剥土工程。

——避开植被发育地区、林区和高陡切坡区，避免对生态环境造成大面积影响，优选基岩裸露区。

——遵循顺序剥离各层、单独存放管理、逆顺序依次回填的基本规定，将原始植被层、腐殖土层揭至固定区域进行管护，待施工完毕后，回填于表层复绿。

——及时拍摄工程实施前后对比影像，形成绿色勘查专项资料，做到有据可查。

13.2.1.4 资源储量及矿产品位的评价

（1）资源量估算结果。

经本次资源量汇总与估算，纳林河矿区共获得煤炭资源量 3 062 225 万 t。其中：探明的内蕴经济资源量（331）为 219 403 万 t，控制的内蕴经济资源量（332）为 759 424 万 t，推断的内蕴经济资源量（333）为 1 349 103 万 t；预测的资源量（334）为 734 295 万 t。

（2）矿产品位的评价。

1）主要化学性质和工艺性能。

——水分（M_{ad}）：各可采煤层原煤水分平均为 1.83% ~40.48%，平均值为 2.92% ~4.11%；浮煤水分为 0.19% ~19.38%，平均值为 2.60% ~3.42%。浮煤水分较原煤水分普遍降低，平均值降低 1% 左右。

——灰分（Ad）：各可采煤层原煤灰分平均为 7.31% ~13.71%。依据《煤炭质量分级 第 1 部分：灰分》（GB/T 15224.1—2018），各煤层均为特低灰煤。原煤经洗选后灰分下降，浮煤灰分平均值在 5% 以下。

——挥发分（V_{daf}）：各煤层原煤挥发分产率为 26.40% ~47.00%，平均值为 31.70% ~37.50%。浮煤挥发分产率为 25.48% ~43.74%，平均值为 30.94% ~36.89%。除个别点挥发分大于 37% 外，绝大多数点小于 37%。依据《煤的挥发分产率分级》（MT/T 849—2000），各煤层均为中高挥发分煤。

——发热量（$Q_{gr,d}$）：区内各可采煤层原煤发热量为 18.73 ~34.20MJ/kg，平均干燥基高位发热量较高，为 28.57 ~31.42MJ/kg。依据《煤炭质量分级 第 3 部分：发热量》（MT/T 15224.3—2010），各煤层均为高发热量煤。各煤层原煤干燥基低位发热量（Qnet，d）达到《煤、泥炭地质勘查规范》（DZ/T 0215—2002）附录 E 关于煤炭资源储量估算指标大于 17.0MJ/kg 的要求。

——黏结性及焦渣类型：各煤层焦渣指数为 2 ~ 7，平均值为 2 ~ 4。原煤以 4 为主，浮煤也以 4 为主。根据《烟煤黏结指数分级》（MT/T 596—2008），属于无黏结煤至弱黏结煤。

2）主要有害元素。

——全硫（$S_{t,d}$）：各可采煤层原煤全硫含量为 0.11% ~ 4.87%，平均值为 0.82% ~ 2.92%。根据《煤炭质量分级 第 2 部分：硫分》（GB/T 15244.2—2010），各煤层原煤以低硫煤和中硫煤为主。

——磷（P_d）：各煤层原煤磷含量为 0 ~ 2.870%，平均值为 0.009% ~ 0.026%。根据《煤中有害元素含量分级 第 1 部分：磷》（GB/T 20475.1—2006），各煤层原煤为特低磷煤至低磷煤。

——砷（As_d）：各煤层原煤砷含量多数测值为 0 ~ 8μg/g，煤层平均值为 2 ~ 4.5μg/g。根据《煤中有害元素含量分级 第 3 部分：砷》（GB/T 20475.3—2012），各煤层均为特低砷煤。

——氟（F_d）：各煤层原煤的氟含量为 0 ~ 1026μg/g，平均值为 68 ~ 232μg/g。根据《煤中氟含量分级》（MT/T 966—2005），均为特低氟煤至高氟煤。各煤层浮煤的氟含量为 48 ~ 323μg/g，平均值为 48 ~ 121μg/g，均属特低氟煤至低氟煤。

——氯（Cl_d）：原煤的氯含量为 0% ~ 0.901%，平均值为 0.030% ~ 0.081%。根据《煤中有害元素含量分级 第 2 部分：氯》（GB/T 20475.2—2006），属于特低氯煤至低氯煤。

13.2.2 成果主要内容及应用场景

（1）基本查明矿区的构造形态总体为一走向近南北，倾向西的单斜构造，并发育有宽缓的波状起伏，地层倾角小于 3°。区内未发现断层及陷落柱构造，亦未发现岩浆岩侵入体，确定矿区构造属简单型。

（2）基本查明井田内可采煤层的厚度、深度、结构、可采范围及变化规律，同时了解了不可采煤层的层数、层位、厚度、结构及赋存特征；可采煤层对比可靠，初步评价了可采煤层的稳定性和可采性。

（3）基本查明井田内各可采煤层的主要煤质特征为特低灰、中高挥发分、低－中硫、低磷、高发热量的不黏煤、弱黏煤和长焰煤，是良好的动力用煤和化工用煤。

（4）基本查明井田的水文地质条件、工程地质条件、地质环境质量条件（中等）和其他开采技术条件。本区属地温梯度异常区，地温对矿井开采有一定的热害。详细研究了煤层的瓦斯、煤尘及煤的自燃趋势，井田内煤层瓦斯含量较低，煤尘具爆炸性，煤具有自燃倾向。

（5）基本查明井田内延安组含煤地层煤层气无工业开发利用价值，但在三叠系以下有天然气资源。

（6）完成矿区资源量估算与汇总，矿区共获得煤炭资源量 3 062 225 万 t。

通过对纳林河矿区煤炭勘查成果进行评价，分析研究纳林河矿区煤炭资源沉积环境和赋存规律，可确定矿区煤层沉积环境、生成层位稳定；煤层厚度大、连续性好、夹矸简单；煤质特征均属特低灰、中高挥发分、低－中硫、低磷、特低砷煤和低氟、低氯、高发热量的不黏煤、弱黏煤，是良好的动力用煤和化工用煤；适宜做绿色清洁能源开发，资源量巨大，开发条件中等，能够建设大型绿色能源基地。

［供稿单位：内蒙古煤炭地质勘查（集团）一一七有限公司］

14

煤质化验数据处理系统

14.1 项目基本情况

煤炭资源在我国整体经济建设中应用范围非常广泛，比如提供动力、用作工业原料等。一方面，随着人民对美好生活的追求、经济的快速发展，对煤炭资源的需求越来越多。而建设技术先进型、环境友好型、资源节约型社会对煤炭综合利用提出更高的要求。另一方面，煤炭资源具有不可再生性，故加强煤炭质量管理、提升煤炭综合利用率是建设产业集约化发展的必要途径。而加强煤质研究和评价是煤炭资源开发和利用中的关键环节。

煤炭一般分为焦煤、弱黏结煤、褐煤、烟煤等九种，而工业指标主要包括煤的稳定性、煤的爆炸性、自燃性、灰成分等，化验测试样品中包含煤层夹矸、煤岩等。随着生态文明建设的深入发展，降低煤中有害物质对人体和生态环境产生的影响，加强对煤中金属元素、微量元素综合利用日益得到关注。因此，综合评价煤炭质量指标已经达到近百项。

煤炭质量评价从煤炭样品采集、化验、测试、计算到成果报表需要经历多个环节，需要进行多次数据交换、分析处理、统计等。随着科学技术的发展，计算机在煤炭质量评价领域已经有多年的应用历史。基于 Windows 平台下的各种数据处理已成为广大科技工作者的得力助手，为煤质数据处理无纸化、信息化打下了良好基础。

传统的煤质数据处理，一是数据管理、处理能力受到限制，自动化水平也存在诸多提升空间；二是生成的成果文件需要转换和后续处理；三是成果显示不直观，难以用图形表格表现。与此同时，各专业技术人员从各自的专业出发，各种应用程序相对独立，数据重复输入、计算，极易产生差错。

本成果实现了煤质数据处理集成化。通过技术研究和实践应用，取得了良好的经济效益及社会效益，在国内煤质行业中处于领先水平，具备推广应用价值。

14.2 取得的主要成果

14.2.1 技术要点与创新点

（1）采用基于微软的 Office 平台管理数据。直接对 Access 数据库进行大数据管理操作，借助于内嵌的 VBA 语言开发，实现成果数据管理、成果输出，也方便 SQL Server、Oracle 等调用。

（2）煤质数据处理。煤质数据处理包括：分析基、干燥基、收到基、干燥无灰基之间的数据换算；为确保煤质化验测试数据符合煤层赋存规律，按区域法标准、狄克逊准则、肖维勒准则和 T 检验法则等统计规律进行数据校核；当一个样点有两件或两件以上合格样品时，对各化验数值分别以样厚、灰分、煤类、真密度或者视密度加权，处理后的化验数据结果既有算术平均值、加权平均值，也有两极值；根据换算后的化验数据，分析判断煤炭类别；完成煤层稳定性评价、特征点统计等。

（3）采用通用的 Office 办公套件中的 Word 文字处理软件，通过宏来控制表格和文字。尤其是对表格内的文字段落、版式、上下标等进行制约，实现成果所见即所得。

（4）以 Visual Basic 作为开发工具，采用面向对象技术灵活调用 MapGIS 中各个层面的二次开发函数，以发挥 MapGIS 强大作图优势，拓展 MapGIS 制图功能，实现图件可视化编程。

（5）从数据的整体性出发，所有煤质化验数据都存放于一个统一的、集中的数据库中。对相对独立的基础数据，建立彼此之间关联，通过建立相应的数学模型和算法，最大限度地满足不同行业、不同领域专业人员对煤质数据分析的需求。

（6）系统高度集成。煤质测试化验数据处理具有数据量大、复杂，处理环节多、判定标准严格的特点。系统采用统一数据源，数据处理过程唯一，标准化、自动化程度高。

（7）成果数据共分为褐煤、烟煤、无烟煤等类型，共 30 余种表格和图件格式。

14.2.2 成果的主要特点

成果研究主要从煤质数据采集、录入、处理、成果输出等关键环节入手，最终实现煤质数据管理的自动化、标准化、智能化，实现减人提效、提高数据质量。

14.2.2.1 化验测试数据管理集成

煤质基础数据包含煤层采样信息、样品属性、化验测试数据，数据录入、换算、统计、更新、剔除、汇总及报表和图件输出的全部从一个数据源中调用，避免数据的重复录入、重复计算以及频繁的数据交换，减小数据差错产生的机会，保障数据的准确性和可靠性。数据处理对专业性要求大大降低。

14.2.2.2 数据源广泛性

目前国内具备煤质化验测试能力的单位有数十家，其提供的数据格式包含固定格式或者非固定格式的 Foxpro 文件、Excel 文件、Word 文件甚至文本文件。集成的煤质化验数据系统可为所有类型的煤质化验测试数据提供输入接口。

14.2.2.3 表格、图件标准化

生成的成果表格和图件符合标准格式要求，尤其是通过“上下标字符”设定，实现了对岩石、煤层的上下标字符格式自定义。成果主要为 Word 表格和 MapGIS 图件，不需要进行中间文件转换。

14.2.2.4 灵活性

系统考虑煤质数据各种复杂情况，换算计算、加权计算、输出等具备多项组合方式，适应不同行业、不同专业技术人员运用。用户具有对表格和图件模板的设定权限。

14.2.2.5 自动化

除工程及勘探采集的手工记录的基础数据和标准的阈值、数据格式定义需要手工输入和录入外，数据的换算、计算、统计以及报表、图件的生成均由系统自动完成，无须人工干预。

14.2.2.6 移植性

系统基于 Windows 平台，采用流行的程序软件开发，符合常规操作习惯，具有良好的数据交互性能，数据输入、输出文件格式广泛。具有极强的兼容性和适用性。

14.2.3 研究成果的实用性与价值

成果研究的直接经济效益体现在两个方面：一是煤炭资源勘探、煤矿生产、经营单位在投入使用后产生的实际效益，二是为煤炭资源开发规划、环境保护、生态建设单位提供决策服务。

（1）煤田地质勘探。通过煤炭资源的性质和质量的研究，掌握煤炭的硫分、灰分、发热量、微量元素、有害元素等情况，形成煤质指标报告，对煤炭的质量、特征、生成环境、加工途径等情况进行科学和全面的评价。煤质研究和评价是煤炭资源开发利用的重要依据来源，也是煤田地质勘探报告的主要组成部分。

（2）煤矿生产、经营。煤炭的质量是煤炭生产和经营企业赖以生存和发展的基础。煤炭质量的优劣会直接影响煤炭的价值，对企业效益也有影响。加强煤质管理，可以为煤炭相关企业带来相应的经济效应以及良好的社会效应。

（3）煤炭资源综合利用。通过煤质研究和评价，根据煤炭质量，按照相关的标准将其分为不同的类型和等级。这样便于在对煤炭进行后续的开发利用时能够根据煤炭不同的等级和品种特点，使用不同的工艺和技术进行开发利用。比如：根据煤的工业用途，可分为动力用煤、化工炼焦用煤等；以煤为原料，提取萘、酚等，可以独特地制得茚、苊等五环类化合物和蒽、菲、芘等稠环化合物。该研究项目有利于趋利避害，量“材”适用，能尽量避免由于开发利用不当而引起的对优质煤炭资源的浪费以及不合理利用，提高我国煤炭资源的利用率。

（4）生态环境建设方面。一方面，煤炭燃烧后会产生大量的二氧化碳及二氧化硫和一氧化碳等有害气体，通过对煤质进行有效的研究和评价，对有害气体含量进行预测，通过后续控制和防治，可在一定程度上降低煤燃烧产生的有害气体对人体和生态环境的影响。另一方面，煤炭资源伴生有多种能源矿产、金属矿产和非金属矿产，包括镓、锗、锂、铀等战略性矿产（关键矿物）。煤质分析为煤炭伴生废弃物的再利用与再循环，减少煤灰、煤渣的产生和环境污染，实现“资源—产品—废物—再生资源”的经济增长，为绿色发展提供可靠的资源保障。

（5）系统软件已经成功应用于山东、山西、河南、安徽、黑龙江、内蒙古、贵州等地的煤田勘查、煤矿生产单位。尤其是在新疆大南湖煤矿区，由于其大多数属于多煤层（局地煤层有 30 余层，即便是可采煤层也有近 20 层）、多煤类，结构类型复杂，因而煤炭化验测试数据量极大。利用该系统顺利完成新疆大南湖矿区及其他区域各类煤质化验数据处理10余次，经过多次运行、验证和修改完善，有效降低了煤质数据的汇总、计算所耗费的大量时间和精力。实践证明，该系统安全可靠，有效提高了劳动效率、工作质量和经济效益。

（6）成果形成了标准化平台，综合集成了煤质数据采集、换算、分析、成果报表等20个模块，包括煤炭、煤夹矸层、煤岩的各类信息，实现了煤质化验数据处理标准处理，实现了煤质数据管理的标准化、智慧化、系统化。系统对煤质化验测试数据处理具有及时性、准确性和可靠性，将分散的处理、换算、分析、成果输出进行集成、改造升级与新建，形成了统一的煤质数据管理平台，操作简便，减少了数据的重复计算、转换，有效降低了人力成本，提高了工作效率，具有重要作用和现实意义，值得推广。

14.2.4　取得的知识产权

基于上述研究开发的“煤质化验数据处理系统”于2020年5月29日获得由国家版权局认定的“计算机软件著作权”。

（供稿单位：山东省煤田地质规划勘察研究院）

15

矿井小构造三分量槽波探测方法研究与系统开发

15.1 项目基本情况

在前期勘探阶段，难以完全查明煤层内发育的小规模地质构造的位置、规模和性质。槽波地震探测方法是一种简单易行且行之有效的矿井巷道煤层内构造地球物理探测方法。经过国内外学者多年探索和研究，槽波地震勘探法取得了长足发展。但是，目前来看，我国的槽波地震勘探在理论研究、技术方法方面还存在诸多不足之处：

（1）缺乏进一步的理论研究。煤矿井下的地震波场非常复杂，不能将地面地震勘探和隧道地震勘探中成熟的理论直接应用于井下，需要针对矿井巷道特殊的地质条件和施工条件，开展进一步的理论研究、三维复杂模型的数学模拟研究和物理模拟研究，为今后开展的煤矿井下地震勘探数据采集、处理与解释提供理论基础。

（2）国内缺乏自主创新的关键技术。长期以来，国内的矿井巷道地震勘探技术和设备以引进为主。我国对矿井巷道地震勘探研究也是以应用研究为主，缺乏理论创新。发展具有自主特色、适用于我国矿井巷道的地震勘探的创新技术和方法势在必行。

（3）对矿井巷道中激发的地震波三维空间传播规律和全波场特征研究不足。井下地震勘探不同于地面半空间地震勘探，其作业环境为三维全空间环境，地震波的传播规律和波场特征比较复杂，并且巷道的存在使地震波场变得更为复杂。在巷道表面会激发多种不同成因的面波。目前，对这些面波的研究较少，认识不清。在实际应用中，往往以体波为主要研究对象，巷道面波作为干扰波被滤除，但这些面波中可能含有的超前探测有用信息没有被充分利用。适用于煤矿井下的高精度、长距离、多道、三分量加速度接收槽波地震便携采集系统有待研究开发。

该项目的研究成果可以有效解决矿井小构造探测难题，形成具有自主知识产权的技术和设备。

15.2 取得的主要成果

15.2.1 成果关键技术要点

（1）通过数值模拟和物理模拟，研究了工作面煤层内的槽波传播规律和波场特征，提出了探测工作面内小构造的透射槽波垂直分量衰减系数 CT 探测方法。

（2）通过数值模拟，研究了煤巷掘进槽波超前探测的波场特征，提出了利用反射 Rayleigh 槽波进行煤巷掘进构造超前探测的思路。

（3）对透射槽波能量衰减法探测煤层陷落柱进行了物理模拟。

（4）自主研发了三分量 MEMS 加速度槽波检波器，可接收三个振动方向的地震信号。

（5）实现了以自主研发的三分量 MEMS 加速度槽波检波器为接收端，以 Summit II EX 槽波地震仪为采集主机的槽波探测系统。

15.2.2 创新点

（1）当前煤层内构造槽波探测方法以接收单分量 Love 型槽波技术为主，通过已有研究成果发现，Rayleigh 型槽波对煤层内发育的小构造更为敏感。基于现有的研究基础，该项目首次提出应用先进的并行算法数值模拟技术和超声地震物理模拟试验进行矿井巷道环境下煤层内小构造三维全波场特征研究。在查明三维全波场特征的基础上，研究适用于矿井巷道条件的煤层内小构造三分量槽波探测方法。

（2）当前主流的槽波地震仪接收器为接收 Love 型槽波型号的单分量或双分量电磁感应式速度检波器，但该检波器存在灵敏度不高、频带范围有限、一致性较差等缺点。该项目提出开发设计基于 MEMS 微电子机械技术的，适用于矿井巷道施工环境的性能参数的，满足井下槽波探测的高灵敏度、宽频带范围、一致性好的三分量槽波探测接收器。

（3）该项目首次提出研究以德国 Summit 槽波地震仪为主体，与自主开发的三分量槽波接收器组成基于三分量槽波探测新方法的矿井巷道煤层内小构造三分量槽波探测系统。

15.2.3 成果的主要内容及应用场景

（1）通过数值模拟和物理模拟方法，研究了工作面煤层内的槽波传播规律和波场特征，提出了探测工作面煤层不连续的透射槽波垂直分量衰减系数 CT 探测方法。其具体方法是：沿工作面四周巷道煤壁内布置炮点和检波点，即沿工作面四周巷道激发和接收，计算透射槽波垂直分量记录中每一道槽波的最大振幅能量和衰减系数，根据透射槽波垂直分量最大振幅和衰减系数对工作面进行 CT 成像。在成像图中识别槽波振幅明显减小和衰减系数明显较大的区域，该区域即为工作面内煤层不连续界面。

（2）通过数值模拟，研究了煤巷掘进槽波超前探测的波场特征，提出了利用反射 Rayleigh 槽波进行煤巷掘进，构造超前探测方法。

（3）自主研发了三分量 MEMS 加速度槽波检波器，通过与德国 Summit II EX 槽波双分量槽波检波器做对比测试，实现了接收不同振动方向的地震信号的目的。

（4）实现了以自主研发的三分量 MEMS 加速度槽波检波器为接收端，以 Summit II EX 槽波地震仪为采集主机的槽波探测系统。

（5）通过现场实测，验证了井下煤层构造槽波探测法的可行性，验证了三分量 MEMS 加速度槽波检波器和槽波探测系统性能。

该项目可以有效解决煤矿井下煤层内小构造探测的难题，为煤矿安全、高效开采提供技术保障。目前，该技术已在山东许厂煤矿有限公司、同煤集团同发东周窑煤业有限公司、济宁矿业集团等成功推广应用。

15.2.4 成果的技术实用性和实践效益

矿井小构造是影响煤矿安全高效快速生产的重要因素之一，为了保障矿井生产的顺利进行，对构造查明程度要求很高。但由于勘探手段和技术水平限制，矿井小构造的探查问题一直没有得到很好解决，致使因构造问题造成了工作面布置不合理、综采工作面频繁搬家、生产中断、资源回收率降低等现象，使生产成本急剧提高，采煤产量和产能降低，造成巨大的经济损失，甚至引发煤矿安全事故。我国煤矿生产历史上发生过多起因未知构造引起的特重大地质灾害事故，造成了巨大经济损失和大量人员伤亡，给我国煤炭工业造成了严重的负面影响。该项目研究弥补了矿井小构造探测理论和设备的不足，能够有效解决矿井小构造探测难题，形成具有自主知识产权的技术和设备，可为煤矿安全开采提供技术保障，减少地质灾害的发生，产生较大的经济效益和社会效益。

该项目的实施，为单位培养了一批槽波地震勘探技术人才，拓宽了市场，促进了单位效益提升，提高了职工的经济收入。

目前，该技术的应用情况如下：

（1）工作面内构造槽波透射能量衰减 CT 成像探测方法在阳城煤矿 1311 工作面、同煤集团同发东周窑煤业有限公司 8402 工作面和 8104 工作面进行了现场应用。根据 CT 成像的结果，结合巷道揭露，完成了槽波探测的地质解释。最终，现场开采揭露的断层与解释结论几乎完全一致，受到现场单位的好评。

（2）巷道掘进反射 Rayleigh 槽波探测及基于 MEMS 的三分量槽波检波器接收效果在许厂煤矿 3326 联络巷超前探测中进行了现场验证。结果证明，研究成果实现了接收不同振动方向的地震信号的目的，并实现了以自主研发的三分量 MEMS 加速度槽波检波器为接收端，以 Summit II EX 槽波地震仪为采集主机槽波探测系统。

15. 2. 5　推广价值

该项目成果在多个煤矿进行了验证，效果较好，推广价值较高。

鉴于当前对高精度矿井小构造探测方法、技术、设备的迫切需求以及《煤矿防治水细则》关于井下采煤工作面应当选择两种以上物探手段进行探查的规定，该项目研究成果具有广泛的国内外市场需求和潜在的巨大产业化前景。

15. 2. 6　取得的知识产权、奖项及论文发表情况

15. 2. 6. 1　专利情况

（1）厚煤层沿底板或顶板掘进煤巷反射槽波超前探测方法［专利号：ZL 2017 1 1007670. 6（CN107831530B）］。

（2）快捷安装回收高耦合性的孔中地震波接收装置［专利号：ZL 2018 2 2155166. 7（CN209198666U）］。

15. 2. 5. 2　获奖情况

获得 2019 年度山东省自然资源科学技术三等奖。

15.2.6.3 论文发表情况

（1）2019 年 4 月，在《煤矿安全》发表《基于透射槽波的采煤工作面陷落柱探测模拟研究》。

（2）2018 年 9 月，在 *Journal of Applied Geophysics*（SCI 收录期刊）发表 *Three - component polarization migration of channel waves for prediction ahead of coal roadway*。

（供稿单位：山东省煤田地质局物探测量队、山东科技大学）

16

CO_2 库仑滴定分析法和专用 CO_2 库仑分析仪的研究与开发

16.1　项目基本情况

16.1.1　项目背景

（1）国外研发情况。

在含有少量水的有机溶剂介质中，利用库仑滴定技术测定 CO_2 含量的方法具有准确度高、精密度好的优点。在欧、美、日等发达国家与地区，该方法被广泛用于海洋水体中溶解无机碳 DIC 的测定，是海洋碳循环监测的主要测试手段。在煤、焦、飞灰及灰渣的碳酸盐 CO_2 含量测定中，以及在土壤和地质沉积物的碳酸盐 CO_2 含量的分析中，也得到了广泛应用。基于 CO_2 库仑分析法，已经制订了多个标准测试方法（包括 ASTMD513、D4129、D6316 等），被广泛应用于测定气体、液体和固体样品中无机碳、有机碳及总碳含量。

国外的 CO_2 库仑分析仪自问世后经历了不断的升级改造。自 20 世纪 70 年代美国 UIC 公司推出第一代 CO_2 库仑分析仪至今，已相继进行了 6 次升级，并以此为测试终端技术，开发出了多种 CO_2 和碳的分析系统。日本多个部门协同研发，也于 2010 年前后研制出了 CO_2 库仑分析仪。德国则生产出了与库仑分析仪配套的样品前端处理系统 VINDTA3C。

（2）国内研发情况。

我国目前测试煤中碳酸盐 CO_2 所采用的标准方法是重量法，其工作原理是通过盐酸处理煤样，煤中碳酸盐分解析出 CO_2，后者用碱石棉吸收，根据吸收器质量的增加，计算出煤中的碳酸盐 CO_2 含量。该方法的缺点是周期长、操作烦琐、精密度差、劳动效率低、测试范围窄。

20 世纪 90 年代后期，中科院南京地理与湖泊研究所对电解液配方和库仑滴定仪进行了深入研究，但只有相关专利报道，后期却未见相关仪器成果。另据报道，中科院生态环境研究所研发出了 GY－93 型 CO_2 库仑滴定仪，用于测定血清中的 TCO_2，但该仪器的稳定性较差，未能广泛推广使用。国内有些单位用碳硫光电分析仪测定钢铁、岩石中的 CO_2含量，但这些仪器大都采用气体容量法、红外吸收法、电导法以及恒电位库仑进行分析，这些方法和仪器的测试灵敏度、准确度及测试范围都达不到库仑滴定仪器的性能指标。国家能源局制定的电力行业标准——《煤（飞灰，渣）中碳酸盐二氧化碳测定，盐酸分解—库仑滴定法》（DL/T 1431—2015），采用的是水介质 CO_2库仑分析方法，测试结果的重现性为 0.3%，精密度较低，而且没有专用仪器设备。

16.1.2 项目意义

直至目前，未见到国内能够大批量生产并且具有自主知识产权的混合介质 CO_2 库仑分析仪，而此类进口 CO_2库仑分析仪价格不菲，再加上昂贵的专用溶液、日常耗材和维修困难，难以有效推进国内检测行业稳步发展，这使得研发拥有自主知识产权的 CO_2库仑分析仪设备很有必要。

16.2 取得的主要成果

16.2.1 成果关键技术要点与创新点

16.2.1.1 仪器工作原理

CO_2库仑分析法和分析仪是根据法拉第电解定律来计算测定结果的。其工作原理是：样品经酸化分解或高温炉氧化燃烧，将碳转化为 CO_2，以一定流速的载气将 CO_2带入气体净化系统，除去干扰物质之后，进入库仑电解池，电解池的 Pt 阴极电解水生成滴定剂（OH^-离子），用以滴定 CO_2 和乙醇胺反应生成的酸（$HOCH_2CH_2NHCOOH$），根据法拉第电解定律的数学关系（即 96485 库仑的电解电量，对应生成 1mol 的 OH^-），由滴定过程中通过电解池电极的电量，求得被滴定的碳量。

16.2.1.2 关键技术要点

（1）电解池阴极室电解液的组成配比。这是该项目的最关键技术要求。

（2）应用电化学、化学理论，确保在库仑滴定过程中，电流效率等于或接近100%，即所有通过电解池的电量都用于生成滴定剂 OH^- 的电极反应，而没有副反应。

（3）滴定终点的准确判定。准确检测判断库仑滴定终点是保证测定准确度的重要条件。

（4）高准确度的电解电量测量技术。CO_2库仑分析仪是根据法拉第电解定律由电解滴定过程流过电解池电极的电量来计算 CO_2 测定结果的，要想研制出测定准确度高、精密度高的仪器，必须设计高精准度的电量测定方法和测量电路。

（5）仪器整机型式设计、机箱制作、全套电子电路系统设计制作。

（6）数据采集卡与计算机测控软件的开发。

混合介质库仑滴定分析法和分析仪的研制与开发，涉及分析化学、有机化学、电化学、微电子、测量与控制、计算机编程、精密机械加工等学科，研究涉及技术领域广泛、知识体系深奥，开发难度较高。

16.2.1.3 特点与创新点

该项目设计的库仑分析仪采用的是混合有机介质，其特点与创新点如下：

（1）在有机溶剂和水构成的混合介质中进行库仑滴定。电解池用化学玻璃加工而成，由阴极室和阳极室组成，两室之间用烧结玻璃隔膜隔开。阴极室装有铂丝工作电极，阳极室装有银棒对电极。电解池主室（阴极室）电解液，由混合溶剂、支持电解质、生成电解质、CO_2吸收剂和酸碱指示剂按一定比例优化配制而成。混合溶剂是二甲亚砜、二甲基乙酰胺、二甲基甲酰胺的混合液，乙醇胺用作 CO_2吸收剂，支持电解质是四乙基溴化铵、四乙基碘化铵、碘化钾，生成电解质是水，百里酚酞用作酸碱指示剂。阳极室电解液为含有支持电解质的混合溶液。电解液的组分配比有数种组合方案，且都属于保密配方，这一部分是 CO_2库仑分析仪的最关键技术难题。

（2）库仑分析仪采用激光光度法判定滴定终点。该模块由激光二极管、一定波长的滤光片、光电检测元件及其调理电路和铝合金主体构件组成。激光二极管发出的光束沿着电解池的直径方向射入电解液，穿过电解液后，透射光投射到光度计的光电检测元件感光面上，由光电检测元件输出的电压信号计算电解液的透光率，根据电解液的透光率变化自动判定滴定终点。此滴定终点装置在该类仪器中具有国际领先技术水平。

（3）高精密度的滴定电量测量电路。由精密电阻、VFC 转换器、脉冲信号计数器构成的滴定电量测量电路，其精准度达到 0.000 2C，目前国内外市场上很少有达到这么高精度的电路。

16.2.2 成果的主要内容及应用场景

（1）成果研究主要从资料收集、初步试验方法和仪器构成方案设计、电解液组成配比优化、滴定终点判定仪研制、电解电量测量单元设计、多功能数据采集卡和测控软件开发、仪器整体制作 7 个方面进行了多项工作内容，最终开发出具有自主产权的 CO_2库仑分析仪。该仪器稳定性好，准确度、精密度高，重复性、再现性好，实现了操作自动化、控制智能化，可以对大气、水、土壤、煤炭、矿物、岩石、沉积物中碳含量进行快速、准确的测定。具体内容为：

——通过对国内外资料的分析研究，设计了以精密度高、准确度高为目标的测试方法和仪器构成方案，制作了试验用简易样机。

——开发出 4 种电解液溶剂体系和 3 种支持电解质配方，并进行了效果验证试验，取得了最佳的配比方案。

——设计并优化了库仑滴定终点监测专用光度计，根据光电检测检测元件输出的电压信号计算出电解液的透光率，根据电解液的透光率判定滴定终点。

——进行了库仑滴定电解池、电极的设计、加工、测试，掌握了调节隔膜渗透性的简易办法和对电解池清洗、保养、护理方法以及铂电极的几何形状与电解滴定效果的关系。

——制作电解电量测试电路单元 4 组，并优选出最佳的 v/f 转换器件、精密采样电阻，设计电路板，组装调试，并进行标定。

——对仪器样机软件硬件进行设计制作及联机测试，制作了 CO_2库仑分析仪正式样机一台，编写了仪器使用说明书。

——通过对苯甲酸、碳酸钙等标准物质和不同试验方法、不同试验室间比对等多种途径对库仑分析仪进行测试，将数据进行鉴定、分析之后编写报告。

——在专业杂志《煤质技术》上发表论文 1 篇，介绍了混合介质的库仑分析仪的方法原理、测试步骤、性能指标等内容。

（2）CO_2 库仑分析仪是一种重要的分析仪器。主要应用前景包括：

——海水中溶解无机碳（DIC）的测定，各类水中总碳、有机碳、无机碳的测定。

——土壤、地质样品（岩石、矿物、湖泊沉积物、煤及其加工产品、飞灰、灰渣）中无机碳、有机碳测定。

——石油工业中 hydrozine CO_2的测定。

——ASTM 标准 D513、D4129、D6316。

——钢铁中碳的测定。

——金属表面碳测定，洁净度检验。

——在煤炭分析中的应用：①煤中碳酸盐 CO_2 含量的测定（美国地质调查所的方法），从 20 世纪 90 年代至今，成为该指标分析的主要手段；②煤层顶底板岩层中碳酸盐种类及相对含量的测定（美国宾夕法尼亚大学的方法），用以测定煤的碳酸盐含量，估算煤对酸的中和能力；③煤的有机质氧化降解速度的测定（韩国首尔大学的试验方法），测定煤的有机质氧化性；④ASTM 6316 标准方法：煤和焦燃烧后的固体残渣中总碳、可燃碳和无机碳含量的测定方法；⑤美国专利 US6873933 利用 CO_2库仑仪测定电厂动力燃煤中的碳酸盐 CO_2，对燃煤热效率计算进行校正和改进。

以上应用主要涉及 CO_2这种主要的温室气体在大气和海洋之间的迁移、循环检测、环境水体污染指标（有机碳）检测；国外已经采用该类仪器测定煤中碳酸盐 CO_2，分析其中不同碳酸盐的种类，煤、焦产品的无机碳分析。在地质方面，根据湖泊沉积物的碳酸盐分析、检测数据，推演湖泊水体组成、水温变化规律等。

16.2.3 成果的技术实用性和实践效益

目前，库仑分析仪基于两种技术手段：美国、日本等国的库仑分析仪基于在混合介质中的库仑酸碱滴定技术；德国、法国等国的库仑分析仪是基于水溶液中的库仑酸碱滴定技术。从仪器的精密度和准确度以及使用广泛性比较，混合介质中的库仑酸碱滴定技术优于水溶液中的库仑酸碱滴定技术。本课题设计的库仑分析仪采用的是在混合介质中的库仑酸碱滴定技术，其测定范围是：单样品含碳量测试范围为0.1～8 000μg；可以测定样品中碳的百分含量范围为0.01%～100%；测试结果分析的相对标准方差小于0.2%，绝对差小于1μg。

该项目开发出4种电解液溶剂体系和3种支持电解质，并进行了效果验证试验，取得了优良结果。由此，可使不同样品采用不同的电解液配方，以满足不同产品检测的需求。

16.2.4 推广价值

经济社会的快速发展伴随着矿物燃料的大量使用，人为排放CO_2导致大气中CO_2的浓度逐年递增，由此产生的“温室效应”将会引发病虫害增加、海平面上升、气候反常、土地变干，危害全球生态系统和人类生存环境。占地球表面积71%的海洋是一个巨大的碳库，一直发挥着吸收、转移大气中CO_2的作用。该项目、该设备的研发对准确地了解海水中CO_2的含量，研究海洋对大气中CO_2的响应，全球碳循环以及预测未来大气中CO_2含量乃至全球气候变化具有深远意义。

16.2.5 取得奖项

2018年11月16日，通过科技查新得出结论：本课题设计的混合介质CO_2库仑测定仪或非水介质的库仑测碳仪，在国内文献中未见相同报道。

该项目荣获2019年度河北省煤炭工业科学技术一等奖。

2020年8月通过河北省科学技术成果鉴定，结论：国内领先。

（供稿单位：河北省煤田地质局新能源地质队）

17

河北省大城县厚覆盖层煤田煤炭地下气化试验可行性研究

17.1 项目基本情况

我国埋深2000m以浅的煤炭资源共计45 521.04亿t，其中1 000~2 000m煤炭资源约23 886亿t，深部未开发煤炭资源量非常丰富。如依托煤炭地下气化技术对深部煤炭资源进行气化开发，变产煤为产气，可为煤矿企业提供一条转型和可持续的发展之路。在《国家能源发展“十三五”规划》和《河北省“十三五”能源发展规划》中，都鼓励研发煤炭地下气化技术。该技术能为国家能源战略提供安全保障和技术储备，具有重大意义，是我国调整能源结构和绿色发展经济的重要途径之一。

河北省委第十巡视组与河北省煤田地质局共同向省政府提出开展厚覆盖层煤田煤炭地下气化试验研究建议，多位省领导提出要改变高消耗、高污染、低效益的传统产业结构，构建绿色、循环、低碳的现代产业体系，大力推进煤炭清洁高效利用。煤炭清洁高效利用是采用先进技术和管理手段，实现煤炭最大限度利用和最低污染排放的有效途径，需加大煤炭清洁高效利用支持力度，组织开展重点技术攻关和示范工程建设，在厚覆盖层煤田探索推进煤炭地下气化开发，实施煤炭地下气化，可实现煤炭地下气化过程全程封闭运行，无污染物排放，大大降低煤炭开采带来的环境污染，缓解京津冀地区环境压力。煤炭地下气化可将厚覆盖层煤田深部煤炭资源充分利用，缓解京津冀地区天然气供应的压力，为地区发展提供稳定高效的清洁能源，推动煤炭安全、高效、绿色开采。

大城煤田地处京津冀环渤海发展圈内，地理位置优越，道路交通发达，铁路、港口运输便利。资料显示，大城煤田是河北省重要的煤炭能源储备基地之一，自20

世纪70年代以来，华北油田在大城周边进行石油勘探时发现了含煤地层，随后河北省煤田地质局在大城县一带开展了一系列找煤工作，证实该区含有丰富的石炭——二叠纪的煤炭资源，且煤质优良。但是，该区煤炭资源大部分埋藏于1 200m以深，存在高地温、高地压、顶底板不稳定、奥灰水威胁、压煤面积大等煤炭开采技术难题。充分开发利用大城厚覆盖层煤田的煤炭资源，将大城厚覆盖层煤田难以用常规方法开采的深部煤炭资源进行高效开采利用，应用新型煤炭开发技术成为必要。

17.2 取得的主要成果

17.2.1 成果关键技术要点与创新点

17.2.1.1 成果关键技术要点

（1）试验区煤层地质条件。

首选试验区煤层稳定性好，煤层平均厚度达到6m以上，此厚度更为经济合理，奥灰含水层与煤系砂岩含水层在正常情况下两者不会发生水力联系，煤层地质条件满足地下气化的要求。

（2）工艺参数。

完成了大城煤种地下气化模型试验，获得了不同工艺条件下的气化工艺参数，大城煤（相近煤种）在富氧浓度为60%、水气化时，即可获得好的气化指标。

（3）炉型结构。

采用多通道集气气化炉，一个多通道集气气化炉由10个气化列、1个集气列、19个出气井组成，单列设计产气能力可达到22.50万Nm^3/d，单炉产能可达到225万Nm^3/d，设计气化炉服务年限为9.75~12.22年。

（4）气化工艺。

采用自主“分离控制注气点后退—水雾化地下气化技术”，将富氧或纯氧和水分离输送，利用地面到地下水的压力势能和防回火水雾化混合喷头将水喷入气化反应区。采用变频和液压反馈控制系统，调整气水比和双套管后退时间和速度，实现地下气化过程的连续和稳定。

（5）产品工艺。

选择气体分离的方式将混合煤气中甲烷气体进行分离，而后通过PSA提浓和深冷装置生产液化天然气暖气（LNG）。

（6）污染物富集规律专项课题。

煤炭地下气化过程燃烧的灰渣留在地下，大大减少了地表塌陷量，无固体物质排放，因此煤炭地下气化减少了对地表的环境破坏。在污染物专项课题研究中掌握了煤层热解气化过程中的污染物析出及富集规律，建立了地下气化过程污染物迁移行为及地下水污染预测的方法，制订了相应的解决措施。

（7）顶板冒落规律专项课题。

通过分析地层结构、岩石参数，获取炉体顶板冒落规律，建立了大城厚覆盖层煤田地层条件下煤层地下气化燃空区围岩温度场演化及覆岩结构运动规律模拟系统。

17.2.1.2 创新点

（1）室内模型试验、模拟计算。

通过室内模型试验与模拟计算，获得了不同工艺条件下的气化工艺参数。

（2）大埋深煤炭地下气化。

大城厚覆盖层煤田煤炭埋深超过1 000m，在国内没有成功案例，在国际上也属于领先行列。

（3）深层煤炭地下气化过程控制与预测技术。

通过实验室模型试验—理论模型建—模型数值求算—现场数据采集验证等，不断修正模型，达到对地下气化状态进行预测的目的，借此提高有效气体的含量。

17.2.2 成果的主要内容及应用场景

17.2.2.1 成果的主要内容

（1）建立地下气化地质评价系统，完成了地下气化模型试验，获得了不同工艺条件下工艺参数。初步制订煤炭地下气化试验生产工艺流程和煤气利用方式。

（2）获得了大城煤炭地下气化模拟试验中污染物的种类及含量，掌握了煤层热解气化过程中的污染物析出及富集规律，建立了地下气化过程污染物迁移行为及地下水污染预测的方法，制订了相应的解决措施。

（3）掌握大城拟气化区岩石热膨胀破碎机理、炉体顶板冒落规律，确定顶板冒落高度和裂隙范围，提出了燃空区扩展控制范围。

17.2.2.2 成果的应用场景

成果主要在两方面进行应用：

（1）煤炭地下气化试验可行性研究推广。

利用本次地质成果研究模式，在其他有开展煤炭地下气化潜力的煤田开展一系列研究工作，围绕技术、经济、环境等方面进行可行性评价工作。

（2）地下气化现场试验复制推广。

大城厚覆盖层煤田现场点火试验成功后，可以将现场点火的钻探、建炉、监测、污染物治理等技术进行推广，适用于已经完成前期地质勘查及地下气化可行性评价选区工作的煤田。

17.2.3 成果的技术实用性和实践效益

17.2.3.1 实用性

（1）研究领域领先。

本次大城区试验，煤层埋深在 1 400m 左右，大埋深（1 000m 以深）煤炭地下气化在国内的研究中属于首次，在国际上也仅有加拿大进行过一次试验（试验详情也从未对外公布），本次研究成果可以填补国内研究空白，在国际上也属于先进行列。

（2）解放深部煤炭资源。

河北省平原区有大量深部煤炭资源无法利用，该项目的开展可以释放巨大的深部煤层资源。

（3）有效解决高温生产井眼的温度控制及长期稳定问题。

（4）煤气化过程中的数值模拟，预测更精准。

17.2.3.2 实践效益

（1）社会效益。

煤炭地下气化可将深部煤炭资源充分利用，缓解京津冀地区天然气供应的压力，为地区发展提供稳定高效的清洁能源，推动煤炭安全、高效、绿色开采。

——解放河北省深部煤炭资源。太行山东麓平原区有大量深部煤炭资源无法利用，深部煤炭地下气化技术可以将大量的深部资源转化利用。

——缓解京津冀能源压力。地下气化技术可以将深部煤炭资源通过化学作用转化为混合煤气，从中提纯加工产生氢气、天然气等清洁能源，缓解京津冀地区的能源压力。

——符合区域环境发展要求。气化煤炭资源，实现全程封闭，降低开采阶段对环境的影响；减少煤炭资源消耗，利用清洁能源。

——为煤炭企业的转型升级提供了一条新思路。

（2）预期经济效益。

煤炭地下气化技术可以开采大城厚覆盖层煤田深部煤层，与传统的井工开采相比，具有投资少、见效快、资源回收率高等优势。

——地下气化生产产品。地下气化煤气可用于发电、工业锅炉燃烧，也可用于合成天然气、甲醇、乙醇、合成油等化工品或提取纯氢，因而具有较好的经济效益。

——技术服务效益。以该项目技术专利为其他矿区服务产生的技术服务收益。

——盘活大城勘查区煤炭资源。大城勘查区煤炭资源由于大埋深等原因无法开发利用，该项目可以充分利用大城勘查区煤炭资源，为大城县带来了可观的经济收益。

17.2.4 推广价值

我国埋深2 000m以浅的煤炭资源共计45 521.04亿t，其中1 000～2 000m煤炭资源约23 886亿t，深部未开发煤炭资源量非常丰富。如依托煤炭地下气化技术对深部煤炭资源进行气化开发，变产煤为产气，可为煤矿企业提供一条转型和可持续的发展之路。

大城厚覆盖层煤田煤炭地下气化现场试验成果在大埋深煤炭地下气化方面有比较大的推广价值。

（1）研究模式推广。

地下气化可行性研究模式可以推广复制。从技术、经济、环境、力学过程模拟等多角度进行研究，在其他试验区开展前期研究工作。

（2）现场试验成果推广。

地下气化现场试验点火成功后，太行山东麓有大片的煤田可以进行地下气化技术推广，可以缓解太行山东麓能源与环境的问题，是一场煤炭行业的产业革命。

17.2.5 取得的知识产权、奖项

本次地质成果包含3个课题，各课题获奖情况如下：

（1）《河北省大城县大城勘查区煤炭地下气化试验可行性研究报告》获得2018年河北省煤炭工业科学技术进步三等奖、河北省煤田地质局2013—2017年度科研类科技成果特等奖。2017年，中国煤炭工业协会通过评审认定该项目填补了国内大埋深地下气化可行性研究空白。

（2）《河北省大城县大城勘查区煤炭地下气化过程污染物富集迁移规律及论证对策研究报告》获得2019年河北省煤炭工业科学技术进步三等奖，河北省煤田地质局2013—2017年度科研类科技成果一等奖。2017年，中国煤炭工业协会通过评审认定该项目对推动河北省煤炭安全、高效、绿色利用，缓解京津冀地区能源压力和环境压力有积极意义。

（3）《河北省大城县大城勘查区煤炭地下气化过程顶板冒落规律研究报告》获得2019年河北省煤炭工业科学技术进步三等奖，河北省煤田地质局2013—2017年度科研类科技成果二等奖。2017年，中国煤炭工业协会通过评审认定该项目是我国煤炭领域首个开展针对大埋深煤炭地下气化工程地质条件的研究课题。

（供稿单位：河北省煤田地质局物测地质队）

18

冀中矿区上组煤采空区精准成像及含水性综合判识技术

18.1 项目基本情况

18.1.1 成果研究背景

改革开放40多年来，国民经济快速发展，对煤炭等自然资源和能源产生了大量的需求，从而使煤炭等自然资源得到大规模开采。煤炭等自然资源回采后，就会形成空洞。在上覆岩层应力的作用下，经过一定的时间，采空区上部岩层发生垮落、破裂和变形，从而形成垮落带、裂缝带和弯曲下沉带。

冀中矿区上组煤已大部分被回采，多数矿井已开始回采下组煤。由于上组煤采空区对于下组煤的成像和安全回采有着重要影响，为此，有必要研究矿区上组煤采空区精准成像技术和上组煤采空区含水性综合判识技术。

18.1.2 成果推广应用范围

“冀中矿区上组煤采空区精准成像及含水性综合判识技术研究”项目是河北省煤田地质局物测地质队和中国矿业大学联合进行的产、学、研结合的科研项目，系统研究了冀中矿区上组煤采空区的地震响应特征、精准成像、含水性判识等技术，为煤矿安全生产提供了技术保障。目前，国内这样的综合性研究较少，本次研究取得的成果经矿方验证后效果良好，并得到了冀中能源股份有限公司和河北省煤田地质局的大力推广。

18.2 取得的主要成果

18.2.1 成果关键技术研究内容

18.2.1.1 采空区地震响应特征研究

收集冀中矿区典型地质条件和采空区类型，以等效介质理论和 Gassmann 流体替换理论为依据，计算水饱和、干燥条件下煤矿采空区“三带”的等效物性参数，分析地震响应特征，在此基础上总结出了冀中矿区上组煤采空区精准成像的难点和适用于冀中矿区的上组煤采空区含水性判识技术。

18.2.1.2 采空区精准成像的地震观测技术研究

根据冀中矿区的实际地震地质条件，聚焦采空区精准成像的地震观测技术难点，利用专业地震采集设计软件，通过模拟放炮技术测试地震采集等参数，优选适合研究区的地震观测系统，通过优化研究区的地震波激发、接收技术和完善地震资料质量监控技术，提高地震资料采集的质量。

18.2.1.3 采空区精准成像的地震资料处理技术研究

根据冀中矿区的实际地震地质条件，聚焦采空区精准成像的地震资料处理难点，通过优化地震资料去噪方法和流程，使用地震资料规则化技术，提高速度分析精度和叠前偏移效果等多种技术和方法，提高地震资料的处理效果和成像质量，达到采空区精准成像的目标。

18.2.1.4 采空区含水性的地震判识技术研究

根据冀中矿区的实际地震地质条件，以采空区地震响应特征的研究成果为依据，通过研究地震采空区含水性的时差判识技术、地震属性判识技术和叠前反演判识技术，研究采空区含水性的地震判识技术和方法。

18.2.2 技术先进性和实用性

18.2.2.1 技术先进性

（1）通过优化采空区地震观测的采集参数，加强地震资料激发、接收和质量监控技术，落实地震资料去噪、规则化、速度分析和叠前偏移等精准成像地震处理技术，获得了一套适用于冀中矿区的上组煤采空区精准地震成像技术。

（2）建立了多组含上组煤采空区的地质模型，通过正演模拟技术，获得了采空区水饱和、干燥条件下上组煤和下组煤的地震响应特征。在此基础上总结出了一套适用于冀中矿区上组煤采空区含水性判定的地震预测技术。

（3）依据房柱式、条带式和冒落式采空区的“三带”分布特征，以实际测井曲线为输入，利用等效介质理论和 Gassmann 流体替换理论，系统计算了水饱和、干燥条件下采空区冒落带、裂隙发育带的弹性模量、地震波速度和各向异性参数。

经技术查新，该项目所采用的技术国内尚属首例，在国内文献中未见相同报道。

18. 2. 2. 2 技术难度和复杂程度

（1）以实际测井曲线为输入，通过测井曲线的去噪和一致性处理，明显提高了测井曲线的可靠性和横向可对比性。在此基础上，利用等效介质理论和 Gassmann 流体替换理论，计算获得了水饱和采空区和干燥采空区的垮落带和裂隙发育带的物性参数。结果表明，以不同采煤方式获得的垮落带和裂隙发育带的物性参数差异明显。

（2）通过建立含房柱式、条带式和冒落式采空区的地质地球物理模型，利用有限差分方法，正演模拟了采空区在各向异性条件下、各向同性条件下的地震响应特征。结果表明，房柱式采空区的时差最小，垮落式采空区的时差最大，条带式采空区的时差居中。当采空区含水时，同类采空区的时差明显小于干采空区。

（3）根据采空区“三带”的发育时空规律，建立采后一个月、几个月、几年、十年等模型，并利用等效介质理论和 Gassmann 流体替换理论，研究水饱和采空区和干采空区垮落带和裂隙发育带的物性参数。结果表明，不同回采时间的垮落带和裂隙发育带的物性参数差异明显，水饱和采空区垮落带和裂隙发育带的物性参数明显大于干采空区。

（4）利用有限差分方法，正演模拟了各向异性条件下、各向同性条件下采空区的地震响应特征。结果表明，回采时间不同时，采空区的时差特征差异较大。其中，回采几年后的时差最大，回采一个月的时差最小。当采空区含水时，同类采空区的时差明显小于干采空区。

（5）通过提取不同采空区地震正演结果的频率、振幅、相位和甜点等地震属性，发现采空区的地震属性明显区别于正常煤。相对于含水采空区来说，干采空区的地震属性和正常煤层的地震属性间差别更大。对比各向同性理论和各向异性理论获得的采空区时差和地震属性特征，可见两者差异不大。通过对实际地震资料进行分析，发现采空区是否含水在反射波的地震属性、叠前属性和时差上存在明显差异，与理论分析结果完全一致。

（6）根据冀中矿区地面及深部地震地质条件，通过优化观测面元、分析观测炮检距、覆盖次数和观测系统，提出适用于研究区的采空区精准成像的观测系统设计技术、地震激发技术、地震接收技术和地震资料质量监控技术。

（7）针对冀中矿区地震资料处理的主要难点，提出了具有特色的静校正技术、噪声压制技术和地震偏移技术。通过处理，明显提高了单炮记录的稳定性和静校正效果、原始地震记录的信噪比和分辨率和叠前时间偏移的效果，为高精度的构造解释和岩性预测提供了可靠的道集输入。

（8）根据含水采空区和干采空区间的地震属性差异，通过叠后地震属性技术、叠前地震属性技术、正常煤层反射和采空区反射间的时差特性，预测了研究区的含水采空区分布。对比研究区中预测的含水采空区和实际揭露的含水采空区，发现两者高度一致，验证了本采空区含水性预测技术的有效性和可靠性。

18.2.3 社会、经济效益

18.2.3.1 社会效益

该科研项目研究形成的上组煤采空区的精准成像和含水性判识技术经矿方验证，具有较好的效果，为煤矿安全生产、促进经济增长提供了保障。该技术的应用和推广给煤矿开采下组煤提供了技术支撑，有效防止了煤矿灾害的发生，提高了工作效率，降低了防治采空区水害的成本，保障了煤矿安全生产，具有极高的社会效益。

18.2.3.2 经济效益

该技术在冀中能源股份有限公司葛泉矿的推广应用中，直接经济效益约 300 万元，间接经济效益可观。

技术推广后可提高市场竞争力，获取更多公益和社会性项目，预期经济效益可观。

18.2.4 取得的知识产权和奖项

获得河北省科学技术厅“河北省科学技术成果——国内领先”科技成果证书。

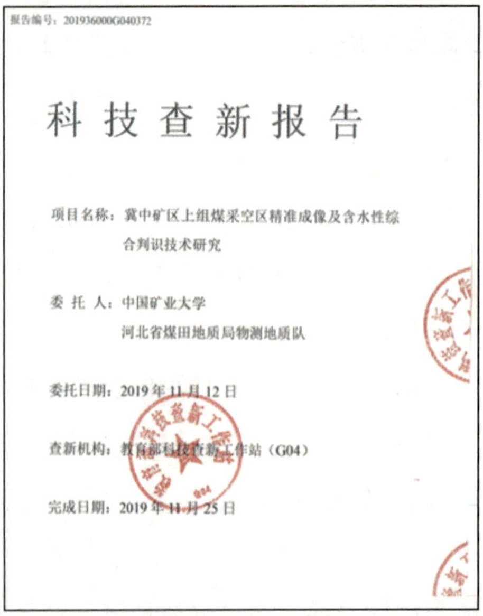

报告编号：201936000G040372

科 技 查 新 报 告

项目名称：冀中矿区上组煤采空区精准成像及含水性综合判识技术研究

委 托 人：中国矿业大学

河北省煤田地质局物测地质队

委托日期：2019 年 11 月 12 日

查新机构：教育部科技查新工作站（G04）

完成日期：2019 年 11 月 25 日

a)报告封面

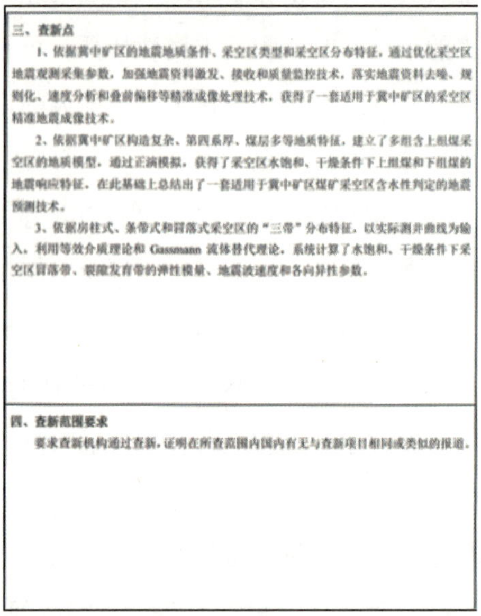

三、查新点

1、依据冀中矿区的地震地质条件、采空区类型和采空区分布特征，通过优化采空区地震观测采集参数，加强地震资料激发、接收和质量监控技术，落实地震资料去噪、规则化、速度分析和叠前偏移等精准成像处理技术，获得了一套适用于冀中矿区的采空区精准地震成像技术。

2、依据冀中矿区构造复杂、第四系厚、煤层多等地质特征，建立了多组含上组煤采空区的地质模型，通过正演模拟，获得了采空区水饱和、干燥条件下上组煤和下组煤的地震响应特征，在此基础上总结出了一套适用于冀中矿区煤矿采空区含水性判定的地震预测技术。

3、依据房柱式、条带式和冒落式采空区的“三带”分布特征，以实际测井曲线为输入，利用等效介质理论和 Gassmann 流体替代理论，系统计算了水饱和、干燥条件下采空区冒落带、裂隙发育带的弹性模量、地震波速度和各向异性参数。

四、查新范围要求

要求查新机构通过查新，证明在所查范围内国内有无与查新项目相同或类似的报道。

b)查新点

图 18－1　科技查新报告

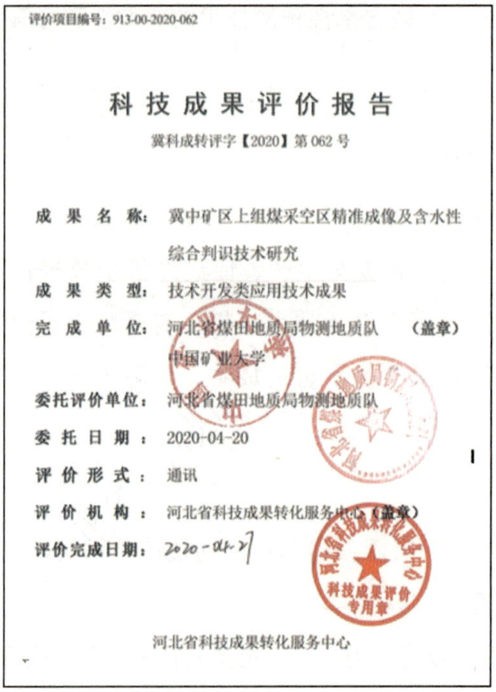

评价项目编号：913-00-2020-062

科 技 成 果 评 价 报 告

冀科成转评字【2020】第 062 号

成 果 名 称：冀中矿区上组煤采空区精准成像及含水性综合判识技术研究

成 果 类 型：技术开发类应用技术成果

完 成 单 位：河北省煤田地质局物测地质队　（盖章）

中国矿业大学

委托评价单位：河北省煤田地质局物测地质队

委 托 日 期：2020-04-20

评 价 形 式：通讯

评 价 机 构：河北省科技成果转化服务中心（盖章）

评价完成日期：2020-04-27

河北省科技成果转化服务中心

图 18－2　科技成果评价报告

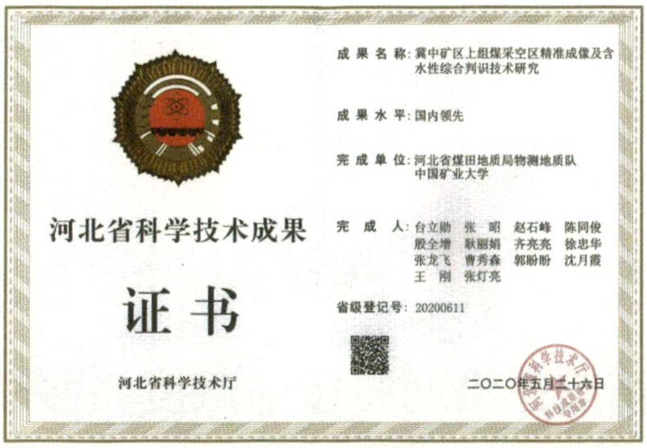

图 18－3　科技成果证书

（供稿单位：河北省煤田地质局物测地质队）

19

煤炭高精度三维地震叠前深度偏移成像技术

19.1 项目基本情况

随着煤炭开发向复杂构造区域的深入，煤矿开采的难度大为增加，严重影响采掘部署和生产计划的正常实施，而断裂构造（特别是小构造）的摆动误差可严重威胁矿井安全生产。因此，提高勘探精度成为煤矿企业及各个勘探单位目前研究的重点，而反射点及绕射点的正确偏移归位对提高勘探精度具有重要作用。但是，目前广泛应用于煤炭勘探的叠前时间偏移技术已经不能满足当前煤矿安全生产的需要，尤其是在煤层横向速度变化较大的勘探区域，叠前时间偏移精度大大降低，而叠前深度偏移完全可以解决由速度横向变化引起的折射时差问题。因此，在煤层赋存状态及横向速度变化大的区域等较为复杂的矿区研究适用于煤炭勘探的叠前深度偏移方法，并把符合煤炭特色的叠前深度偏移处理成果在深度域进行解释，进而应用于煤矿安全生产过程中，对煤矿采区工作面安全开采和后续采掘工作面的布局具有重要意义。

19.2 取得的主要成果

19.2.1 关键技术要点

19.2.1.1 叠前深度偏移处理关键技术

该科研成果的核心技术是叠前深度偏移技术。叠前深度偏移剖面的质量主要取决于两个方面：一是叠前道集的品质，二是速度建模的精度。叠前道集的品质是叠前深度偏移的基础，而速度建模的精度对叠前深度偏移的成功起到至关重要的作用。

速度建模的关键技术包括时间域构造模型建立、初始层速度体产生、层析成像反演更新速度模型、网格层析成像技术、井巷约束优化速度场。

井巷约束优化速度场是专门针对煤炭勘探中钻孔多、巷道见煤点密集的特点研发出的一项煤炭叠前深度偏移速度更新特色技术。具体操作是在网格层速度场精细调整后，通过收集测井分层数据、巷道数据，利用井巷约束深度偏移层速度，进一步优化深度偏移速度场（图 19－1）。通过井巷约束可以消除不确定因素造成的速度场的偏离，使最终的速度场更符合地质规律，最终的深度偏移结果更客观、更合理、更准确，并根据实时回采到的新的巷道信息动态地优化更新速度场，进一步提高偏移成果质量。

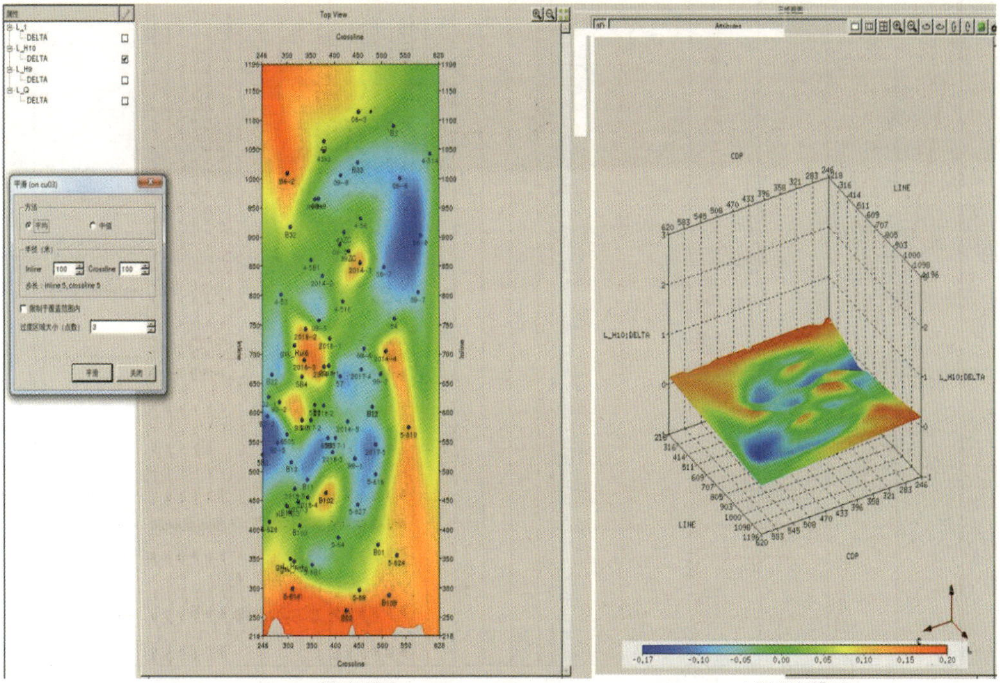

a）平面图　　b）速度模型

图 19－1　10 煤层沿层 DELTA 场平面图与速度模型

19. 2. 1. 2　三维地震深度域解释关键技术

叠前深度偏移处理技术的优势在于通过叠前深度偏移后能获得地质体正确的空间几何位置。以前，通常的做法是对叠前深度偏移处理后的深度域数据通过时深转换到时间域进行解释，而本次研究是直接在深度域进行解释。深度域地震剖面与时间域地震剖面相比，优势是具有地下构造真实、直观、便于解释等特点，并且无须进行时深转换，就能得到初始深度构造。随着叠前深度偏移技术的推广，具备了在深度域进行地震资料解释的基础。深度域解释中主要应用深度域合成记录、深度域层位标定、深度域构造解释、深度域属性提取及分析等多个关键解释技术。

（1）深度域合成地震记录层位标定。

层位标定是构造解释和属性分析的基础，是连接地震、地质和测井工作的桥梁。深度域地震资料纵向刻度为深度，与测井数据的纵向刻度一致，可以直接实现井震联合显示，便于在深度域进行井震标定（图 19－2）。

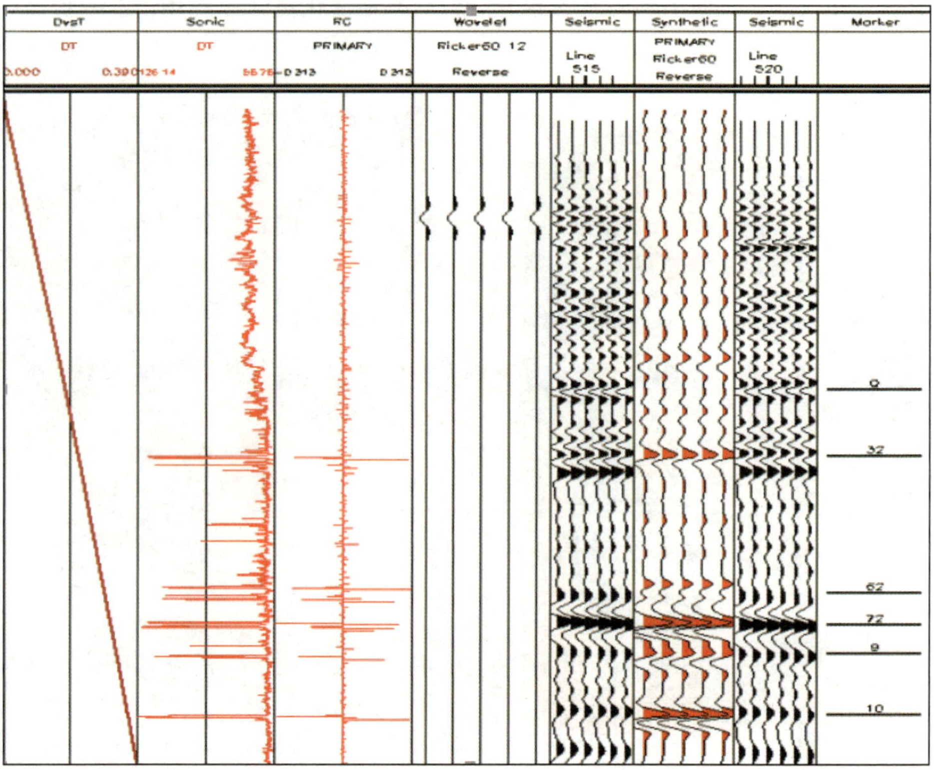

图 19－2　祁南煤矿Ⅱ103 采区钻孔 2016－7 深度域合成地震记录制作图

（2）深度域多属性分析技术。

研究深度域多属性分析技术，可形成一套适合煤矿复杂构造区域的精细识别小构造的技术方法。

通过祁南矿区沿 10 煤层叠前时间偏移（时间域）与叠前深度偏移（深度域）方差体属性对比（图 19－3）可以看出，叠前深度偏移（深度域）方差体属性较叠前时间偏移（时间域）方差体属性对构造反映更加清晰。

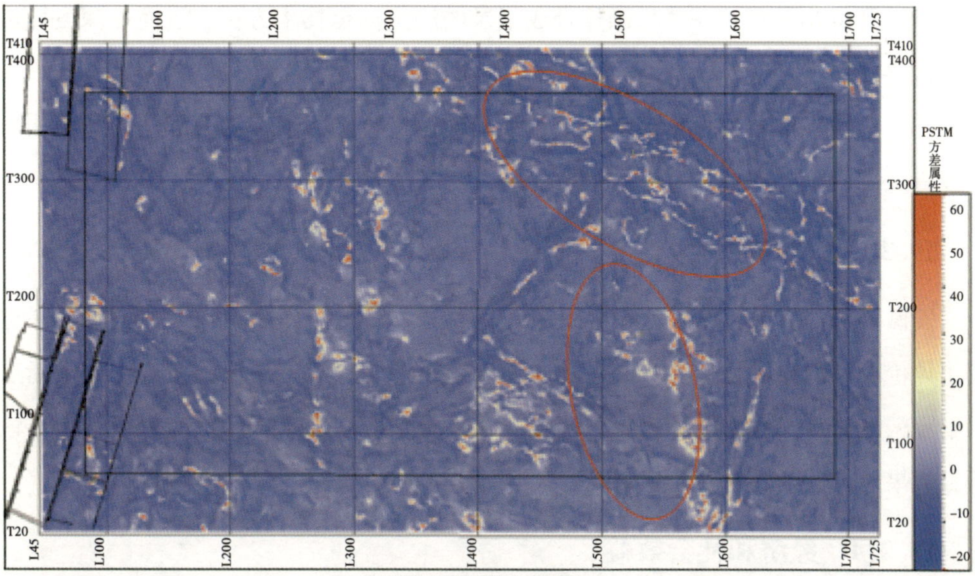

a) PSTM(时间域)方差属性

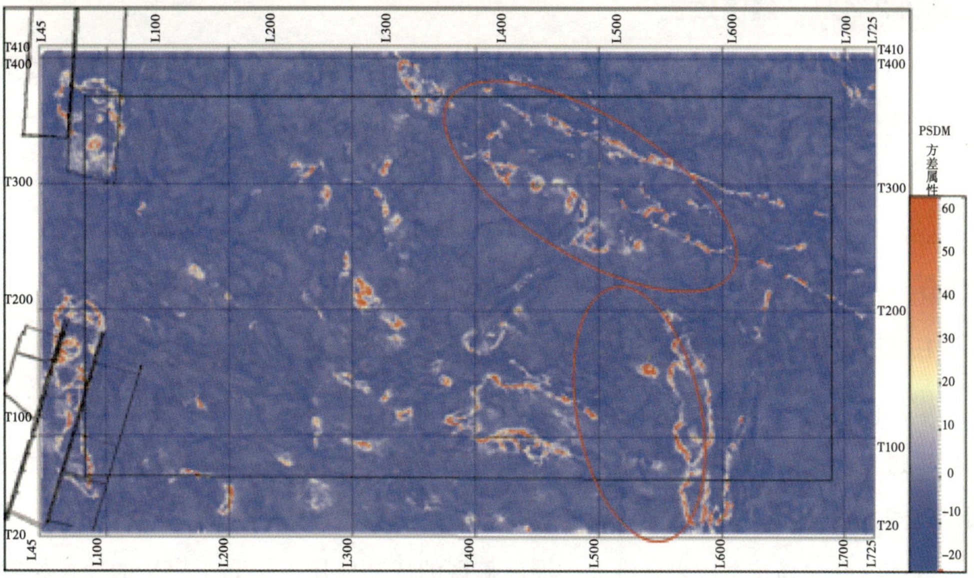

b) PSDM(深度域)方差属性

图 19－3　祁南矿区 PSTM（时间域）、PSDM（深度域）方差体属性对比图

19.2.2　创新点

此次成果研究的具体创新点包含以下 3 个方面：

（1）利用井巷约束下的实时动态速度建模方法，总结出了一套适应煤矿特色的叠前深度偏移方法和流程。

（2）研究出一种在深度域制作合成记录的层位标定技术方法，进而在深度域进行构造解释。

（3）研究在煤炭勘探中应用深度域多属性分析技术，剖析复杂煤层中断裂构造的发育规律。

19.2.3 技术的先进性、实用性

安徽省科技成果转化服务中心组织有关专家，对科研课题所取得的科技成果进行了评价。评价委员会认为该成果已成功应用于淮北、淮南矿区，有效提升了断层的解释精度和准确性，经济效益和社会效益显著，应用前景广阔。专家组认为，该研究成果总体达到国内领先水平。

19.2.4 经济和社会效益

19.2.4.1 经济效益

2018—2019 年，临涣煤矿六采区依据提交的井巷约束下实时动态矿井三维数据体高精度叠前深度偏移成像技术与精细解释技术的应用研究成果，采出煤炭新增销售额近亿元。

临涣煤矿六采区新的工作面于 2020 年投入生产，采出煤炭新增销售额数亿元。随着采区工作面持续开采，该研究成果还将持续带来更加可观的经济效益。

19.2.4.2 社会效益

煤炭高精度三维地震叠前深度偏移成像技术是煤炭地震勘探具有创新性的新技术，可进一步提高勘探精度和地震剖面的直观性，为地震勘探在煤炭勘探中的发展贡献技术力量。

叠前深度偏移技术成果在淮北、淮南矿区的成功应用，提高了煤矿的勘探精度和勘探的效率，可以指导队组提前做好采前安全预防工作，为煤矿安全生产提供保障。该技术不仅在煤矿安全、高效生产和扩大生产规模具有广泛的应用前景，更会产生较大的社会效益。

19.2.5 推广价值

相关采区地质钻孔成果、采区巷道工程的验证及应用情况表明，本课题研究成果对相关采区巷道的布置、工作面的布设、开采工艺的选择具有重要的指导作用。

经临涣煤矿六采区 10 煤层最新巷道实际揭露地质资料验证对比，叠前深度偏移（PSDM）比叠前时间偏移（PSTM）的煤层埋藏深度误差精度平均提高了 0.5%，且有效提升了断层的解释精度和准确度，断层摆动误差从 20m 降低到 10m 以内，落差 5m 以上的断层验证率达到 90%，落差 3m 以上的断层验证率达到 80%。研究的技术及方法可在其他矿井相似采区进行运用与推广。具体验证表现在以下两个方面：

19.2.5.1 底板标高对比

叠前深度偏移（PSDM）底板标高和叠前时间偏移（PSTM）底板标高以巷道中实见的 8 个见煤点标高做对比，叠前深度偏移（PSDM）底板标高的深度误差精度总体上提高了 0.5%（详见表 19－1）。

表 19－1 PSDM 和 PSTM 解释的底板标高误差对比

新巷道信息	巷道见煤点标高/m	PSTM 标高/m	PSTM 误差/m	PSTM 误差百分比/%	PSDM 标高/m	PSDM 误差/m	PSDM 误差百分比/%
联 1	－526.8	－520	－6.8	1.2	－524	－2.8	0.5
F18	－542.1	－537	－5.1	1.0	－538	－4.1	0.7
F16	－560.2	－557	－3.2	0.5	－558	－1.8	0.3
F14	－582.6	－578	－4.6	0.8	－583	0.4	0.1
F13	－588.0	－591	3	0.5	－587	1.0	0.2
F12	－596.2	－599	2.8	0.5	－599	2.8	0.5
F10	－597.2	－601	3.8	0.6	－601	3.8	0.6
F9	－597.2	－603	5.8	1.0	－602	4.8	0.8

19.2.5.2 断层验证对比

叠前深度偏移（PSDM）解释断层和叠前时间偏移（PSTM）解释断层与临涣煤矿六采区 1016 回采面实见断层对比，叠前深度偏移（PSDM）解释断层的准确率更高，摆动误差更小（详见表 19－2）。

表 19－2 PSDM 和 PSTM 解释断层的准确率对比

	断层数/条	摆动误差 20m 以内/条	多解释/条	未解释/条
PSTM	23	9	14	10
PSDM	16	14	2	5
1016 回采面实见	19（大于 3m）			

19.2.5.3 应用效果

通过淮北临涣矿区叠前时间偏移（PSTM）和叠前深度偏移（PSDM）剖面对比

（图 19－4），可以看到叠前时间偏移剖面浅层新生界形成的反射波同相轴连续性较差，而通过叠前深度偏移处理后，浅层新生界形成的反射波与叠前时间偏移剖面相比连续性有了较大改善。且叠前时间剖面上断层 DF151 和 DF153 的断点不够清晰（图 19－4a 中的红色圆圈为 PSTM 剖面解释断点位置），通过叠前深度偏移处理后，叠前深度剖面比叠前时间剖面上 DF151 和 DF153 的断点更加清晰、干脆（图 19－4b 中的红色圆圈为 PSDM 剖面解释断点位置）。

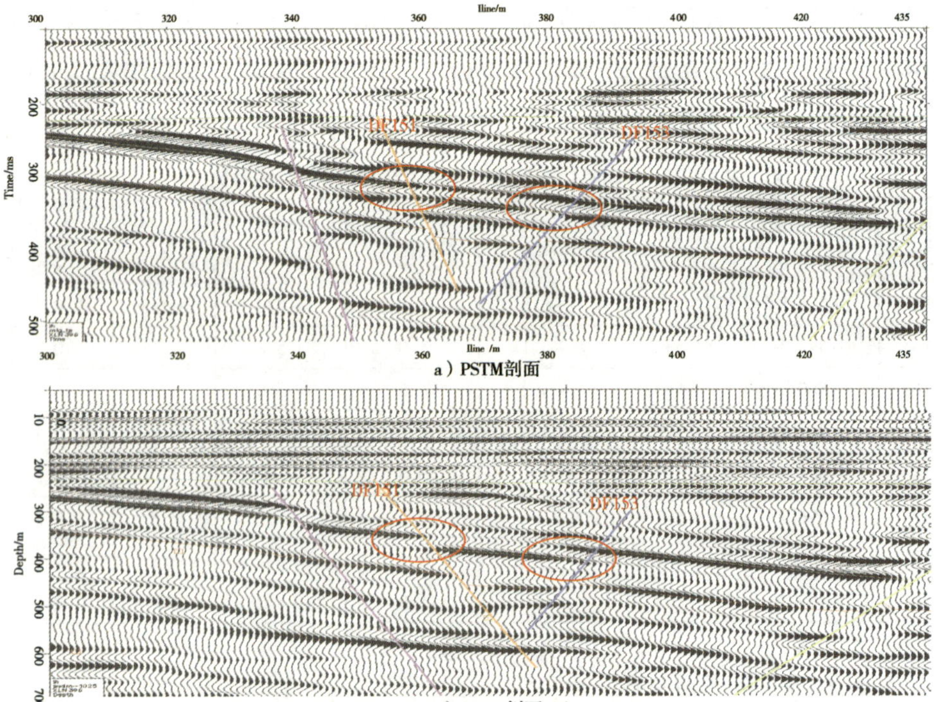

a）PSTM剖面

b）PSDM剖面

图 19－4　临涣 PSTM 与 PSDM 剖面对比

同时结合临涣矿区回采面信息，断层 DF8 为巷道实见断层（图 19－5 中虚线为巷道实见断点位置）。断层 DF8 在叠前时间偏移（PSTM）剖面上下盘落差仅 4m（按平均速度 3 000m/s 计算，落差为 6m），与巷道实见断层摆动误差达 25m（图 19－5a 中圆圈为 PSTM 解释断点位置），在叠前深度偏移（PSDM）剖面上下盘落差为 12m，巷道此处实见断层为 13m，且与巷道实见断层摆动误差 10m 以内（图 19－5b 中红色圆圈为 PSDM 解释断点位置）。由此可知，叠前深度偏移（PS-DM）不管是在剖面的落差上还是在巷道实见断层的位置上都更为相符。

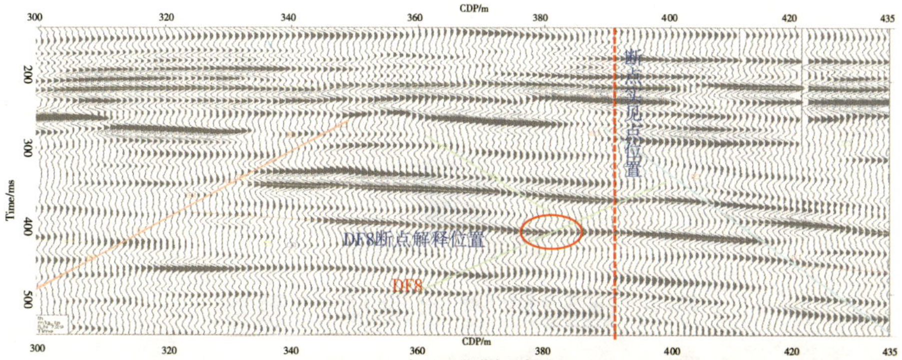

a）PSTM巷道实见断层

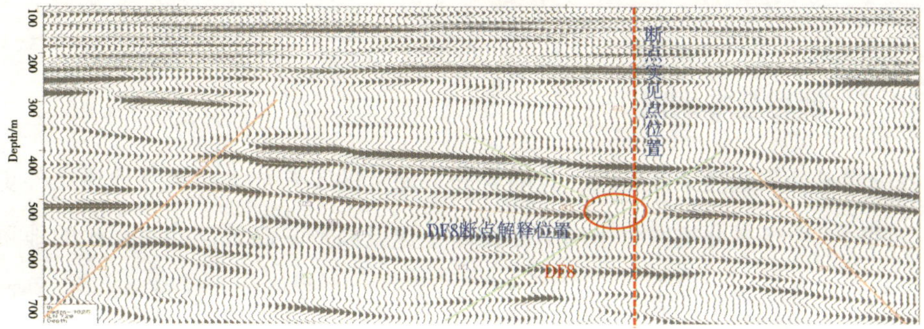

b）PSDM巷道实见断层

图 19－5　临涣 PSTM 与 PSDM 巷道实见断层（断层 PF8）对比

（供稿单位：中国煤炭地质总局地球物理勘探研究院）

20

煤矿远程地震地质服务系统

20.1 项目基本情况

我国煤矿开采地质条件复杂，且随着开采深度的不断加大，矿井地质条件更加复杂。同时，由于矿井机械化程度不断提高，建设高产、高效矿井对煤矿的地质保障工作提出了新的更高要求。

随着煤矿开采地质工作阶段的不断深入，井下揭露信息日益丰富，地质人员对地质规律的认识逐渐清晰，地质解释工作的精度也会相应地得到提高。如果能够将煤矿生产所获得的动态地质信息，包括地面钻探、矿井地质与三维地震勘探成果等矿井多元地质信息有机地结合起来，实现三维地震信息的地质动态管理，使其服务于高产、高效矿井地质工作的全过程，为综采工作面的高效集约生产提供远程地质保障，无疑会对煤矿安全生产和矿井持续、稳定、协调发展具有重要的应用价值。

针对煤矿在工作面设计、巷道掘进及工作面回采等生产过程中亟须利用三维地震成果进行实时、动态解释，满足实时动态地质保障的需求，为了提高实时动态解释的工作效率，保障煤矿安全、高效生产，中国煤炭地质总局地球物理勘探研究院研发了煤矿远程地震地质服务系统。

20.2 取得的主要成果

20.2.1 成果概况与主要功能

20.2.1.1 成果概况

煤矿远程地震地质服务系统，紧紧围绕煤矿安全生产对物探地质成果数据信息的需求，通过“互联网+实时通信”技术和大数据平台将地震地质成果数据与矿方进行实时展示和便捷沟通，通过专家在线会诊系统实现对矿方的远程地质保障服务，如图 20－1 所示。

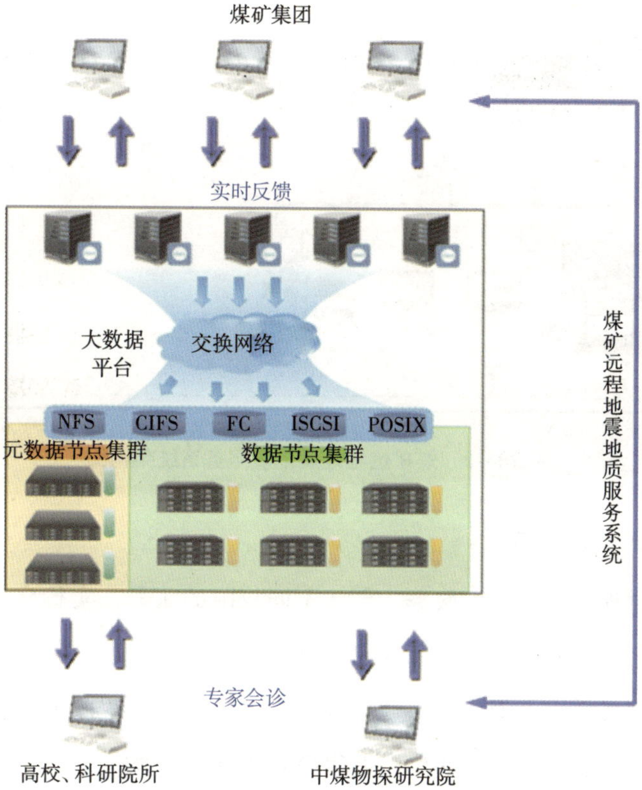

图 20－1　煤矿远程地震地质服务系统示意图

煤矿远程地震地质服务系统，依托地震地质成果数据库，能够提供从工作面设计、巷道掘进到工作面回采等煤矿开采全周期的远程地质保障服务，同时借助远程专家诊断系统提供地震地质方面的技术支持服务。

煤矿远程地震地质服务系统的系统架构如图 20－2 所示，主要包含三个部分：地震地质成果数据库、数据支撑平台、远程通信终端。通过该系统，可将中国煤炭地质总局地球物理勘探研究院的中控室与煤矿地测及相关部门进行实时的互联互通，通过沟通和交流优化解决方案，为煤矿安全生产提供地质保障。

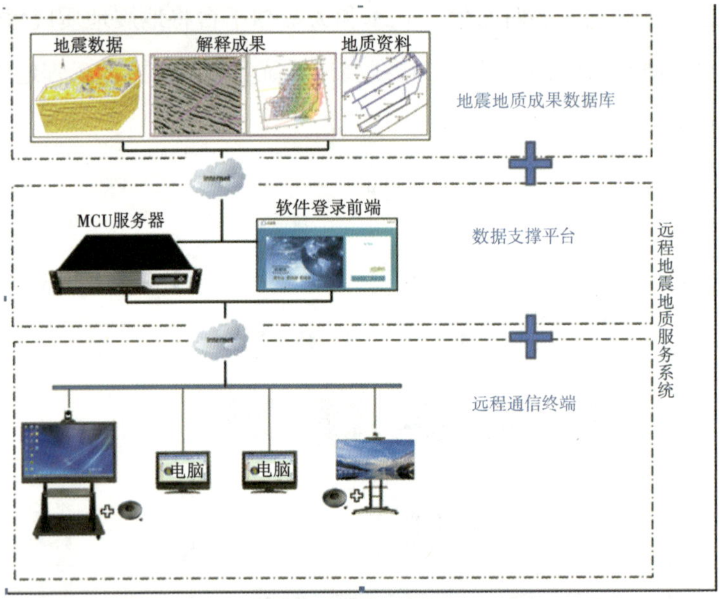

图 20－2　煤矿远程地震地质服务系统架构图

20.2.1.2　主要功能

（1）可提供地质资料查询服务，创建不同权限的账号，实行会员制，供煤矿地质人员、集团公司地质管理人员和专家等使用。

（2）创新服务模式，提供实时动态解释服务，利用远程服务平台为煤矿工作面设计、巷道掘进和工作面回采等生产过程提供实时动态解释。

（3）提供专家诊断服务，为煤矿集团提供优质的服务，更好地为矿井安全生产提供地质保障。

20.2.2　关键技术要点、特点和创新点

20.2.2.1　关键技术要点、特点

该成果的技术要点可概括为：以设计工作面的小构造精准预测为目标，在对矿井地质多元信息（地质、钻探、物探、采掘等）进行提取、处理的基础上，使得三维地震属性信息与矿井地质动态信息相互融合，同时利用“互联网＋实时通信”技术、大数据技术等创新科技，实现三维地震信息的远程动态地质解释；借助必要的矿井物探手段进行补充勘探、井下钻探实施验证；实现煤层底板标高、煤层厚度、小构造以及其他地质异常体的预测预报，并对解释成果进行三维可视化显示和计算

机成图，最终达到煤矿生产接续的要求。从工作面设计、巷道掘进和工作面回采3个层次，对煤层底板标高、煤层厚度、小构造以及其他地质异常体进行远程实时动态解释，对煤矿高效安全开采全过程提供远程地质保障服务。

围绕上述技术思路和目标，核心技术有以下两点：

（1）地震地质成果数据库的建设。

地震地质成果数据涉及的业务领域广、数据类型多，呈现出非结构化、碎片化特征，亟须建立一个数据管理标准，在对数据进行标准化处理后建立起地震地质成果数据库。需要完善物探地质成果架构和渠道，建立物探地质成果的管理机制；开发物探地质成果数据管理系统，依托地震数据成果支撑平台，实现地震成果处理数据、解释数据、钻测井成果和最终成果数据的实时、动态管理与共享。

（2）远程专家会诊系统。

将提供完整的、具有国际领先技术的实时通信系统融入远程地质保障系统，利用视频会议和网络会议的方便快捷特征，实现网络语音和视频的全方位交流，不但节省了大量成本，而且可以提高工作效率。此远程服务系统融合了网络会议系统所具备的全部功能，便捷的远程会议管理、文件传送，可以提供点对点会议、全网会议、双视频流功能和远程协助等多种远程服务。

利用互联网技术建立远程数据平台，专家小组成员和煤矿技术人员可以在平台上实时进行数据共享、同步传输、技术讨论、远程指导等。

通过远程专家诊断系统将物理勘探研究院中控室、集团公司地测部门、各矿地质科通过“互联网+物联网”技术形成网格状联接，一方面可强化地测科和管理部门与会诊专家之间的沟通交流，更大程度地整合内部资源，提升矿井地质灾害诊断效率；另一方面，专家与地质人员进行交流沟通，同时及时为专家诊断提供第一手地质调查资料，把现场揭示的实际地质资料和地质技术人员的认识与地质解释人员和专家进行交流，可进行实时、动态解释，共同形成解决方案，指导煤矿安全、高效生产。

20.2.2.2 主要创新点

煤矿远程地震地质服务系统，通过“互联网+实时通信”技术和大数据平台建立远程服务平台，通过专家在线会诊系统实现对矿方的远程地质保障服务

（1）将地震地质成果数据和井巷地质资料进行标准化处理研究，建立地震地质

成果数据库，依托地震数据成果支撑平台，实现数据的实时、动态管理与共享。

（2）依托“互联网＋实时通信”技术和大数据平台搭建数据支撑平台，将现有的通信技术和软件进行升级和改进，使得数据支撑平台更适用于煤矿远程技术服务，最终建立一个集视频音频通信、数据采集、数据传输、数据管理、数据分析、数据共享于一体的协同工作和远程服务支持平台。

（3）以专家远程诊断系统为特色，通过多方沟通和交流，进行实时、动态解释，共同形成解决方案，指导煤矿安全、高效生产。

20.2.3 成果的技术实用性与实践效益

20.2.3.1 技术实用性

煤矿远程地震地质服务系统将“互联网＋”远程服务系统应用于煤矿地质保障系统中，创新了地质保障的服务模式，提供了一种更加便捷、高效的服务方式，可以更好地为煤矿提供远程地质保障服务。

20.2.3.2 实践效益

该研究成果能够为煤矿提供远程的实时动态地质保障服务，使得地震地质成果更符合地质规律，为煤矿的安全、高效生产提供有力的保障。

通过对远程地质保障系统进行研究和开发，利用“互联网＋实时通信”、大数据等创新科技，建立煤矿远程地震地质服务系统，实现煤矿高效、安全开采过程中的远程动态地质保障。

与常规的地质保障服务相比，远程地质保障系统为煤矿安全生产快捷地提供地质成果，大大减少了重复工作和运行成本，提高了服务效率，可助力煤矿安全、高效生产。

20.2.4 推广价值

煤矿远程地质地震服务系统建立后，以中国煤炭地质总局地球物理勘探研究院的井巷联合精细探测研究成果及理论为指导，将各种物探成果及物性特征融合到一起进行综合分析，深度挖掘有价值的地质信息，为矿方提供二次服务；本着长期合作共赢的理念，提供专家在线服务系统，为煤矿集团提供优质的服务，更好地为矿井安全生产保驾护航。

煤矿远程地震地质服务系统试用成熟后，可在全国各大煤矿集团下属各矿的地震地质保障服务方面进行推广应用，在工作面设计、巷道掘进和工作面回采等生产过程中进行实时、动态解释，为煤矿提供远程的实时动态地质保障服务。目前，中国煤炭地质总局地球物理勘探研究院已与淮北矿业集团、中煤新集等煤矿达成远程地震地质服务的合作意向。

该系统能够高效、便捷地为煤矿地质保障提供技术服务，对提高矿井安全生产具有重要作用和现实意义，值得推广。

20.2.5 取得的知识产权

20.2.5.1 专利情况

（1）远程地震地质服务系统（专利号：202011056608.8）。

（2）一种煤田大数据监测用的计算机机箱（专利号：202021676296.6）。

20.2.5.2 计算机软件著作权情况

大数据下矿井煤层稳定性自动定量评价应用软件 V1.0（登记号：2020SR0651761）。

（供稿单位：中国煤炭地质总局地球物理勘探研究院）

21

震电融合技术对煤矿采区工作面探查研究与实践

21.1 项目基本情况

21.1.1 背景及成果概况

我国煤矿采区普遍开展了地面三维地震、地面电法 2 种方法的综合勘探，用地面三维地震勘探解决采区工作面构造问题，用地面电法（瞬变电磁法等）勘探解决采区工作面含水性问题。这 2 种方法的数据处理解释独立完成、独立提交勘探成果报告。地面三维地震勘探对构造的解释准确度较高，但不能探测影响煤矿安全的水害；地面电法勘探的准确度有待提高，但电阻率是探测水害最直接的参数。震电融合技术从数据层面将地震、电法数据进行融合，提出预测煤矿水害的新方法技术，提高了煤矿采区工作面物探探查成果的准确性。

地面三维地震勘探基于不同地质体（地层）间存在波阻抗差异，瞬变电磁法勘探的前提是富水性不同的地质体（断层、裂隙、岩溶与围岩）间存在电性（电阻率）差异，地质体的波阻抗、电性与地质体的岩性、孔（裂）隙度密切相关，因此波阻抗与电性也具有密切关系。该项目从地面三维地震数据处理后的属性数据、瞬变电磁法处理得到的各种数据入手，研究了一种基于主成分分析（PCA）的地面三维地震、瞬变电磁属性数据的融合处理技术，探索了应用 PCA 主成分成果解释采区工作面富水性的技术方法，实现地面三维地震、瞬变电磁法勘探在数据层面的综合勘探，提高了物探解释煤矿采区工作面富水性的准确性。

21.1.2 推广应用范围

该项目成果可以广泛应用于煤矿采区工作面水害预测，提高地球物理勘探预测水害的准确度，减少后期钻探验证孔的数量。对于其推广应用范围，可概括如下：

（1）仅开展了地面三维地震勘探的工作面，应用地震多属性数据进行融合，解释采区工作面的富水性。

（2）仅开展了地面电法（瞬变电磁法、直流电法、可控源音频大地电磁法等）勘探的工作面，应用电法多属性数据进行融合，解释采区工作面的富水性。

（3）开展了地面三维地震、电法综合勘探的工作面，应用地震、电法多属性数据进行震电融合，解释采区工作面的富水性。

（4）开展了地面三维地震、电法综合勘探和井下物探的工作面，应用地面三维地震、电法多属性与井下物探属性数据进行融合，解释采区工作面内的地质异常体。

21.2 取得的主要成果

21.2.1 关键技术要点、创新点

21.2.1.1 电法多属性数据提取

地面电法勘探一般只使用电阻率这个参数进行成果解释，实际解释中会参考电阻率的空间变化特性，研究直接提取电阻率的不同方向导数来参与震电融合数据处理。图 21－1 是测线电阻率及电阻率总梯度断面图，电阻率断面图中电阻率低且电阻率总梯度高的地段是含水异常发育处，是可能的隐伏水害。这种解释只是定性的概念，通过属性融合后可用统一的数据进行异常解释。

21.2.1.2 电法数据 SEG－Y 格式

行业内电法数据没有统一的数据格式，研究提出将电法数据处理得到的电阻率、电阻率空间变化率等属性数据以地震 SEG－Y 格式存贮，编制了将地面电法勘探数据转储为 SEG－Y 格式、微机版（IEEE）和工作站版（IBM）SEG－Y 格式的智能互相转换软件。一是实现了电法成果数据共享的便利性；二是实现了地面电法勘探多属性数据在地震解释平台上的三维可视化，达到了在同一软件平台上对地震和电

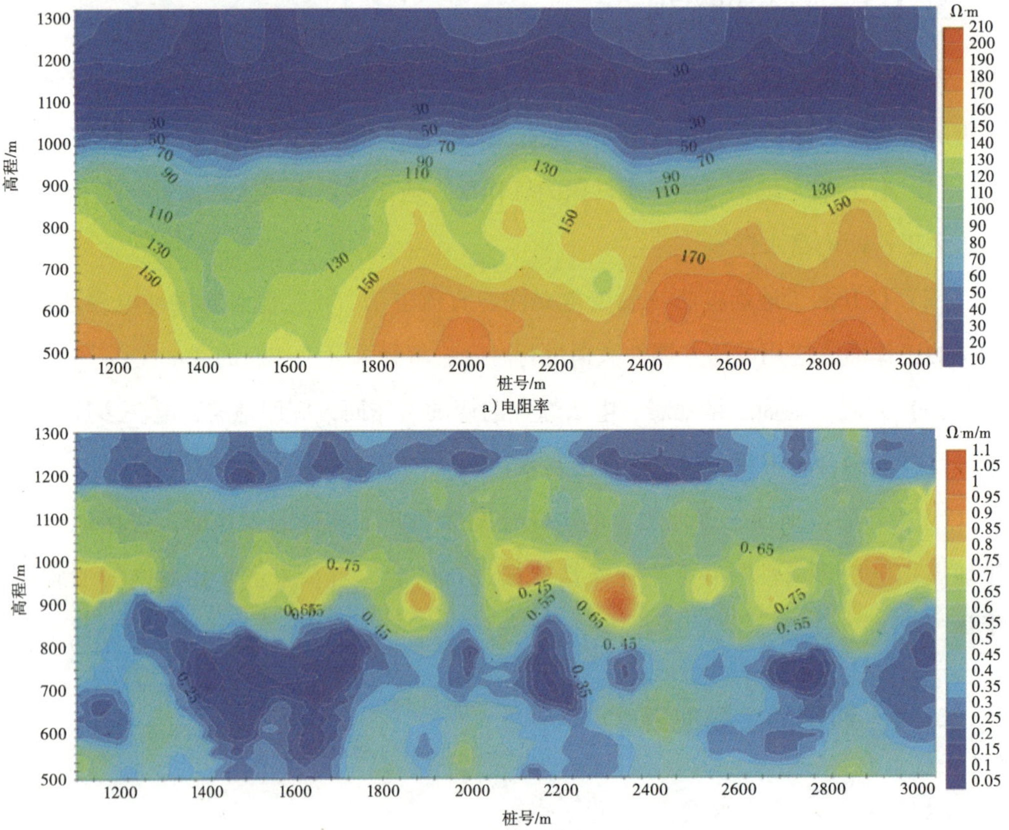

a）电阻率

b）电阻率总梯度

图 21－1　电阻率与电阻率总梯度对比图

法数据综合管理、融合处理、解释的目的。

电法数据转换为地震勘探 SEG－Y 格式空间属性数据的方法有 2 种：简单深度—时间转换和精确深度—时间转换。图 21－2 是电法数据转换成 SEG－Y 格式后在三维地震处理解释平台的三维显示。转换后的数据可利用平台进行沿层属性提取、三维可视化等，实现了在同一平台管理地震、电法数据，并进行相应的数据融合、综合解释。

不仅煤矿区电法数据可以转换为 SEG－Y 格式，其他具有空间（平面）属性的数据也可以转换为 SEG－Y 格式，利用成熟的地震数据三维管理、显示平台进行辅助解释。图 21－3 是广域电磁数据转换为 SEG－Y 格式后在地震处理解释平台的显示。这种显示效果像重磁电勘探中剖面平面图（波形）与等值线（变密度）的叠加显示，等值线可以进行层状的粗略解释，结合波形曲线可以进行构造解释。

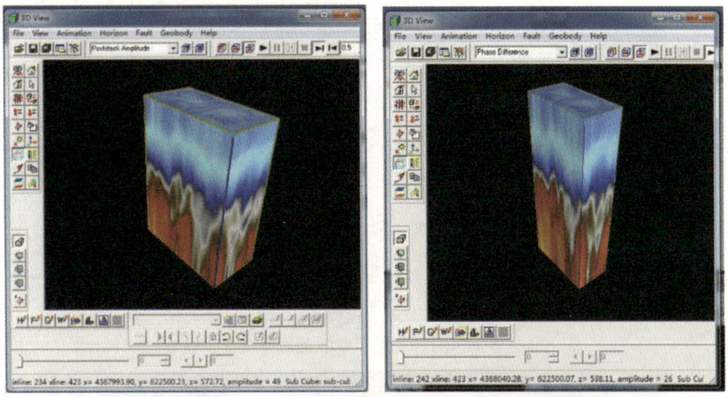

a) 时间域　　　　b) 深度域

图 21 -2　电法数据地震软件三维显示图（VVA）

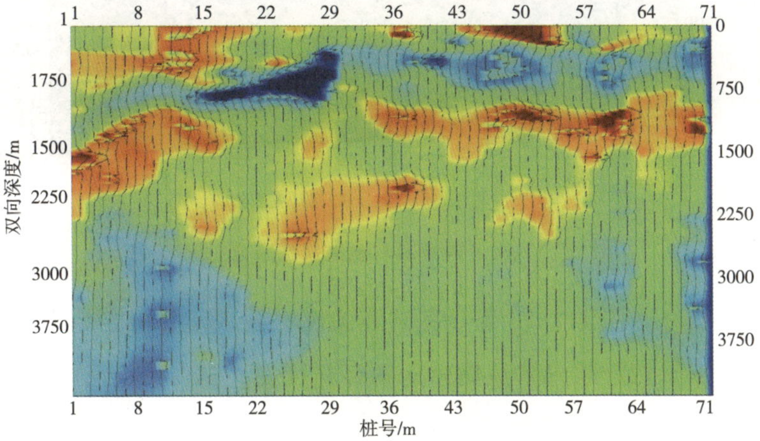

图 21 -3　电法（广域电磁）数据的拟地震二维显示

21. 2. 1. 3　震电属性融合

该研究就地面三维地震属性数据（相干、方差、曲率、蚂蚁体、振幅、频率等属性及反演的波阻抗、密度、孔隙度、电阻率）与瞬变电磁属性数据（电阻率及提取的电阻率 X 方向导数、Y 方向导数、Z 方向导数、水平梯度、总梯度）从地震属性、电法属性和震电属性数据等 3 个层面进行了主成分分析，并将其研究成果与已知地质资料做了对比研究。

图 21 -4 是顺层电阻率与电法多属性数据融合后的主成分 1 对比图，可以看出，原始顺层电阻率等值线变化平缓，瞬变电磁重叠回线装置的电阻率高值含水异常区与后期揭露情况吻合，但有的异常并不明显。电法多属性融合后对 4 个出水点的异

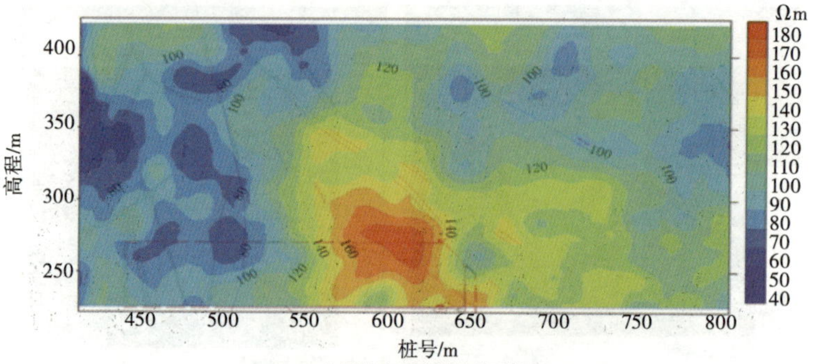

a) 原始电阻率顺层切片图

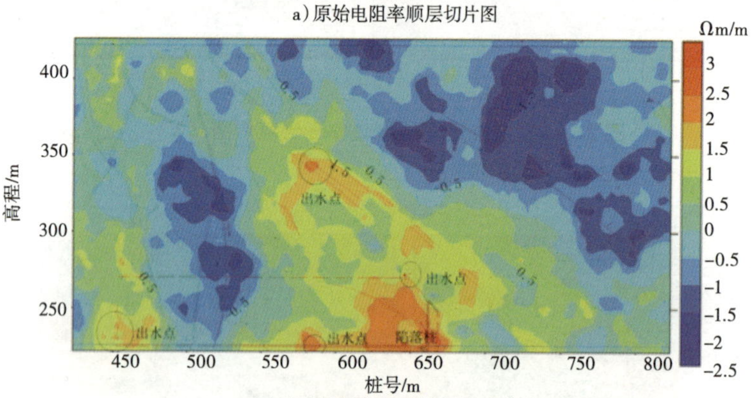

b) 电法多属性融合切片图（主成分1）

图 21－4　电阻率与电法属性融合对比

常显示突出，图像与三维地震解释的构造相关性增强，运用电法多属性融合数据比单纯电阻率数据进行含水异常地质体的解释精度高，提高了地面电法勘探的探测能力。

图 21－5 是三维地震、瞬变电磁多属性数据融合图，融合后的数据对含水地质体的刻画更详细。

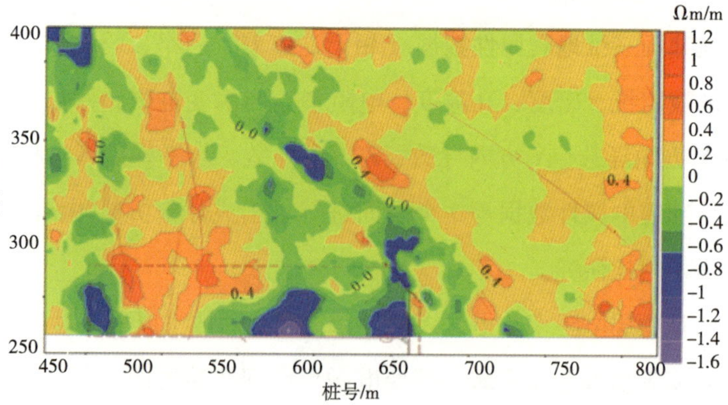

图 21－5　地震、电法属性融合图

21.2.1.4 加权欧氏距离解释含水异常

对不同目标层的地面三维地震、地面电法等 16 个属性的 PCA 融合研究发现，可以选取融合后参数（主成分）5 ~6 个，与井下揭露、地面三维地震解释的断层等构造相符的是主成分 1 或主成分 2，组成系数中地面三维地震、地面电法属性分别占优。研究过程中发现，不同目标层震电属性融合得到的主成分 1、主成分 2 与已知地质情况并不完全相同，有的高数值与地质资料相符，有的低数值与地质资料相符。为了寻找合适的解释参数，在试验基础上提出应用主成分的加权欧氏距离解释地层的富水性。图 21 –6 是奥陶系灰岩顶部地震、电法多属性融合后的主成分 1 及其加权欧氏距离平面图。研究区奥陶系岩溶普遍发育，富水性强，岩溶地下水的流向为由北东向南西径流，加权欧氏距离（大）可以很清晰地描述出奥陶系灰岩地下

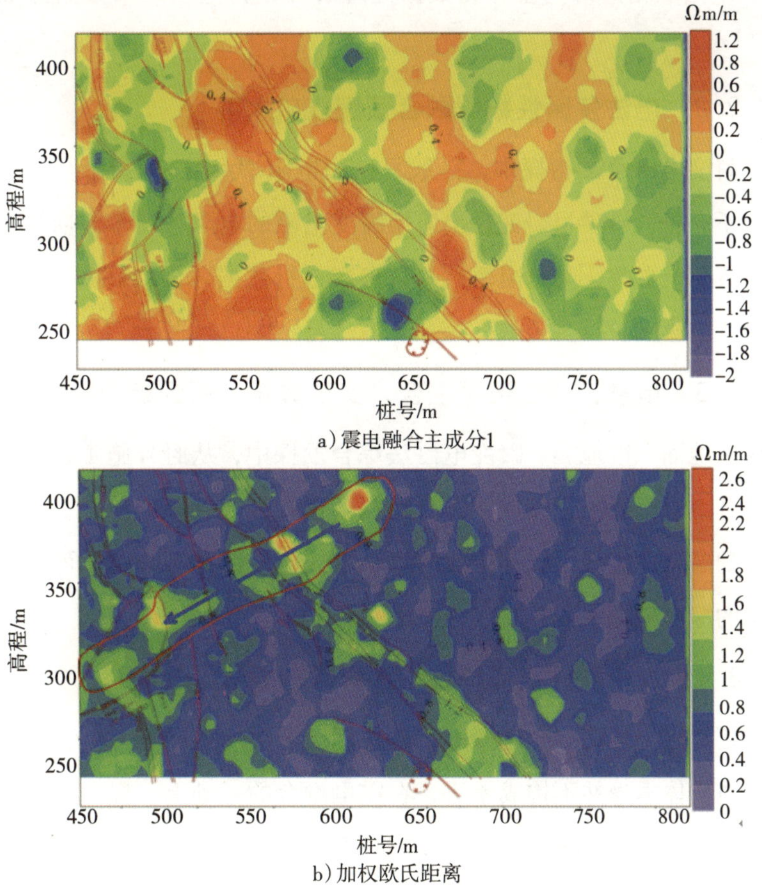

图 21 –6　震电融合及加权欧氏距离解释含水异常

水的流向及含水异常的发育情况：一是沿断层的北西向异常条带，二是沿北东径流向的异常条带。震电融合的主成分1尽管也有类似的异常显示，但没有加权欧氏距离明显。也就是说，加权欧氏距离更适合解释含水地质体。

21.2.2 技术的先进性、实用性

21.2.2.1 统一平台管理地震、电法属性数据

地震勘探的数据在行业内有统一的格式，处理后的数据以SEG-Y格式存贮，方便了数据间的共享。地面电法勘探目前行业内没有统一的数据格式，各单位、部门、软件使用不同的数据格式，共享时需进行格式转换，数据的可视化平台也不一致，功能与地震平台相差大。通过电法数据的SEG-Y格式化，实现了统一平台地震、电法数据的协同管理和数据处理解释，为电法成果数据标准化提供了工具。

21.2.2.2 电法多属性数据融合预测煤矿水害

煤矿区瞬变电磁水文物探中，一般只使用电阻率参数来解释地质体的含水性，这种解释并不完备。该项目研究提出应用瞬变电磁的电阻率3个方向导数及水平梯度、总梯度等5个参数，与电阻率共6个参数进行数据融合，解决了电法解释中多参数相互干扰的影响。

21.2.2.3 地震、电法数据融合，实现数据层面的综合物探

在煤矿区地面三维地震、瞬变电磁法综合勘探中，从野外施工、数据处理到最终成果报告基本上都要独立完成，综合物探停留在综合解释的阶段。通过地震、电法属性数据的融合，实现了数据层面的综合物探，该数据融合技术可推广应用到更多方法技术的综合勘探中。

21.2.2.4 加权欧氏距离解释含水异常地质体

在煤矿区地震、电法综合勘探中，地震用于解决构造问题，电法用于解决含水的问题，与地质体本身并不构成矛盾，在震电融合的基础上，提出应用地震、电法属性数据PCA融合主成分加权欧氏距离这一新参数来反映工作面富水性的强弱。

21.2.3 社会和经济效益

在地面三维地震勘探解决采区工作面构造问题、瞬变电磁法勘探解决采区工作

面含水性问题的基础上，地震、电法等 2 种方法的数据属性的融合处理、解释提高了煤矿区综合物探的效果，提高了采区工作面水害预测的准确度。该项目研究形成了一套瞬变电磁等电法数据在地震处理解释平台上的拟地震剖面显示技术、三维可视化技术，实现了同一平台多方法的综合解释。2019 年以来，整套技术在中国煤炭地质总局地球物理勘探研究院承担的多个科技、地质项目中得到了推广应用。如：2020 年承担的晋煤“赵庄二号井三维地震精细处理解释技术与瞬变电磁解释技术综合研究”项目，在收集、整理、数字化原有瞬变电磁成果的基础上，开展了与地面三维地震精细处理成果数据的震电属性融合处理解释，成果与前期井下揭露比原有物探成果的吻合度更好，解释的相对富水区准确度得到了提高；2020 年承担的“中煤新集刘庄煤矿西一采区浅部三维地震、瞬变电磁综合勘探”项目，就震电融合解释的含水异常区与仅用瞬变电磁数据解释的含水异常区进行对比，井下揭露的 8 号煤层掘进巷道淋水点瞬变电磁数据没有解释含水异常，但与震电融合解释的含水异常吻合。

21. 2. 4　取得的知识产权

（1）一种瞬变电磁数据多属性融合技术（专利号：202010930413. 5。状态：初审合格）。

（2）一种煤层富水性分析方法（专利号：202010930412. 0。状态：初审合格）。

（3）一种震电数据多属性融合技术（专利号：202010929459. 5。状态：公布及进入实质审查）。

（供稿单位：中国煤炭地质总局地球物理勘探研究院）

22

宁东煤炭基地高硫煤精准勘查评价关键技术

22.1 项目基本情况

长期以来，煤炭资源作为最重要的基础能源和工业原料，为保障国家能源安全和社会经济稳定发展作出了突出贡献。煤炭资源作为战略能源如何进行有计划的开采与储备、煤炭企业如何进行国际化扩张以及如何延长我国煤炭资源国际化供应链等，都是涉及我国国计民生、生存发展的大计和国家能源安全的重大战略问题。在石油能源逐渐枯竭、低硫煤资源分布有限的背景下，开发利用高硫煤也是解决能源安全的重要途径。既要符合国家开采标准，又要开发利用高硫煤，是该项目要解决的关键问题。

宁夏宁东任家庄煤矿太原组九煤层全硫含量较高，因未达到国家标准而限制开采。随着矿区开采程度加大、钻孔取心不断增加，九煤层的勘查程度越来越详细，《宁夏回族自治区灵武县横城勘探区任家庄红石湾井田地质勘探精查报告》和邻区甜水河煤矿勘查报告中关于九煤层全硫含量的勘探结果，均认为任家庄煤矿九煤层含硫量介于0.31%～8.24%之间，同煤层含硫情况差异较大。同时，早期勘查结果较为粗略，且取心率较低，不能精细代表九煤层中硫分的分布规律，将煤层统一定性为高硫煤缺乏科学性和严谨性，造成大量资源浪费。

项目组受国家能源集团宁夏煤业有限责任公司委托，进行任家庄煤矿九煤层煤质补充勘探和煤炭资源储量核实工作，并以此为依托，初步探寻高硫煤精准勘查评价关键技术，最终形成一个综合划分高硫煤中可采资源（全硫含量≤3.0%）的方法。该项目坚持绿色开采与清洁利用相结合，推动绿色发展，以生态文明理念引领煤炭工业发展，将生态环境约束转变为煤炭绿色持续发展的推动力，从煤炭勘查、评价环节着手，加强技术创新性引导和实际案例分析的综合研究，强化高硫煤产业统筹衔接，服务于煤矿绿色开采。

22.2 取得的主要成果

22.2.1 成果关键技术要点

该项目从精细勘查评价角度入手，运用煤地质学、煤岩学、测井学、定量地质学、数学地质等现代地质学理论与技术，系统收集、梳理矿区高硫煤已有地质资料、地质成果，认真分析、研究已有勘探成果，分析高硫煤形成地质条件、煤质、煤岩特征，开展精细煤层划分、煤层对比、煤质及煤中硫特征的研究工作，初步建立高硫煤精准勘查评价方法。

（1）地质背景分析及数据整理。

地质背景的分析主要包括研究区域地层情况、构造情况、煤系地层沉积特征、煤层特征、岩浆活动等方面，从宏观上掌握煤矿基础地质背景。针对研究区高硫煤，将实验室测试和收集的钻井数据进行归类整理和分析。统计分析区内煤的工业组分、煤岩、硫分等分布规律，为下一步深入研究做准备。

（2）高硫煤精细勘探样品采集。

根据区域分析结果，在圈定的高硫煤区域内重新布置钻孔，并根据煤层自身分层特征，按夹矸上和夹矸下分层取样，适当加密硫分采集点。另外，在井下回采工作面布置刻槽点（从煤层顶部垂向采样至煤层底部），在研究区内高硫煤平面分布特征的基础上，同时分析高硫煤垂向，变化规律。尽量完善采样种类，包括夹矸、顶底板以及石英、方解石、黄铁矿脉样，为探讨高硫煤发育特征提供基础数据。

（3）高硫煤精细勘探样品测试分析。

使用国标中规定的方法或行业标准，对采集的煤样进行镜煤～亮煤含量定量计算、宏观煤岩类型定性描述；通过显微镜下观察，进行显微组分定量计算，并划分样品的煤相类型；通过扫描电镜观察，了解煤中硫的赋存特征；通过实验测定煤工业组分。

（4）高硫煤精细划分的测井响应特征分析。

在区域数据分析的基础上，基于常规测井曲线，分别对煤工业组分、煤岩、宏观煤岩特征、硫分的测井参数响应值交汇分析，研究区内煤层煤工业组分、硫含量的测井响应特征，初步划分全硫含量≤3.0%的煤层。

（5）高硫煤精细划分的煤层对比分析。

基于区域分析与钻井资料，结合煤岩标志层、测井曲线特征、煤层自身煤质特征，详细分析高硫煤中全硫含量≤3.0%的煤层的聚煤规律，并开展矿井煤层综合对比工作，研究煤层的区域展布、发育规律，在研究高硫煤垂向分层的情况下，同时探讨高硫煤的平面分区特征，为后期的煤炭开采工程布置提供可靠的地质依据。

此次高硫煤精准勘查在充分利用现有煤炭勘探资料及高硫煤相关研究成果的基础上，以钻探、测井为主，并辅以井下刻槽、采样测试等综合勘查方法，充分发挥各种手段的优势，对以往勘探成果进行核验。钻探与测井相结合主要为了解决地层、煤层、煤质等问题。利用井下刻槽取样手段，充分利用井下对煤层揭露的优势，高精度取样。对采集样品进行测试分析，综合实验数据和现有资料对高硫煤的煤质及地质特征进行探讨，确保结果可靠。在对研究区硫分特征、工业组分特征及煤层测井解释的基础上，形成高硫煤精细分层方法并总结高硫煤精细勘查评价方法。

22.2.2 社会和经济效益

该项目成果创造的经济效益主要体现在以下两个方面：

（1）通过该项目成果在任家庄煤矿的实际应用，提高了任家庄煤矿煤炭资源的控制程度，满足了矿井规划与生产的需要，为任家庄煤矿生产接续及太原组高硫煤开发利用提供了地质依据。经核实，截至2019年8月31日，任家庄煤矿累计查明占用资源/储量39 407万t，其中探明的经济基础储量（111b）17 140万t，控制的经济基础储量（122b）3 627万t，推断的内蕴经济资源量（333）18 640万t。成功释放煤炭资源量7 279万t，避免了矿山闭矿造成的资源浪费，也为企业省去了重新建井成本，延长了矿山寿命20余年。

（2）依托该项目成果，项目组成员联合江苏地质矿产设计研究院共同参与研究中国煤炭地质总局科技项目《高硫煤精准勘查评价关键技术研究》，并为其提供了项目支撑和可行的方法途径。另外，项目组成员在《中国煤炭地质》《煤炭学报》《中国矿业》等专业期刊分别出版了项目成果专辑或专栏，对推动煤炭地质科技进步和扩大煤炭地质行业学术影响起到积极作用。

22.2.3 推广价值

据统计，我国北方晚石炭世—早二叠世和南方晚二叠世两个成煤期内，赋存的高硫煤炭资源量分别占全国煤炭资源总量的26%和5%左右，从矿产资源的角度来看，高硫煤无疑是一种重要的矿产资源。但是，1999年进行的全国高硫煤资源量估算距今已有22年之久，老的测试资料中，煤层长度采取率整体偏低，硫的测试数据只包括硫分，而形态硫数据匮乏，并且没有进行精细分层测试。显然，早期的勘探成果已不能完全满足现阶段高硫煤清洁利用的需求，高硫煤精准勘查评价技术存在大量的市场需求。

该项目以煤炭行业发展中的技术瓶颈为突破口，找准发展方向。随着勘探技术不断创新，地球物理测井解释精度不断提高，加之钻井取心率较以往有了大幅提高，采样测试项目也更加精准。该项目通过高硫煤精细分层勘查技术，为煤层划分提供依据，为煤岩煤质分析提供基础，同时也是对以往勘探成果的验证、补充和革新，极大地满足了高硫煤勘查开发市场需求，具有重要的现实价值和推广意义。

此次高硫煤精准勘查以理论研究为指导，以经济有效为前提，从区域背景、测井特征、煤层对比为入手点，以采样、测试为质量保证，是建立高硫煤精准勘查评价关键技术方法的一次成功而有效的尝试，取得了良好的经济效益和社会效益。对推进高硫煤安全绿色开发，促进清洁高效利用，最大限度地减轻煤炭开发利用对生态环境的影响，实现与生态环境和谐发展起到了促进作用。对华北赋煤区太原组高硫煤的开发利用具有重大的示范和指导意义，为国家煤炭资源的利用提供了可靠依据，在同类项目中具有标准化、模范化的作用。

22.2.4 取得的奖项

（1）获得中国煤炭工业协会第十九届优质专业地质报告二等奖。

（2）获得中国煤炭工业协会第十九届新发现矿产资源报告奖。

（供稿单位：中国煤炭地质总局一七三勘探队）

23

内蒙古上海庙矿区 煤矿水文地质综合勘查评价技术

23.1 项目基本情况

为探究上海庙矿区工作面顶板突水溃沙及底板巨厚层砂岩的涌水量情况，结合临沂矿业集团有限公司内蒙古上海庙矿业有限责任公司的地质及水文地质实际，特开展内蒙古上海庙矿区煤矿水文地质综合勘查工作。

该项目意在查明矿井“宝塔山砂岩”的水文地质条件，了解矿井充水水源、充水通道及充水强度，预测矿井涌水量，制定相应的防治水措施及建议，为矿井建设及生产提供水文地质依据，提高煤田储量级别。

此次综合勘查分两期进行：

一期于2016年10月起实施，2017年6月结束。

二期于2018年10月起实施，2019年9月结束。

23.2 取得的主要成果

23.2.1 成果关键技术要点与创新点

23.2.1.1 关键技术要点

（1）采用钻探孔位测量放点、水文地质钻探、常规地球物理测井、盐化测井、流量测井、单孔抽水试验、多孔抽水试验、水质全分析测试及岩石物理力学性质测试等多种手段进行综合勘查。

（2）采用“三图—双预测法”评价了井田含水层的富水性、煤层顶板冒裂安全性和充水含水层涌（突）水危险性；采用“突水系数法”评价了煤层底板突水危险性；预测了矿井涌水量并提出了防治水措施。

（3）进行了储量预测。

23.2.1.2 创新点

凭借扎实的水文地质基础和较强的技术攻关能力，查明了煤矿的矿井充水水源、充水强度和充水途径，采用先进的顶底板水评价方法确定了矿井突水危险地段，预测了矿井涌水量。该项目有以下技术创新点：

（1）综合勘查技术全面。水文地质钻探配合测井，综合划分地层、含隔水层及煤层；抽水试验了解含水层的富水性、地下水的可疏性，并计算水文地质参数，为预测矿井涌水量提供计算依据；岩石力学试验研究隔水层岩石的物理力学性质、隔水性能。

（2）评价预测方法先进。

——采用国内最先进的顶板水评价方法“三图一双预测法”评价了井田含水层的富水性、煤层顶板冒裂安全性和充水含水层突涌水危险性。

——采用多因素叠加法对煤层底板“宝塔山砂岩水”进行了突水危险性预测评价。

——采用“解析法”和“富水系数法”分别预测了开采8号、15号煤层的矿井涌水量。其中“解析法”分西部导水裂缝带高度发育至直罗组地层，和东部导水裂缝带高度未发育至直罗组地层两部分进行预测。

（3）总结出一套适宜的顶、底板水勘查方法和治理方法。

随着顶板水害研究程度深入，治理方法在不断改进和完善。在地面物探初步确定富水地段的基础上，通过施工水文勘查孔进行验证，再根据勘查成果施工大口径超前疏排孔。根据疏排水流场特征进一步分析水文地质条件和建立三维数值模型，并确定顶板水可疏性。

（4）一期报告查明了“11·25”突水原因。

新上海庙一号煤矿111084工作面一分区胶带暗斜井于2015年11月25日上午8：00左右，在躲避硐室作业人员发现巷道底鼓迅速，巷道高度由3.7m变成1.7m，几分钟后水从巷道底板喷出，并伴有爆鸣声，中午13：00突水量达3 620m^3/h。以往认为“11·25”突水水源为上部直罗组下段“七里镇”砂岩含水层，此次通过从突水点的水位、水量、各含水层的水位观测、充水水源、水温、水化学类型及突水系数等因素分析，确定“11·25”的突水水源为21煤直接底板富水性中等~强的“宝塔山砂岩”含水层。“宝塔山砂岩”含水层的富水性超出了以往对鄂尔多斯盆地砂岩含水层的传统认知。

（5）研究出一套提高疏排效果的疏降水方法。在工作面巷道掘进阶段，在具备排水条件后即对顶板含水层施工疏放孔进行可控疏放，延长疏放时间，及早形成工作面顶板降落漏斗，保证工作面回采安全。通过疏放水工程进行疏水降压，减少峰值水量，消除水害。

（6）查明了各含水层的水文地质特征。

（7）验证三维地震成果。在新上海庙一号煤矿北部18号煤层原露头线以西布置B－37孔，该孔揭露18号煤层，验证18号煤层原露头线不准确。

（8）初步判断DF20断层（一号井）在榆树井附近的延展情况。通过B－39钻孔（X：4239582.099　Y：18646287.674）的揭露情况，侏罗系直罗组与三叠系延长组均破碎，中间侏罗系延安组含煤地层缺失，因此推断B－39钻孔被DF20断层切割，初步判断一号井煤矿DF20断层延展至榆树井B－39号孔位置处。

（9）查明了可采煤层厚度。

（10）完善了地下水动态观测网。

（11）提出了水害防治措施。

23.2.2　成果的主要内容及应用场景

此次工作采用钻探孔位测量放点、水文地质钻探、常规地球物理测井、盐化测井、流量测井、单孔抽水试验、多孔抽水试验、水质全分析测试及岩石物理力学性质测试等多种手段进行综合勘查。

一期：共完成水文地质补勘钻孔38个，地质孔1个，钻探总进尺19 530.14m，水文地质测井19 308.25m，盐化扩散11次，流量测井1次，多孔抽水试验1层次，单孔抽水试验28层次，全分析水样27组，岩石力学样29组，工程测量36孔，安装自动观测仪23套，完善了地下水动态监测网络。

二期：共完成水文地质补勘钻孔9个，井下放水试验地面观测孔2个，钻探总进尺6 542.84m，水文地质测井6 481.44m，单孔抽水试验11层次，全分析水样11

组，岩石力学样83组，完成工程测量11孔，安装自动观测仪11套，完善了地下水动态监测网络。

通过利用以往施工的水文地质资料结合此次勘探成果，基本查明了矿井水文地质条件及充水因素，采用“三图—双预测法”评价了井田含水层的富水性、煤层顶板冒裂安全性和充水含水层涌（突）水危险性，采用“突水系数法”评价了煤层底板突水危险性，预测了矿井涌水量并提出了防治水措施。一号煤矿矿井正常涌水量为182m^3/h，最大涌水量276.64 m^3/h；榆树井煤矿矿井正常涌水量为327.15m^3/h，最大涌水量402.39m^3/h。

新上海庙一号煤矿参与资源量估算的煤层共10层，分别为2、2下、5、8、15、16、18、19、20、21，共计查明煤炭资源量51 351万t，其中，探明的内蕴经济资源量（331）为18 571万t，控制的内蕴经济资源量（332）为12 474万t，推断的内蕴经济资源量（333）为20 306万t。与最近一次报告相比，各煤层资源储量累计减少535万t。井田内8煤、15煤、16煤、18煤、19煤、20煤及21煤均位于宝塔山砂岩水位以下，属带压开采，有些煤不可采。所以探明的内蕴经济资源量（331）为12 626.8万t，控制的内蕴经济资源量（332）为7 453万t，推断的内蕴经济资源量（333）为13 352.9万t。

榆树井煤矿共计查明内蕴经济的不粘煤煤炭资源量40 590.2万t，其中，探明的内蕴经济资源量（331）为17 392.9万t，控制的内蕴经济资源量（332）为9 156.3万t，推断的内蕴经济资源量（333）为14 041万t。（331）类及（332）类分布于井田的中浅部，分布基本合理。由于评价区内突水系数均大于0.1MPa/m，评价为危险区，18煤部分处于危险区，21煤均带压处于危险区内，不可采。探明的内蕴经济资源量（331）为16 388万t，控制的内蕴经济资源量（332）为8 766.7万t，推断的内蕴经济资源量（333）为13 267万t。另外，井田内还有潜在的预测资源量（334）7 059.6万t。

该成果已在内蒙古上海庙矿业有限责任公司新上海庙一号煤矿、榆树井煤矿得到应用。

23.2.3 技术的先进性

该项目成功总结了沙漠边缘软岩多煤层叠置区的综合水文地质勘查手段，为矿方查明了水文地质条件，解决了技术难题，同时实现了该区煤层顶板导水裂缝带的智能化实测，煤矿水文地质条件相对复杂，底板“宝塔山砂岩”含水层富水性弱~强，涌突水量较大。该项目水文地质勘查手段齐全、评价预测方法先进，在同行业处于领先水平。

23.2.4 成果的技术实用性和实践效益

该项目勘探成果已用于新上海庙一号煤矿和榆树井煤矿的防治水工作中，为井巷开拓及工作面回采拓宽了思路，并成功解放了煤炭资源量 71 854 万 t，增加经济效益 1 120.92 亿元。对鄂尔多斯盆地煤矿防治水和生产具有重要指导意义。

23.2.5 获奖情况

（1）2018 年 5 月 25 日，《内蒙古上海庙矿业有限责任公司新上海庙一号煤矿地质水文地质补充勘探报告》（一期）获得河北省煤炭工业科学技术奖三等奖。

（2）2018 年 5 月 25 日，《内蒙古上海庙矿业有限责任公司榆树井煤矿地质水文地质补充勘探报告》（一期）获得河北省煤炭工业科学技术奖三等奖。

（3）2020 年 10 月，《内蒙古上海庙矿业有限责任公司新上海庙一号煤矿地质及水文地质补充勘探报告》（二期）在中国煤炭工业协会组织的第十九届优质地质报告评选中，获得专业地质报告一等奖。

（供稿单位：中国煤炭地质总局第一水文地质队、中煤地华盛水文地质勘察有限公司）

24

煤层底板区域探查、治理技术及安全评价体系研究

24.1 项目基本情况

按照《煤矿防治水细则》（煤安监调查〔2018〕14号）的相关规定，煤矿企业和煤矿应当根据不同水文地质条件，采取“探、防、堵、疏、排、截、监”的综合治理措施，实现煤矿防治水工作由过程治理到源头预防、局部治理到区域治理、井下治理到井上下综合治理、措施防范到工程治理、单一治水到治保结合的转变，做到“综合探查、分源防治、定量评价、达标开采”。开采受底板灰岩承压水威胁的煤层时，必须坚持奥灰水与太灰水防治并重、区域超前探查治理的原则，实施地面区域治理工程，探查并治理垂向导水构造，消除水患威胁。

目前开采底板灰岩承压水威胁的煤层先进行底板改造及探查注浆治理已渐次在河北、河南、安徽、山西等地开展工作，区域探查治理的效果及评价指标主要依靠经验来判断，针对此情况，“煤层底板区域探查、治理技术及安全评价体系”已经在安徽淮南地区和河北邯邢地区底板区域探查治理项目中初步推广应用，为华北型煤田下组煤底板改造及探查治理项目的评价提供了参考依据，获得应用矿方的好评。

24.2 取得的主要成果

24.2.1 成果关键技术要点与创新点

24.2.1.1 成果关键技术要点

在煤矿防治水领域，国外重在注浆技术及充填开采方面，团队研究相关内容基

本不可参考。国内开展了多项工作，并在关键技术方面取得了诸多成果，尤其针对煤层底板高压岩溶水威胁，在煤矿地面超前区域探查治理方面开展了诸多工程，然而相关参数的确立缺乏充分依据，各工程几乎相互独立。该项目的主要研究关键技术是煤层底板区域探查、治理的相关技术及安全评价体系，研究成果关键要点和技术创新点如下：

（1）煤矿瓦斯与底板水害共治研究。

本研究对瓦斯抽采的顶板水平施工工艺和底板区域探查、治理的联合施工问题做了深入研究，实现了共用一个主孔垂直段，双水平同时实现底板探查、治理和顶板瓦斯对接排采工艺，如图 24 –1 所示。

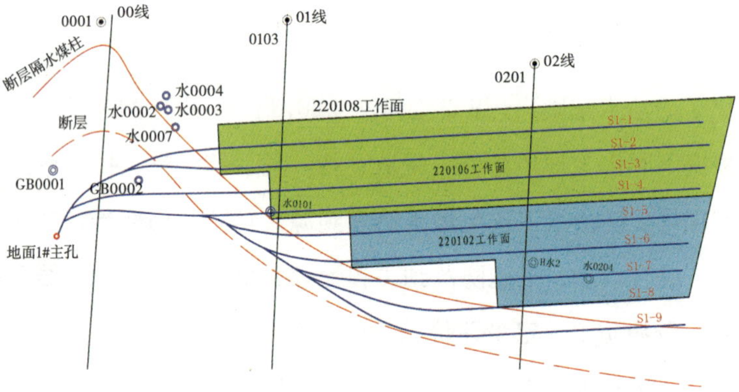

图 24 –1　某矿 1 号煤瓦斯排采与底板防治水工程布置图

（2）布孔方式及钻探工艺研究。

——实现了根据构造发育方向、地下水流向（场），结合现场地表施工条件，优化探查目的层、分支孔间距及布置方式等关键参数的研究（图 24 –2）。

——研究了水平定向分支孔群钻探技术工艺，优化了不同地质条件选用的钻具组合、泥浆材料、钻井参数等。

（3）多孔同时注浆机理研究。

——通过钻探揭露，以压水试验获取治理层位的透水率，选定注浆材料及配比，采用精确造浆及实时注浆监控技术，实现浆液实时准确控制，研究注浆工艺。

——分析地质条件、水文地质条件和工程地质条件，总结并划分导水介质类型，建立相应的注浆模型，通过相似模型试验和微观测试分析浆液在不同导水介质中的扩散模式，运用数值软件模拟浆液扩散范围和距离，结合注浆理论分析得出扩散模

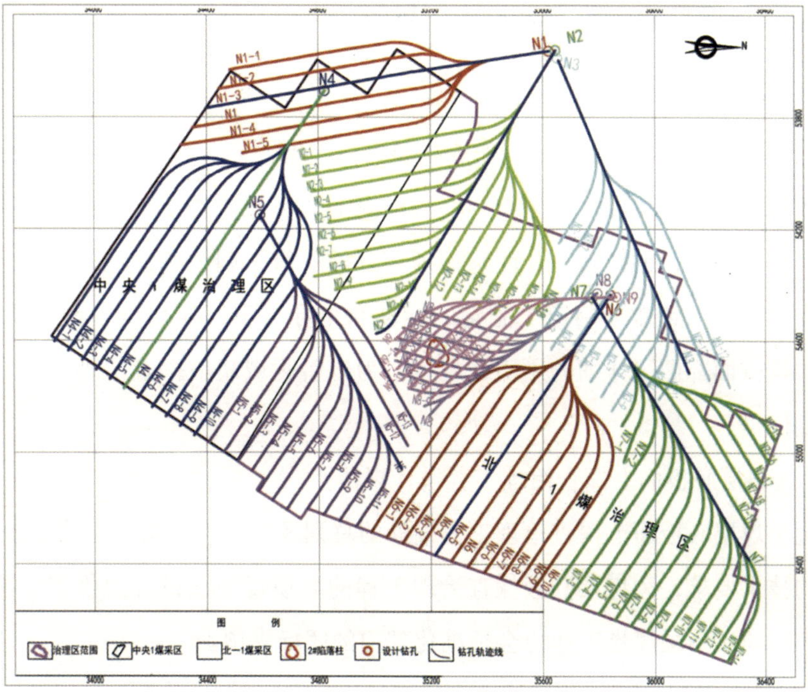

图 24－2　淮南某煤矿 1 煤底板区域探查、治理工程量布置图

式的理论模型，最后得到浆液扩散机理并指导实践。

（4）注浆对地下水影响的研究。

在水文地质条件综合探测技术方面，采用综合立体勘探，从井上到井下，研究从单一手段到综合配套，探查孤立、隐伏的导水地质体及水位异常区的技术方法；通过深入研究煤矿防治水技术理论、计算机技术在煤矿防治水领域的应用及各类软件的开发，定量研究煤矿底板突水条件。

（5）在单孔注浆结束、构造探查、水平孔验证、井下探查、含水层水文地质特征变化等方面建立了煤层底板探查、治理安全性评价的指标及标准。

24.2.1.2　创新点

（1）首次开展煤矿瓦斯抽采与矿井水害共治技术研究。

（2）开展多个水平定向分支孔的联合注浆机理与相互影响的工艺研究。

（3）煤层底板治理工程评级指标研究。

24.2.2 成果的主要内容及应用场景

24.2.2.1 成果的主要内容

（1）《区域超前探查治理工程作业指导书》。

吸收近年来在河北峰峰、河南和安徽淮南淮北区域探查治理方面的经验，从项目设计、场地建设、钻探施工、注浆治理等方面进行了归纳和总结，尤其是对大型钻机从安装、施工到撤场制定了完整的标准和指导方案，在安全管控、质量标准、技术要求等方面都做了详细的说明和规范，为以后区域超前探查治理工程标准化提供了基础依据。

（2）《煤层底板面上探查治理工程设计规范》。

规定了煤层底板面上探查治理工程设计的总则及布孔、钻探、注浆、效果检验、设计书的技术要求，为煤层底板探查治理工程的立项规划和设计提供了依据。目前该规范已经通过中国煤炭工业协会标准化部门的团标立项。

（3）《底板灰岩地面超前区域探查治理评价标准》。

针对目前开采底板灰岩承压水威胁的煤层先进行底板改造及探查注浆治理已渐次在河北、河南、安徽、山西等地开展工作，以及区域探查治理的效果及评价指标主要依靠经验来判断的情况，在《新集二矿1煤底板灰岩地面超前区域探查治理效果评价指标及评价标准》的基础上，根据施工经验及施工资料统计制作了《底板灰岩地面超前区域探查治理评价标准》，在单位内部实行，实现了煤矿勘查技术与区域探查施工工程的有机结合，评价标准涉及该类工程的设计、施工及注浆治理。标准的制定为华北型煤田下组煤底板改造及探查治理工程整体效果的提升提供了依据。

（4）瓦斯抽采与煤矿防治水的共治技术。

——依托“新集二矿1煤组开采底板灰岩水地面超前区域探查治理工程”，开展煤层底板灰岩水与瓦斯共治试验工程。此课题没有成功经验可借鉴，课题研究对接点孔径小、高位大位垂比、井下设备防爆等技术问题。

——依托目前淮南矿业集团正在实施的地面瓦斯区域治理工程，研究水平压裂井射孔、压裂、抽放等关键工序的技术问题，为后续地面瓦斯区域治理工程提供参考。

24.2.2.2 成果的应用场景

该项目的开展将使中国煤炭地质总局现有的煤层底板区域探查、治理技术成为完整的技术体系，主要应用场景有：

（1）将形成完整的煤层底板区域探查、治理技术体系及完整的施工工艺，实现煤层底板探查及底板改造防治水技术从设计、施工到验收、评价的完整的规范体系，推进防治水工作由过程治理向源头预防、局部治理向区域治理、井下治理向井上井下结合治理、措施防范向工程治理、治水为主向治保结合的转变，做到“综合探查、分源防治、定量评价、达标开采”。

（2）探索并初步实现瓦斯（煤层气）开采与煤矿防治水共治的工程实践，将瓦斯（煤层气）的排采同煤矿防治水结合起来，将大大减少高瓦斯矿井的生产成本，提高能源的开采效率，有利于矿山的现代化建设和绿色开采目标。

24.2.3 成果的技术实用性和实践效益

该项目的成果主要是在峰峰矿区实践的基础上，同时总结淮南张集煤矿、新集二煤矿、顾北煤矿、板集煤矿等矿正在实施的区域探查治理工程，分析研究针对淮南矿区乃至华北型煤田的区域探查治理的现状而总结出来的适用于华北型煤田的底板改造和探查、治理技术，该技术已经在淮南和邯郸矿区的大部分该类项目得到了应用，得到了业主方的认可。也为社会培养了一批技术型人才，进而使钻探行业的技术有了进步。

24.2.4 推广价值

该项目的系列成果在安徽省淮南地区底板区域探查治理项目中初步推广，获得应用矿方的好评，为华北型煤田下组煤底板改造及探查治理项目提供了体系参考依据，解放了数亿 t 的下组煤煤炭资源。该标准对提高矿井安全生产具有重要作用和现实意义，值得推广。

24.2.5 获得奖项

（1）2020 年 8 月 25 日，《新集二矿 1 煤底板灰岩地面超前区域探查治理效果评价指标及评价标准》获得河北省煤炭学会科学技术奖一等奖。

（2）2020 年 8 月 25 日，《区域治理定向钻探设计与实际操作技术》获得河北省煤炭学会科学技术奖三等奖。

（3）2020 年 8 月 25 日，《淮南矿区区域探查治理关键技术及安全评价体系研究报告》获得河北省煤炭学会科学技术奖三等奖。

（供稿单位：中国煤炭地质总局第一水文地质队、中煤地华盛水文地质勘察有限公司）

25

构造极复杂区地面区域超前精细化探查与治理技术

25.1 项目基本情况

近年来，随着煤矿开采技术提高，开采强度越来越高，部分矿区浅部煤炭资源已开采殆尽，开采工作逐渐向深部煤层开拓，但深部煤层不仅受到上部采空区积水威胁和底板冲击地压威胁，同时下部奥灰岩溶水突水威胁也越来越大。以峰峰矿区为例，该区域水文地质条件复杂，煤层开采主要受底板突水威胁。因构造发育、隐伏构造探查不明，奥陶系灰岩含水层与上部山西组、太原组等煤系含水层存在一定水力联系，通过断层破碎带或底板岩石力学性能较差区域，奥陶系灰岩水在天然状态下会持续对上部含水层越流补给，在矿井疏水降压开采下，会使煤系及奥灰含水层地下水大量疏排造成水资源浪费，对奥陶系灰岩含水层水环境造成影响。在采掘过程中，未知的隐伏断层和陷落柱等导水构造往往会对矿井安全开采造成灾难性后果。对煤层底板进行注浆加固、对隐伏构造进行探查治理，已成为保障矿井安全生产的关键技术之一。

以辛安矿为例，其水患危害之大，治理难度之大，在整个煤矿防治水领域“名声在外”。我国煤矿水文地质条件类型分为简单型、中等型、复杂型、极复杂型四个等级。而辛安矿的地质条件、水文地质条件均为极复杂，矿井不同程度地出水 20 多次，其中两次大的突水淹井均发生在 -500 标高北翼地区，可以说是“极复杂条件中的极复杂情况”。

“水患”严重制约了矿井的安全生产。而这一项目钻探施工的高风险，令大多数勘探队伍望而却步。这是因为治理区域勘探程度低、地层破碎、地应力大、矿山压力大、构造复杂、井下已有巷道、奥灰岩溶大流量高压水给施工带来巨大风险，治理目的层大青薄层灰岩厚度仅有5.5m。为打赢这场硬仗，项目启动伊始就是高起点、高标准。工程内容包括勘探主孔2个、水平井28个，设计完成钻探进尺近4万m，设计注水泥量超过2万t，合同价6 000余万元。通过总结施工技术、难点，提出解决方案并付诸实践，高质量完成任务，保障矿井安全生产，延续矿山寿命。在取得良好经济效益的同时，也展现了良好的社会效益，在行业内具备一定的推广价值。

25.2 取得的主要成果

25.2.1 成果关键技术要点

25.2.1.1 总体技术思路

利用地面定向分支钻孔技术对辛安矿北翼地区2号煤底板大青灰岩含水层进行地质构造、水文地质特征的探查，同时对区域内已知断层的发育情况进行探查，查明区域内地质构造发育情况及大青灰岩、奥陶系灰岩含水层的水文地质特征，并利用先进的自动化注浆系统，对探明的地质构造及含水层裂隙进行注浆加固治理，为矿井的安全开采提供有力保障。

25.2.1.2 技术方案

（1）总体设计。

在充分收集区域和矿井地质、水文地质资料的基础上，进行工程设计、指导施工。

（2）地质“三边”工作。

主要包括钻探工作、录井工作、设计调整工作。利用成熟的定向钻井技术，对目的层进行定向钻进施工并随钻监测，通过随钻录井工作（岩粉、伽马、钻时）准确研判区域内断层、陷落柱等地质构造发育情况并实时调整优化设计方案，同时利用水文试验（简易水文观测、压水试验等）资料对目的层富水性以及煤层底板隔水层的阻隔水能力进行细致分析，取得相应的水文地质资料。

（3）注浆工作。

利用地面注浆系统对探查到的构造和富水异常区进行注浆治理。

（4）数据集成。

工程施工结束后，通过对收集到的地质、水文地质资料综合分析，对该构造极复杂区域内的地层及构造发育情况和特征、含水层裂隙发育情况和富水性、与奥灰承压水的水力联系以及含（隔）水层注浆加固质量等进行评述，通过计算煤层底板安全隔水层厚度及承压水突水系数，对辛安矿北翼治理地区进行开采安全性评价。

25.2.1.3 工程成果

（1）构造探查。

探明了已有 F37、F38、F39、F40、F41、F42、F44、F55－1 等断层在治理区域内的发育情况，新探明大青灰岩断层 6 条（图 25－1），同时对断层导水性进行评价，排除了治理区 40m 以上岩溶陷落柱发育的可能性，可为后期工作面安全开采提供依据。

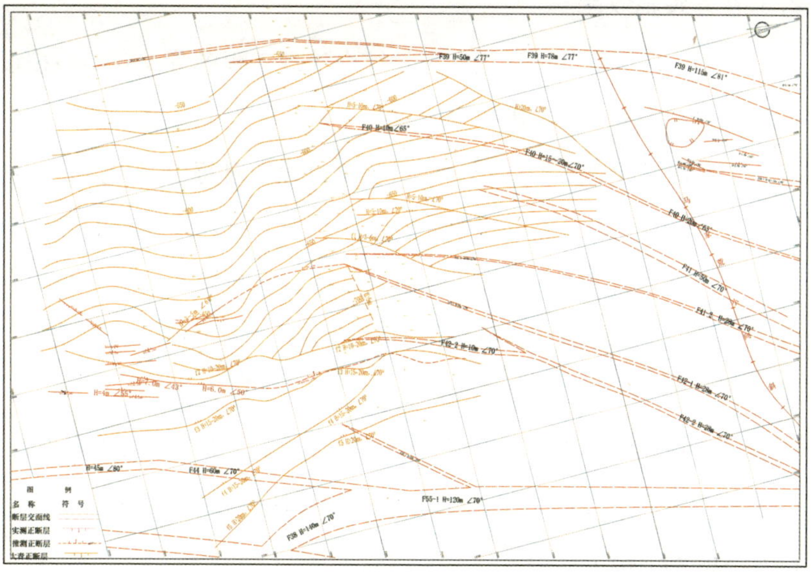

图 25－1　分支孔钻遇构造分布图

（2）富水性探查。

各分支孔在水平段施工过程中共进行压水试验 93 次，非漏失段计算透水率均小于 0.01Lu，大青灰岩含水层整体裂隙不发育，富水性差，部分分支孔施工至过 F5、F6 断层后出现循环液漏失现象，测量水位与奥陶系灰岩含水层的水位基本一致。仅在局部地区存在富水性强的区域并与下伏奥陶系灰岩含水层存在一定的水力联系，这种现象在断层附近尤为明显，受构造影响，大青灰岩与奥陶系灰岩存在局部较为畅通的水力联系，应在后续工作中加以重视。

（3）注浆治理。

通过区域精细化探查治理，将底板大青灰岩含水层改造为相对隔水层，进一步阻隔大青灰岩含水层与下伏奥陶系灰岩含水层的水力联系，增强了大煤底板岩层的完整性，增加了大煤至奥陶系灰岩含水层之间的有效隔水层厚度，使煤层开采安全系数增加，达到了区域治理效果。

（4）开采安全性评价。

分别用安全隔水层厚度及突水系数计算公式计算掘进期间及回采期间安全隔水层厚度，对已经治理区域进行开采安全性评价，计算结果显示F2断层以东块段煤层安全隔水层厚度大多达不到安全开采要求，F2断层以西满足安全隔水层厚度要求。

25.2.1.4 实施效果

辛安矿北翼地面区域超前精细化探查及综合治理工程各分支孔严格按设计进行施工，并在施工过程中根据实际需要及时进行了调整，达到了精细化探查区域内地质构造、含水层裂隙及导含水构造的目的。施工过程中对每个漏失点进行注浆，并且对漏失量大、注浆量大的段进行了补充验证（后续扫孔压水试验和分支穿插施工漏点附近未发现新漏失等现象），验证注浆效果明显，封堵了奥陶系灰岩含水层垂向补给上覆岩层的通道，达到了探查的同时进行注浆加固治理的目的，为工作面的安全掘采奠定了基础。

该项目提高了钻探施工、地层判定、构造分析、注浆工艺优化等多项技术水平，提炼出了多项技术成果，达到了既定的生产和技术目的。

25.2.2 成果创新点

传统的地面补勘和井下治理在探查精度、安全性、超前性、治理效果等方面存在明显的缺陷，此次工程取得的技术成果在精细化探查和综合治理方面有多处创新，其主要创新点汇总如下：

（1）国内首例采用“地面一主孔多分支孔”探查工艺，实现了长距离顺层连续精细探查，代替以往地面大面积“多点”布孔探查和井下短距离反复探查工作，解决了占地难、占地多的难题，同时节省了大量人力、物力、财力。

（2）创造性地应用井眼轨迹地质型建立地质模型，解决了反复找层、判层、频繁侧钻、过采空区等技术难题，保证了钻井按设计顺利施工。

（3）地面超前探查、注浆，代替井下高危频繁注浆，减少了对采掘的影响，保证了矿井生产衔接。

（4）各分支孔平行条带或羽状布置，大大提高了探查精度，为采掘提供了准确的地质依据，实现了矿井无水害安全生产。

25.2.3 社会效益及经济效益

通过实施地面区域超前精细化探查及综合治理工程，查明了辛安矿北翼“帚状”构造收敛部的构造发育情况以及2号煤层底板含水层、隔水层的赋存情况，同时利用先进的注浆工艺对探查区域内的含（导）水通道进行了有效封堵，基本消除了水害隐患。该工程的实施，解放了辛安矿北翼346万t优质煤炭资源，潜在经济效益超20亿元，在延长矿井寿命、增加职工收入、保障社会就业等方面创造了极大的经济和社会效益。

25.2.4 推广应用价值

辛安矿北翼地区处在F55断层及其分支F37、F38、F39、F40、F41、F41－1、F42、F42－1、F55－1断层控制地带，区内2号煤层埋深大，断裂构造发育，煤岩层受强烈挤压十分破碎，地层扭曲变形严重。为了达到对断层进行充分探查和治理的目的，此次分支孔轨迹设计时多与断层走向垂直，少量为斜交。施工过程中钻遇断层后对对盘地层进行了探查，以达到构造精细化探查的目的。施工期间，通过工程技术人员的多方努力，克服了井斜变化大、因断层导致地层突变、煤层松软、井壁不稳定性增加以及扫孔时容易出新井眼等问题，顺利完成了工程施工。

因此，该项目的顺利实施对于邯邢地区构造复杂区域内的综合探查治理工作是一个极大的突破，形成了多参数综合薄层灰岩层位跟踪判定技术方法及在构造复杂地区的区域治理施工关键技术，属国内先进水平，在钻探施工、地层判定、构造分析、注浆工艺优化等多项技术方面取得了大量经验，能够为其他类似工程提供可靠的技术支持。

2020年5月，“学习强国”平台对该项目以“千米地下锁‘蛟龙’——中煤煤炭地质总局水文局辛安矿区区域治理项目纪实”为题进行了详细的报道。

25.2.5 取得的知识产权、奖项和论文发表情况

发明专利4件，参与编制规范1项，完成科研项目3个，发表论文4篇。

25.2.5.1 取得专利情况

（1）一种用于压水试验的辅助装置。

（2）一种钻井液液面观测器。

（3）一种地质勘探用扩孔器。

（4）一种水文地质勘探钻具。

25.2.5.2 获奖情况

（1）2020年11月，辛安矿区域治理工程被评定为“河北省煤炭建设优质工程”，创全国范围内区域治理工程领域首例。

（2）2019年完成的《煤层底板面上探查治理工程施工规范》获得河北省煤炭学会科技奖一等奖。

（3）2019年完成的《区域治理定向钻探设计与实际操作技术研究》课题，获得2020年河北省煤炭学会科技奖二等奖。

（4）2019年完成的《邯邢矿区煤矿区域治理关键技术及安全评价体系研究》课题，获得2020年河北省煤炭学会科技奖二等奖。

25.2.5.3 论文发表情况

该项目共发表论文4篇：

（1）《深部煤层开采高承压奥灰水害防治关键技术》。

（2）《深部矿井隐伏导水构造探查与治理技术研究》。

（3）《辛安矿深部煤层开采的构造探查与治理实践》。

（4）《峰峰地区薄层灰岩定向水平分支构造探查实践》。

（供稿单位：中国煤炭地质总局第三水文地质队）

26

新疆巴里坤县三塘湖煤矿区
煤炭、煤层气综合勘查技术

26.1 项目基本情况

2009—2012 年，新疆维吾尔自治区对新疆三塘湖煤田进行勘查开发，承担单位承担了煤田的预查、普查、详查、局部勘探任务，最终提交 1 000m 以浅煤炭资源量 585 亿 t，出色地完成了新疆维吾尔自治区交给的任务。在煤田施工期间，承担单位施工了 10 口煤层气探井，了解了部分区域的含气量分布情况，这为后期的煤炭、煤层气综合勘查打下了一定的基础。

2013—2014 年，新疆开始在库拜煤田、准南煤田实施煤层气项目，并且取得了较好的效果。考虑到新疆低煤阶煤层气目前还没有好的区块可供开发利用，而三塘湖煤层属于低煤阶煤，在 2015 年以前，三塘湖盆地没有进行专门的煤层气勘查施工，只是在煤田勘探中采集了部分钻孔瓦斯样，检测发现部分区块含气量较高，超过煤层气资源计算含气量的下限标准。三塘湖煤炭资源丰富，若是在三塘湖煤田发现好的煤层气区块，可以在低阶煤的煤层气开发利用上取得较大突破。煤层气产业具有“安全、能源、环保”三大效益，在三塘湖盆地开展煤炭、煤层气综合勘查工作，有利于实施“先采气后采煤”的开采新理念。

此次勘查工作充分利用前期煤炭勘查成果，进行分析研究，然后指导部署合理的工作量，对了解全区煤炭、煤层气分布特征取得了很好的效果。

26.2 取得的主要成果

26.2.1 成果关键技术特点、创新点

26.2.1.1 煤炭勘查

针对三塘湖煤矿区的含煤特征，开展了《新疆三塘湖煤田煤炭资源赋煤规律及勘查实践》科研项目，研究层序格架下的沉积体系和沉积相的时空配置关系，进行沉积充填演化阶段分析，恢复三塘湖盆地侏罗系中下统沉积展布和充填过程；揭示了原型煤盆地经历多次构造运动改造后的现存面貌、煤系或煤层的现今构造格局和构造样式煤炭资源聚集规律；估算出三塘湖煤田煤炭资源量，为三塘湖煤田的煤炭资源综合开发利用提供了科学依据。

在勘查施工中采用了航空测量，RTK（实时动态）卫星定位测量，二维、三维地震勘探等先进的勘查技术手段，取得了较好的勘查效果，同时也对上述技术手段在新疆煤炭勘查中起到了推广作用。另外在报告编制中采用了新的制图软件（CGIS，煤矿地理信息系统）和煤质统计分析技术，把数字化、程序化引入报告编制，大幅提高了工作效率。

26.2.1.2 煤层气勘查

在分析三塘湖盆地区域地质、构造、水文、石油地质、煤田地质及煤层气探井资料的基础上，开展煤层气勘查工作，获取煤层气评价参数，分析研究三塘湖盆地煤层气富集规律，评价资源潜力，确定并初步评价具有勘查前景的有利区，计算煤层气潜在资源量，为进一步在该区开展煤层气勘查和开发工作提供地质依据。

煤层气勘查采用剖面测量、钻探、气测录井、测井、采样分析、试井、固井、射孔、压裂、修井、排采等手段，完成煤层气参数井和排采试验井的施工，获取煤储层物性参数，研究煤层气增产措施。在施工中根据地质情况的变化及时进行分析和研究，并且调整施工技术，最终取得了很好的效果。

（1）通过收集以往资料和此次工程施工，研究分析了勘查区地层、构造、煤层、煤质、水文地质等特征，获得了该区储层渗透率、储层压力、储层压力梯度、破裂压力、闭合压力、原地应力、煤层含气量、气成分、饱和度、等温吸附、临界解吸压力等参数。

（2）初步形成了新疆三塘湖盆地煤层气钻井、压裂、排采工艺技术，对煤层气钻探、压裂、排采都有了一个最新的认识和合理的解决措施，开展了多种井型试验、采用清洁压裂液体系等工程技术，积累了宝贵的经验和方法，对以后的煤层气工作提供了很好的技术指导作用。

（3）获取了煤层产水能力和产气量，气、水产量变化规律，煤层气、水物性参数，煤层真实的含气量及解吸压力等数据，确定了较为合理的排采制度。

（4）针对该勘查区施工的排采试验井远离生活聚集区，物资运输不方便，排采人员在井场值守成本很高的问题，采用物联网卡传输信号，在电脑上接收、传输信号，下达指令，做到井场无人值守，建成智能化排采系统。

26.2.2 成果的主要内容及应用场景

新疆三塘湖盆地煤炭资源和煤层气资源比较丰富，煤炭资源量约585亿t，煤层气资源量约为589.55亿m^3，属于大型、中~高丰度、中~深埋深的资源量。其中汉水泉区煤层平均厚60.28m，空气干燥基含气量最高为6.79m^3/t；淖毛湖区煤层厚度大，平均总厚度63.97m，空气干燥基含气量高，最大为12.76m^3/t，平均含气量在5m^3/t以上，远远超过（长焰煤地区）含气量的下限标准。

依据三塘湖煤田的赋煤特征和勘查情况，共划分19个井田，其中汉水泉一号区、汉水泉二号区、条湖一号区探矿权于2012年2月由新疆维吾尔自治区自然资源厅委托自治区国土资源交易中心以挂牌方式公开出让。

由于勘查区面积太大，而工作量和预算经费有限，除了项目要求完成的工作量，煤层气勘查还采用含气量等值线图、水文地质调查分析、资料收集等多种手段对该区域的煤层气含量分布和构造等情况进行全面分析，以有限的工作量对全区进行评价，结合项目开展的钻探、气测录井、测井、采样分析、试井等手段，最终发现淖毛湖区和汉水泉区两个有利区块。汉水泉有利区块面积为53.44km^2，淖毛湖有利区块面积为32.41km^2，两个有利区块可以进行进一步的煤层气勘查和开发，从而最大限度地获取效益。

26.2.3 成果的技术实用性和实践效益

该项目成果为煤炭地质勘查、煤层气地质勘查提供了有力的技术支撑，并且还被国土资源部门采用，通过挂牌方式公开出让获取了巨大的经济效益，同时在能源规划等方面也发挥了积极作用。2012 年 2 月 17 日，新疆维吾尔自治区自然资源厅委托自治区国土资源交易中心，对三塘湖矿区内的汉水泉一号区、汉水泉二号区、条湖一号区探矿权以挂牌方式公开出让，共获得竞拍价款 322 亿元。其中国投哈密能源开发有限责任公司以 116 亿元的竞拍价款取得了新疆哈密三塘湖矿区汉水泉一号区探矿权、132 亿元取得新疆哈密三塘湖矿区条湖一号区探矿权，新疆京能建设投资有限公司以 74 亿元的竞拍价款取得了新疆三塘湖矿区汉水泉二号区探矿权。

通过此次勘查工作的开展，初步掌握了新疆三塘湖盆地汉水泉区、石头梅区、条湖区、淖毛湖区的煤层气分布规律和储集特点。进而根据三塘湖盆地自身的地质特点，总结了一套适合三塘湖地区的钻探、压裂、排采等新技术方法和手段，为三塘湖煤层气下一步勘探开发提供技术保障，为新疆的煤层气开发提供了良好的借鉴，同时也为三塘湖盆地的煤层气开发提供了技术支撑和人才支持。开展了钻井、压裂、排采等新技术试验，并初步建成了智能化排采系统，基本建立了适宜新疆煤层地质特点的煤层气开发技术系列，拥有了新疆煤层气勘查开发作业队伍，培养了一批煤层气研究、勘查、开发、地面工程建设等技术人才。

煤层气作为一种高效洁净的新能源和化工原料，有着广泛的应用前景。新疆处于“丝绸之路”经济带的核心位置，经济社会的快速发展对天然气这类清洁能源的需求日益增加。通过实施煤炭、煤层气资源综合勘查项目，可以做好煤层气资源的勘查开发利用和煤矿瓦斯的防治工作，加大煤层气勘查开发和综合利用力度，力争新疆低煤阶煤层气勘探取得突破，建设一批煤层气开发利用示范工程和煤层气产业化基地。加快三塘湖盆地煤炭、煤层气的开发利用能缓解能源供需矛盾，促进地方经济发展，同时可将资源优势转化为经济效益。

26. 2. 4 推广价值以及成果已获奖项

通过该项目的实施，开展了《新疆三塘湖煤田煤炭资源赋煤规律及勘查实践》科研项目，为整装大型煤田的综合快速勘查提供了有效的勘查技术手段及研究方法，该科研项目获得了 2012 年度国家能源科技进步二等奖。以该项目为基础开展的《东疆隐伏区聚煤规律研究与煤矿勘查重点突破》科研项目获得了 2013 年度新疆科技进步二等奖。

新疆三塘湖煤矿区开展了多个煤炭勘查项目，其中 4 个项目分别获得中国煤炭工业协会第十六届优质报告和新发现矿产资源奖。开展的煤层气项目分别获得中国煤炭工业协会第十八届优质专业地质报告二等奖和第十九届新发现矿产资源奖。

通过此次工作，发现淖毛湖区和汉水泉区为最有利区，具备煤层气大规模开发利用的有利条件，其次为条湖区。淖毛湖区的煤层气成果引起社会企业的广泛兴趣，目前已有公司在进行调研论证，计划在该区域施工生产井进行煤层气大规模开发利用。

（供稿单位：新疆维吾尔自治区煤田地质局一六一煤田地质勘探队）

27

塔里木盆地西南缘高灰煤测井探测解释技术

27.1 项目基本情况

针对塔里木盆地西南缘高灰煤的特征，该项目利用测井探测开展煤层的测井精细解释和评价研究。选取视电阻率、自然伽马、长源距伽马—伽马测井曲线，在取心和化验分析资料基础上，通过线性及多元回归法，建立灰分、发热量、真密度、视密度与测井曲线之间的响应关系，基于测井响应方程开展煤层的测井精细解释和评价。通过测井的定量解释，为“两高一低”煤层以及塔里木盆地西南缘煤层潜力评价提供依据，该技术研究具有重要的理论意义和应用价值。

27.1.1 理论提升

塔里木盆地西南缘处于古亚洲构造域与特提斯构造域的叠加部位，其侏罗纪含煤建造期间为一个断陷盆地体系，侏罗系中～下统康苏组和杨叶组发育多层煤层，以冲积扇、扇三角洲、湖泊及沼泽沉积体系发育为主。

由于沉积的特殊性，加上多次复杂的构造叠加，塔里木盆地西南缘煤层发育普遍厚薄不均，薄煤层普遍发育，同时煤层呈现高灰分、高视密度、低发热量的“两高一低”特点。在以往测井解释过程中多存在无法识别煤层及定量解释厚度的情况，出现了在钻探过程中地质检验为煤，煤质化验也达到煤的工业指标，但测井解释中根据以往经验参数解释为非煤的情况，也同时出现测井响应为典型煤特征，但煤质化验未达到煤的工业指标的情况。塔里木盆地西南缘侏罗纪煤层的测井响应呈现复杂多变的特征，该项目通过测井曲线，结合煤层取心和化验分析资料，基于“岩心刻度测井”原则，建立一组新的适合“两高一低”煤的测井解释参数，开展

“两高一低”煤层测井精细解释和评价研究，对测井经验解释参数进行修正，为准确评价塔里木盆地西南缘煤炭资源潜力提供技术依据。

煤层测井响应是煤层各种因素综合影响的结果。以往煤田测井侧重于煤层、夹矸的识别，煤层埋藏深度和厚度的确定。基于煤岩心观测、测试化验分析，采用线性及多元回归分析，利用测井曲线开展煤层精细解释和评价是有效和实用的方法。

该项目采用图 27－1 所示的研究思路流程图开展相关研究。“视煤”即利用测井曲线响应，并结合岩心开展定性识别和划分煤层的结果。

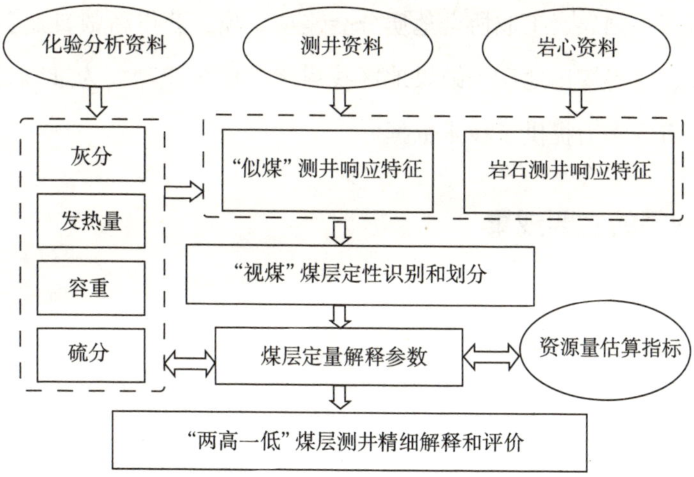

图 27－1　研究思路流程图

在塔里木盆地西南缘煤田勘探中，完全遵照煤田勘探相关规范要求，进行了全井取心工作，并开展了包括煤工业分析参数等化验分析测试工作。研究结果表明：煤层在测井曲线上呈现高视电阻率、低自然伽马、低密度（高长源距伽马—伽马）的特征。煤灰分与挥发分、水分、硫分之间线性关系不明确，灰分与发热量呈现较好的负相关关系，灰分与容重呈现较好的正相关关系。利用测井曲线多元回归方程可有效计算煤层灰分，进而计算容重和发热量，可有效开展煤层的灰分、容重和发热量的测井精细解释和评价。

27.1.2　实践意义

在新疆南疆三地州侏罗系含煤盆地 3 000km^2 面积范围内，该项目可更加精准判别煤层。同时建立了一组新的适合“两高一低”煤的测井解释参数，开展了“两高一低”煤层测井精细解释和评价研究，对测井经验解释参数进行修正。并基于“岩心刻度测井”原则，建立了一组新的适合“两高一低”煤的解释参数，为准确评价塔里木盆地西南缘的煤炭资源潜力提供了技术依据。

根据大量“两高一低”钻孔煤样的测井曲线参数，选取了视电阻率、自然伽玛、散射伽玛值进行研究分析，对经验解释参数进行修正，修正值可为塔里木盆地西南缘的煤层测井解释提供参考。为加快南疆三地州煤矿勘查进度、提高勘查程度提供了理论基础，节约了勘查和煤层测试费用。

该项目组成员在国内外学术期刊公开发表论文 8 篇，参与学术专著 1 部，申请专利 1 件。获得中国煤炭工业协会地质分会奖项 2 项，获得新疆自然资源厅“358”优秀成果 2 项，获得煤田地质局缺煤地区找煤优秀成果 2 项。为准确评价塔里木盆地西南缘煤炭资源潜力提供了技术依据。

27.2 取得的主要成果

27.2.1 创新点

27.2.1.1 精细化解释

在化验分析的基础上，针对煤层的识别划分、煤层密度、灰分以及发热量等物性参数，开展其测井解释研究，解决在塔里木盆地西南缘煤田勘查工作中存在的“两高一低”煤测井响应较差，特别是在钻探过程中地质检验为煤，煤质化验达到煤的工业指标，但根据以往测井经验参数解释为非煤的情况等问题。

南疆三地州测井曲线主要包括自然伽马（GR）、密度（DEN）、声波时差（CV）、电阻率（NR）、自然电位（SP）等。密度（DEN）测井多采用补偿测试的方法，即包括长源距伽马—伽马（GGFR）和短源距伽马—伽马（GGNR）测井曲线，通过校正得到密度（DEN）测井曲线，但从南疆三地州勘探实践来看，普遍缺少密度（DEN）测井曲线，仅有长源距伽马—伽马（GGFR）测井曲线。

测井曲线是煤岩层综合反映的结果。通过测井曲线可定性、定量进行煤岩层的划分和识别。在南疆三地州钻遇的地层里，岩性主要包括粗砂岩、中砂岩、细砂岩、粉砂岩、泥岩、碳质泥岩和煤层，在测井曲线上，这些岩性在测井曲线上有响应差异，可定性进行识别。

27.2.1.2 线性及多元回归法

根据大量“两高一低”钻孔煤样的测井曲线参数，选取视电阻率、自然伽马、散射伽马数值与化验结果建立对应关系进行研究分析，通过数值拟合取得新的曲线数值范围。对经验解释参数进行修正，建立一组新的适合“两高一低”煤的解释参数，研究成果可为今后在塔里木盆地西南缘的煤层测井解释提供参考。

测井曲线对煤工业分析参数具有一定的响应，所以可以建立它们之间的相关关系。一般情况下，随着灰分含量的增加，GR、DEN 测井曲线均表现为增大的趋势，CV、GGFR 表现为减少的趋势，主要原因是纯煤的密度较小，而灰分的密度较大，随着灰分含量的增加，DEN 增加，声波穿过同样厚度煤层所用时间减少，CV 相应减少；而纯煤不含放射性物质，放射性很弱，灰分容易吸附放射性物质，所以灰分含量越高，放射性强度越大，GR 呈现增大趋势。

根据这些特征，采用线性及多元回归法，进行灰分含量和测井曲线之间关系的建立。在建立灰分含量和测井曲线之间的关系后，可通过测井曲线进行煤灰分计算，从而达到从测井值定量判断煤层的目的（图 27－2～图 27－5）。

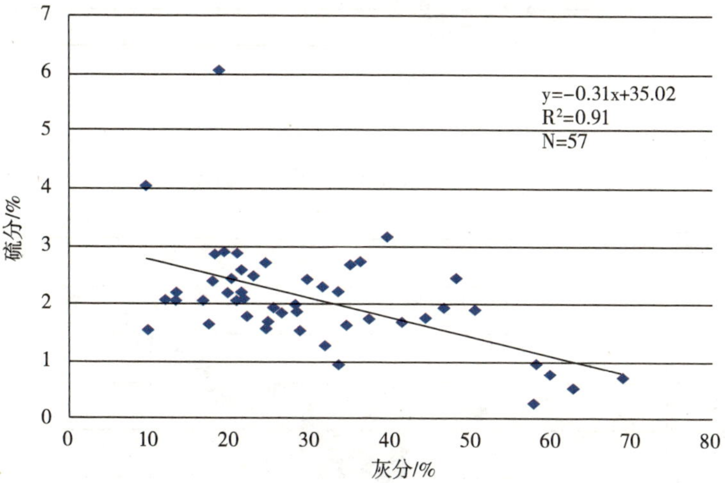

图 27－2 煤灰分和硫分交会图

塔里木盆地西南缘侏罗系含煤地层由于沉积环境的特殊性，煤层发育普遍较薄，且存在灰分较高、视密度较大等特点，在以往测井解释过程中多存在无法定性煤层及厚度的情况，开展煤、岩层测井曲线响应及特征研究，实现煤层的测井识别。由于散射伽马测井值与煤的密度成反比，自然伽马测井值反映泥质含量的多少，可间

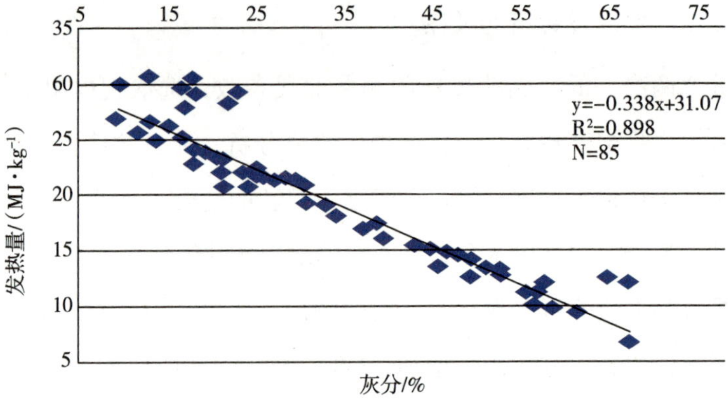

图 27-3　煤灰分和发热量交会图

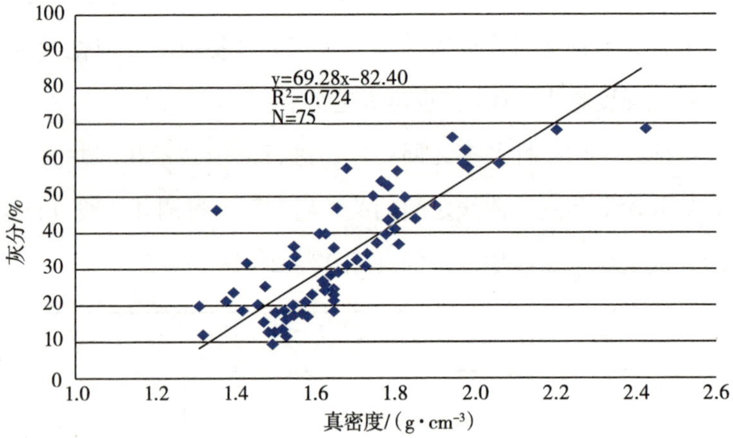

图 27-4　煤灰分和真密度交会图

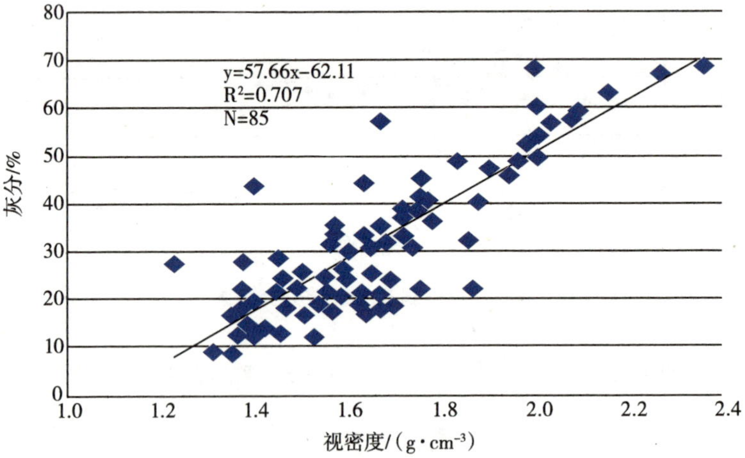

图 27-5　煤灰分和视密度交会图

接反映灰分含量，而发热量与灰分及煤的变质程度有关，因此通过煤质化验取得煤的密度、灰分、发热量等资料，首先建立它们之间的关系，然后将化验结果与测井数据建立对应分析，通过数值拟合取得煤层物性参数的测井曲线数值特征范围。并基于“岩心刻度测井”原则，建立一组新的适合“两高一低”煤的解释参数，为准确评价塔里木盆地西南缘的煤炭资源潜力提供技术依据。

27.2.2 结论

塔里木盆地西南缘煤层呈现“两高一低”的特征，即高灰分、高视密度、低发热量，煤层的测井响应呈现高电阻率、低自然伽马、低密度（长短源距伽马—伽马极高）的特征。煤灰分与挥发分、水分、硫分之间线性关系不明确，灰分与发热量成反比，通过发热量下限值可确定莎车—叶城盆地杨叶组煤的灰分、密度上限值及纯煤密度。通过多元回归建立煤灰分的测井解释模型，可由测井值直接估算出煤灰分含量，估算的灰分和发热量值可作为定量判断煤层依据。

（供稿单位：新疆维吾尔自治区煤田地质局综合地质勘查队）

28

南疆三地州煤炭资源聚煤规律研究及找煤靶区优选评价技术

28.1 项目基本情况

南疆三地州（克孜勒苏柯尔克孜自治州、喀什地区和和田地区）为国家级连片贫困地区，是新疆严重的贫缺煤地区，煤炭供需矛盾十分突出。为解决该区的缺煤问题，实施新型工业化建设战略，提高煤炭供应保障能力，助力脱贫攻坚，采用新技术、新方法在该区选定含煤靶区，提交煤炭资源量，具有重大的意义。

28.1.1 理论提升

国内外对找煤靶区的选定方法理论较多，借鉴“四下”找煤模式、滑脱构造与找煤研究、煤炭资源遥感调查评价理论与研究，结合该区地质构造特征，研究该区的成煤理论，采用一种或者多种找煤方法，为该区选定找煤靶区和找煤提供理论基础。

28.1.1.1 通过遥感技术

采用高分辨遥感影像开展遥感技术研究，获取预测区含煤岩系分布、含煤区块、含煤盆地等煤田地质宏观整体信息以及煤田地质构造、环境条件等煤田地质细节信息，为煤炭资源赋存规律研究提供依据。

28.1.1.2 区域地球物理资料的运用

区域重力和航磁资料，识别区域性断裂、深部构造形态，圈定煤盆地范围并推断其基底埋深、岩体分布；电法资料，解释控煤盆地的大型断裂、盆地范围以及煤盆地基底深度；地震勘探资料，尤其是与煤系分布范围相关的石油地震勘探资料，主要分析覆盖层厚度及其变化、构造格局、含煤地层的分布范围和埋藏深度，确定靶区并提供找煤钻孔孔位。

28. 1. 1. 3 综合分析

根据多元资料综合分析，以构造控煤和层序地层学等当代地质学理论为指导，以实测资料和收集资料以及编制的专题图件为依据，系统分析含煤沉积体系、煤层发育及其煤质分布等原生成煤条件，建立典型聚煤模式；结合区域地质背景和地质演化史分析，重塑煤盆地的构造—热演化过程，研究不同大地构造背景下的控煤构造样式和煤变质作用类型等后期改造作用。

充分应用已有的基础地质矿产调查、勘查、开发与科研成果等多元信息，以先进的成矿理论为指导，以规范而有效的资源评价方法、技术和各类基础数据为支撑，以已开展的资源评价工作为基础，新疆维吾尔自治区煤田地质局综合地质勘查队组织实施，全面、准确、客观地开展南疆三地州煤炭资源聚煤规律及找煤靶区优选研究与评价。

该研究以地质综合研究为主导，综合采用野外剖面实测、测井相互验证预测、样品测试等技术方法手段，开展测井层序地层分析、聚煤规律、资源评价研究及找煤靶区圈定工作。

28. 1. 2 实践意义

在充分收集研究塔里木盆地西南缘研究成果的基础上，提取工作区内有关岩石、地层、构造及煤田地质等信息。收集、解释区内物探资料，测制典型剖面，采集岩石样品，对比区内含煤地层，确定塔里木盆地西南缘聚煤盆地的形成背景和主要演化阶段，研究岩相古地理特征恢复研究区的古地理背景，明确煤炭富集的主要因素，开展资源预测工作，圈定找煤靶区，提出下一步的煤田地质勘查建议。

在研究过程中，注重地质研究与地球物理解释相结合，区域与盆地相联合的方法，运用多种学科研究方法的交叉渗透与优势互补，产学研协同攻关，发挥整体优势，以期解决研究中的关键地质问题。

该研究的技术路线见图 28 – 1。

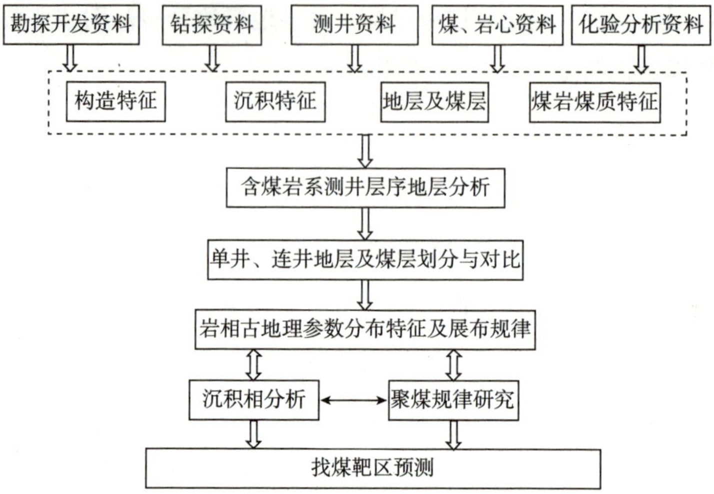

图 28－1　技术路线图

28. 1. 2. 1　测井层序地层分析

应用经典层序地层学原理，以测井曲线形态、叠加样式及组合规律为主，结合勘探线、钻井、古生物、野外露头剖面、地震反射等的分析，将南疆三地州侏罗系中～下统划分为 4 个三级层序，建立了侏罗系中下统以四级层序为单元的等时层序地层对比格架，其中 SQ1 相当于莎里塔什组，SQ2 相当于康苏组，SQ3 相当于杨叶组和塔尔尕组，SQ4 相当于库孜贡苏组。该层序划分方案可在全区的钻井剖面间进行良好的对比。

为了开展煤岩层的精细划分和对比，在上述三级层序划分的基础上，将主要含煤地层康苏组和杨叶组，按照沉积旋回特征进行了次一级的划分，康苏组和杨叶组分别划分为上下两段。

28. 1. 2. 2　地层的划分对比

根据煤层的发育特征以及测井沉积旋回特征，结合测井单井层序地层划分结果，在连井对比的基础上，进行了康苏组和杨叶组的地层划分和对比。在地层划分对比的同时，开展煤层的划分和对比，南疆三地州含煤盆地中主要煤田测井连井对比剖面见图 28－2。

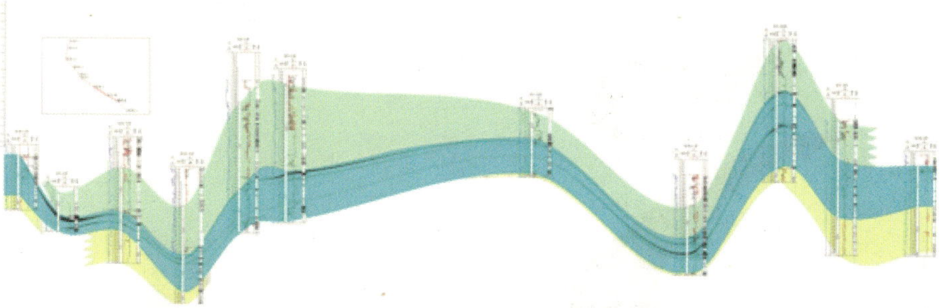

图 28－2　南疆三地州含煤盆地中主要煤田测井连井对比剖面

28.2　取得的主要成果

28.2.1　创新点

以煤炭资源潜力预测及资源勘查开发利用前景评价为主线，以先进的煤田地质理论为指导；充分利用各种信息（地质、基础调查以及测井资料）进行分析研究；充分利用计算机技术、GIS 平台和实用的地学类软件，提高工作效率；加强综合研究，解决关键问题，努力探索创新。将煤炭地质理论研究与资源预测评价相结合、坚持资源数量统计和勘查利用前景评价相结合，开展塔里木盆地西南缘聚煤盆地演化与聚煤规律研究、煤炭资源赋存规律研究。

28.2.1.1　沉积相分析

塔里木盆地西南缘中生代地壳运动进入较稳定的发展时期，早～中侏罗世聚煤盆地的构造活动具有间歇性振荡运动的特点，盆地内部的地形也渐趋平缓，岩相分布不论在横向上或纵向上复杂多变。依据塔里木盆地西南缘岩石相、沉积体系和层序地层分析，塔里木盆地西南缘侏罗系中下统沉积期岩相古地理总体属于温暖、潮湿的山前滨—浅湖—泥炭沼泽环境。

SQ2 为康苏组沉积期，与下伏莎里塔什组粗碎屑岩整合接触，岩性为一套细碎屑岩含煤沉积，反映了盆地的稳定沉降和湖面的扩张。早侏罗统早期为冲积扇的地方已成为扇三角洲前缘并与湖滨地带合为一体，并发生广泛的聚煤作用(图 28－3)。

SQ3 中侏罗统杨叶组、塔尔尕组沉积为滨浅湖三角洲沉积，岩性为灰色厚层—巨厚层状中细粒砂岩夹粉砂岩，发育交错层理和不规则水平层理，砂岩中含较多的铁质团块，由 2～3 个由粗变细的沉积旋回组成，旋回间局部有薄的碳质泥岩或薄煤

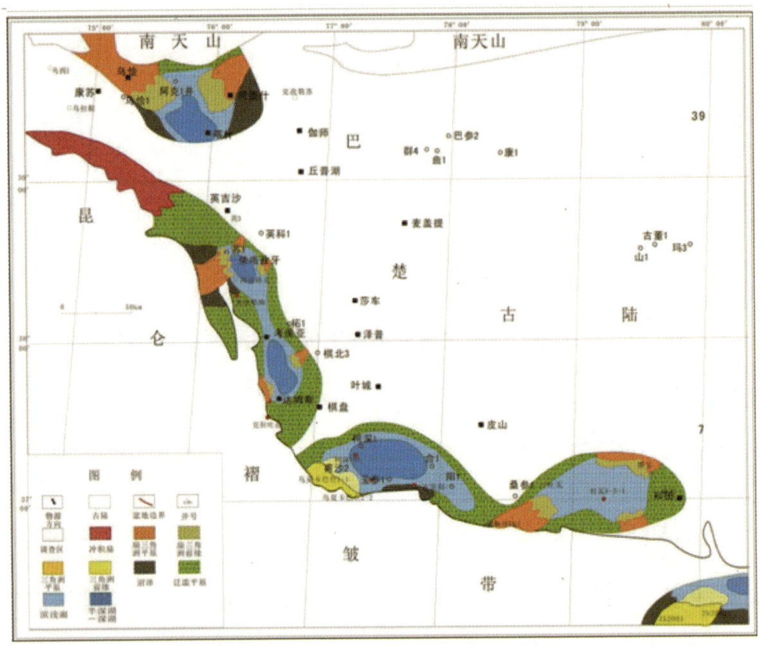

图 28-3 塔里木盆地西南缘侏罗系康苏组（SQ2）沉积相展布图

资料来源：《新疆南疆三地州煤炭资源调查评价报告》，2013 年。

层，该段在喀拉吐孜一带由北向南变薄，厚 42 ~ 110m（图 28-4）。

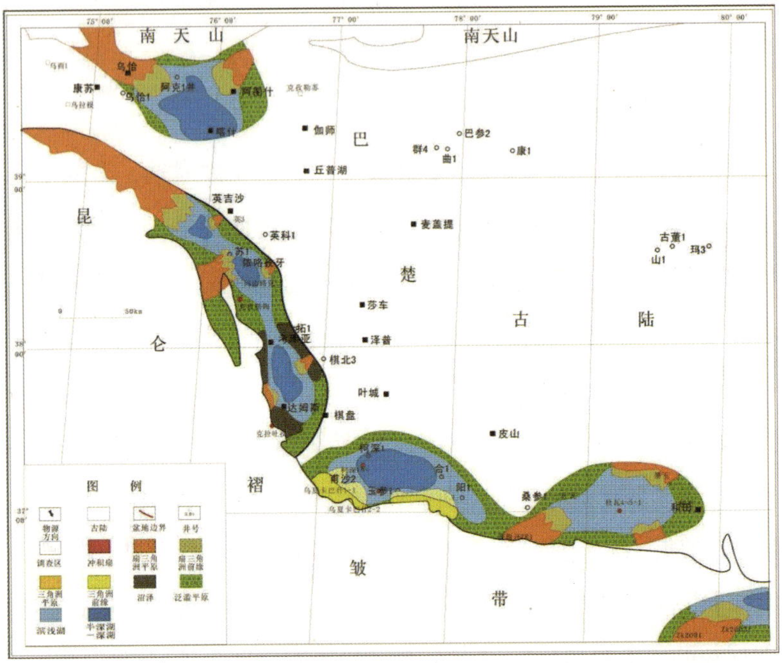

图 28-4 塔里木盆地西南缘侏罗系杨叶组（SQ3）沉积相展布图

资料来源：《新疆南疆三地州煤炭资源调查评价报告》，2013 年。

28.2.1.2 岩相古地理参数地质意义

绘制出地层厚度等值线图、砂体等厚线图、泥岩等厚线图、砂（砂岩+砾岩）泥（泥岩+粉砂岩）岩比等值线图、煤层等厚线图等，根据这些单因素等值线图，绘制岩相古地理图，恢复主要成煤期岩相古地理面貌，为聚煤作用分析提供理论依据。

28.2.1.3 岩相古地理参数分布特征及规律

利用岩相古地理的5个参数，结合康苏组、杨叶组地层顶底及厚度，在1∶10万区域地质图的基础上，分别绘制了康苏盆地、阿克陶盆地以及莎车—叶城盆地的康苏组、杨叶组含煤地层的岩相古地理参数平面展布图。针对康苏组上下段和杨叶组上下段，进行其岩相古地理参数等的平面分布特征及规律的分析和论述。

28.2.2 成果

在系统梳理分析南疆三地州煤田勘探成果的基础上，参考南疆三地州煤炭资源赋存规律的相关研究成果，结合以往找煤成功与失败的经验总结，参照圈定找煤靶区的主要依据和参数，此次共圈定找煤靶区9处。总结南疆三地州9处找煤靶区特征。把找煤靶区按照找煤类型划分为复杂地质构造、老矿区外围、隐伏区找煤靶区3大类，同时把靶区划分为优等靶区4处（为康苏煤矿西北、库斯拉甫—托库孜阿特、普萨煤矿东部），良等靶区3处。详细划分含煤盆地范围，南疆三地州含煤盆地范围约2 396km^2，预测南疆三地州煤炭资源量（334）约11.15亿t，对阿克陶矿区、莎车矿区局部矿区验证情况进行详细说明。

项目组成员在国内外学术期刊公开发表论文9篇，参与学术专著1部，申请专利1件。获得中国煤炭工业协会地质分会奖项2项，获得新疆自然资源厅“358”优秀成果2项，获得煤田地质局缺煤地区找煤优秀成果2项。这些成果为准确评价塔里木盆地西南缘煤炭资源潜力提供了技术依据。

（供稿单位：新疆维吾尔自治区煤田地质局综合地质勘查队）

29

山西省宁武煤田静乐矿区急倾斜地区绳索取心技术

29.1 项目基本情况

29.1.1 背景及意义

能源是国民经济发展的原动力，煤炭是我国最重要的能源。我国煤炭工业已经过了几十年的开发建设，为国民经济的发展做出了重大贡献，煤炭工业2011年在我国能源生产和消耗中均占比70%以上。随着社会主义市场经济的发展，经济增长方式发生转变，产业结构不断调整，在这样的大形势下，《中国可持续能源发展战略》研究报告认为直到2050年，煤炭占能源消费比例仍然不会低于50%。与此同时，我国煤炭资源探明储量占化石能源的90%以上，贫油富煤是我国能源赋存的现状，煤炭资源目前看来仍然是相当一段时间内的能源保障，在未来几十年里，煤炭资源仍将在整个能源消费过程中起不可替代的作用。

该项目旨在对山西省宁武煤田静乐县择善一号勘查区进行煤炭详查，系山西省自然资源厅（原山西省国土资源厅）2014年度地质勘查项目（项目编号：山西省地质勘查项目地勘2014-67）。

山西省宁武煤田静乐县择善一号勘查区位于山西省静乐县境内神峪沟乡石家岩村—神峪沟乡红沟岩村一带。勘查区北界距静乐县城约15km。行政区划上归山西省忻州市静乐县丰润镇及神峪沟乡管辖。勘查区面积38.83km^2。勘查区内有三条东西向乡镇简易公路贯通。区内沟深山高，地形复杂，黄土、红土覆盖较为严重，乡村之间主要为土路及人行小道相通，交通不便，尤其是在雨雪季节，大多道路难以通行。区内多为山地、坡地。当地人民的主要收入来源为农业种植，是典型的欠发达农业乡镇。静乐县的物产并不丰富、平均海拔 1 300m，年降水量 380 ~ 450mm。年平均温度为 6℃，农作物生长缓慢，只适于种植高寒作物且产量有限。

山西省地质矿产研究院先后于 2006—2012 年、2016 年 9 月—2020 年 9 月在山西省宁武煤田静乐县神峪沟乡、丰润镇一带分别实施了“山西省宁武煤田静乐县择善一号勘查区煤炭普查”和“山西省宁武煤田静乐县择善一号勘查区煤炭详查”。

该项目的勘查区位于山西省中北部的云中山脉西侧，区内黄土广泛出露，基岩仅在冲沟中出露，冲沟、梁、峁发育，植被稀少，地形切割强烈，冲沟多呈梳状及树枝状分布，多数冲沟呈“V”形，为复杂的梁状黄土丘陵地形地貌。勘查区位于宁静向斜的南部东翼，总体呈东高西低的单斜构造。

该项目意在查明勘查区内煤炭资源情况，为当地的矿业发展提供地质依据。

29. 1. 2　项目情况

普查与详查两次施工主要完成实物工作量情况见表 29 - 1。

表 29 - 1　山西省宁武煤田择善一号普查与详查完成主要实物工作量表

项　　目		单 位	普查	详查	合计
			完成工作量	完成工作量	
控制测量		点	12	-	12
工程测量		点	4	9	13
1/1 万综合地质填图（修测）		km^2	89. 86	40	129. 86
煤田地质钻探		m/孔	4 491. 01/4	9 012. 28/8	13 503. 29/12
水文地质钻探		m/孔	-	1 298. 63/1	1 298. 63/1
二维地震勘探		物理点/km	678/25. 4	-	678/25. 4
常规测井		m/孔	4 462. 10/4	10 266. 55/9	14 728. 65/13
水文测井	盐化扩散	m/孔	-	1 123. 15/1	1 123. 15/1
	中子	m/孔	-	1 155/1	1 155/1

29. 1. 2. 1　普查施工情况

普查完成的主要实物工作量为：施工钻孔 4 个，钻探进尺 4 491. 01m。1∶10 000 综合地质填图 89. 86km^2；二维地震物理点 768 个，测线总长度 25. 4km；测井实测数据为 4 462. 10m。施工 4 个钻孔，经综合验收评级为乙级孔 4 个，甲乙级孔率为 100%；钻探成果乙级孔 4 个；测井甲级孔 2 个、乙级孔 2 个；地质测量、二维地震勘探、采样测试等基本符合设计和规范要求。各钻孔施工情况见表 29 – 2。根据中华人民共和国煤炭行业标准《煤炭地质勘查钻孔质量标准》（MT/T 1042—2007）验收本次施工的 4 个钻孔，综合验收等级为乙级孔 4 个，4 个钻孔的全孔岩心采取率分别为 73%、80%、82%、79%。4 个孔的终孔孔斜全部大于 5°，因此进行了孔斜校正换算。

表 29 – 2　山西省宁武煤田静乐县择善一号普查施工钻孔取心情况表

项目＼钻孔号		Z101	Z102	Z201	Z202	合计
取心段/m		15.00 ~ 942.88	981.70 ~ 1 230.32	628.20 ~ 638.57/10.37 681.65 ~ 686.75/5.10 763.73 ~ 867.51/103.78	1 215.75 ~ 1 450.30	
取心长度/m		927.88	248.62	119.25	234.55	1 530.30
岩心长度/m		673.98	197.90	98.36	186.35	1 156.59
采取率/%		73	80	82	79	
煤系地层	取心段/m	668.45 ~ 914.30	981.70 ~ 1 215.75	681.65 ~ 686.75/5.10 763.73 ~ 852.66/88.93	1 215.75 ~ 1 434.60	
	岩长度/m	245.85	234.05	94.03	218.85	792.78
	岩心长度/m	189.63	188.00	83.86	173.10	634.59
	采取率/%	77	80	89	79	
非煤系地层	取心段/m	15.00 ~ 668.45/653.45 914.30 ~ 942.88/25.58	1 215.75 ~ 1 230.32	628.20 ~ 638.57/10.37 852.66 ~ 867.51/14.85	1 434.60 ~ 1 450.30	
	取心长度/m	682.03	14.57	25.22	15.70	737.52
	岩心长度/m	484.35	9.90	14.50	13.25	522
	采取率/%	71	68	57	87	

普查时，Z102 号孔在施工过程中移孔，施工的 4 个钻孔中 Z201 孔断失了 4 号、6 号煤层，导致 4 号、6 号煤层只有 3 个有效见煤点；9 号煤层 Z101 孔遇断层厚度受到影响，估算时也只有 3 个有效煤层厚度可利用。

29.1.2.2　详查施工情况

详查项目是山西省 2014 年度地质勘查项目，受山西省自然资源厅（原山西省国土厅）委托，中经国际招标集团有限公司组织竞争性磋商采购，山西省矿产研究院成功中标。详查完成的主要实物工作量为：勘探钻孔 9 个，工程量 10 310.91m，其中地质孔 8 个，工程量 9 012.28m，水文孔 1 个，工程量 1 298.63m。1∶10 000 综合地质填图（修测）40 km^2，综合验收评级乙级孔 8 个、丙级孔 1 个，甲、乙级率 89%。原实施方案中 ZX401 为水文孔，该孔在施工过程中，由于地质构造原因，使得该孔主采煤层缺失，已不适合做水文孔，经山西省地质勘查基金管理中心组织专家讨论同意将 ZX401 孔改为地质孔，ZX402 孔改为水文孔，该孔按 ZX401 孔设计的抽水试验层次、钻探工艺、孔径结构等施工。

详查施工钻孔质量严格按照《煤炭地质勘查钻孔质量标准》（MT/T 1042—2007）进行终孔质量验收，并对施工钻孔各可采煤层进行评级。此次施工钻孔综合验收等级：乙级孔 8 个，丙级孔 1 个（ZX502 孔）。

钻探验收等级：甲级孔 3 个（ZX201 孔、ZX302 孔、ZX303 孔），乙级孔 5 个（ZX301 孔、ZX401 孔、ZX402 孔、ZX403 孔、ZX501 孔），丙级孔 1 个（ZX502 孔，未达到设计孔深、煤心样污染）。

测井验收等级：甲级孔 8 个（ZX201 孔、ZX301 孔、ZX302 孔、ZX303 孔、ZX401 孔、ZX402 孔、ZX403 孔、ZX501 孔、ZX502 孔），乙级孔 1 个（ZX201 孔）。

普查与详查施工钻孔位置情况如图 29－1 所示。

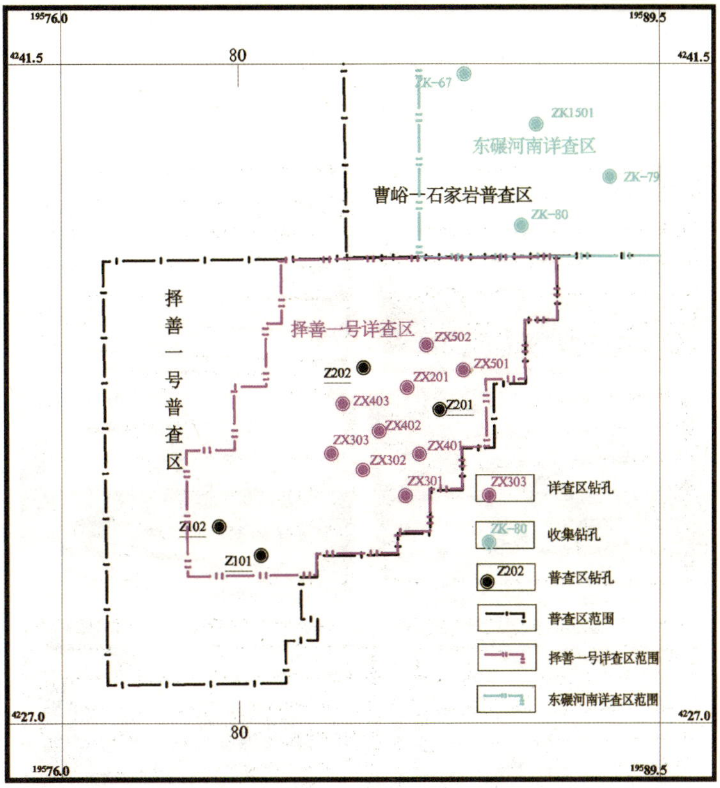

图 29－1　宁武择善项目详查与普查阶段钻孔施工分布示意图

详查施工的各钻孔全孔岩心采取率为95% ~98%。总体岩心采取情况较好，基本上能满足地质编录、样品采取的需要。煤系地层岩心采取率为95% ~98%，非煤系地层岩心采取率为94% ~98%，详见表29 -3。

表29 -3　详查各钻孔岩心采取率统计表

钻孔号	采取率/%			评级
	非煤系地层	煤系地层	全孔	
ZX201	97	98	97	甲
ZX301	97	96	96	甲
ZX302	96	96	96	甲
ZX303	98	98	98	甲
ZX401	94	96	96	甲
ZX402	96	95	95	甲
ZX403	96	97	96	甲
ZX501	95	95	95	甲
ZX502	97	95	96	甲

图29 -2为详查施工时部分钻孔岩心箱照片，岩心完整，视倾角较大，煤岩层采取率较高。在野外填图中，可见直立地层，详见图29 -3。

图29 -2　详查钻孔部分岩心照片

图 29-3 详查区近直立地层照片

所有施工的钻孔均进行了测井、测斜，测斜点距为 50m，孔斜质量均为甲级。此次施工的 ZX201、ZX403、ZX402 钻孔终孔斜度大于 5°，因此进行了孔斜换算。

29.2 取得的主要成果

29.2.1 成果关键技术要点与创新点

29.2.1.1 绳索取心钻机的应用

普查及详查共施工 13 个钻孔，普查 4 个钻孔使用千米钻机施工，有 2 个钻孔在施工过程中遇断层构造，报废 1 孔移孔施工，且施工工期较长，故障较多、时常发生卡钻事故。并且钻孔孔斜较大，在倾角较大的区域施工苦难较多，容易发生顺层钻进。吸取了普查工作的经验，详查布置 9 个钻孔，施工时选择使用绳索取心钻机，其中 6 个钻孔在施工中遇断层，绳索取心钻机钻探有效地确保了岩心采取率，保障了项目按期完工。

绳索取心钻机钻头的壁厚较小，钻杆与孔壁间隙小，钻头转速较快，在施工过程中，钻具不易弯曲，钻头在孔内工作平稳，可以提高钻头寿命；绳索取心减少了提钻次数，缩短了孔壁的裸露时间，也减少了钻具对孔壁的破坏，同时钻杆还可以起到套管的作用，有利于保护孔壁。因为钻具起下次数少，钻孔越深，钻具越长，减少了辅助作业时间，增大了纯钻进时间，所以绳索取心钻进的效率更高，钻孔越深，绳索取心的优势越发明显。

绳索取心钻具具有打捞速度快、提升平稳以及岩心堵塞后能即时报警的特点，当岩心堵塞时，便于立即处理，可以减少岩心的损失消耗，因此岩心采取率较高，完整度较好，纯洁性较好。

绳索取心在设备安装过程中要确保水平与垂直，在钻井过程中要选择优质低固相或无固相泥浆，泥浆的净化不好，会吸附岩粉变成劣质泥浆，黏度升高，钻杆内壁结皮，影响打捞内管。为达到好的效果，必需严格按配方配置泥浆并严格管理，以确保钻进工作顺利进行。

此次详查在地层倾角较大的地区施工选择绳索取心钻机钻探取得了良好的效果，在行业中具备一定的示范性和推广价值。

29.2.1.2　详查工作获得勘查成果

（1）通过钻探工程，配合地球物理测井，对勘查区地层进行了详细划分，确定了石炭系上统—二叠系下统太原组和山西组为含煤地层。区内地层沉积稳定，煤层、标志层及其组合层序特征明显。此报告以标志层为主，辅以煤层、煤质、物性等煤层本身特征进行煤层对比，且对比可靠。

（2）基本上查明了该勘查区总体构造形态为一走向北东、向北西倾斜的单斜构造，地层平均倾角20°~30°。勘查区内发现多条正断层，未发现岩浆岩侵入，未发现岩溶陷落柱。此勘查区构造类型属于中等。

（3）此次勘查基本查明可采煤层为4、6、7、$9_{上}$、9号，其中4号煤层属山西组，6、7、$9_{上}$、9号煤层属太原组，其余均为不可采煤层。

（4）勘查区4号煤层为中灰、低硫、中高发热量、高软化温度灰之肥煤、1/3焦煤、气煤，可作为动力用煤、民用煤和炼焦（配）煤；6号煤层为中灰、中硫、中高发热量、高软化温度灰之肥煤、1/3焦煤、气煤、焦煤，可作为动力用煤和民用煤和炼焦（配）煤；7号煤层为低灰、中硫、高发热量、高软化温度灰之肥煤、1/3焦煤、焦煤，可作为动力用煤、民用煤；$9_{上}$号煤层为中高灰、中硫、中低发热量、高软化温度灰之1/3焦煤、焦煤，可作为动力用煤和民用煤；9号煤层为中灰、中硫、中高发热量、高软化温度灰之1/3焦煤、焦煤，可作为动力用煤、民用煤。

（5）基本查明勘查区的水文地质条件，4号煤层水文地质勘查类型为二类二型，6、7、9号煤层为三类三型。

（6）勘查区工程地质条件为中等类型。勘查区4号煤层瓦斯分带情况为以N_2为主，N_2-CH_4、N_2-CO_2、CH_4次之；6号煤层瓦斯分带情况为以N_2为主，N_2-CH_4次之；7号煤层瓦斯分带情况为以N_2为主，N_2-CH_4、N_2-CO_2次之；$9_上$号煤层属于N_2-CH_4带；9号煤层瓦斯分带情况为以N_2为主，N_2-CH_4次之。4、6、7、$9_上$、9号煤层均具有煤尘爆炸的危险性。4、6号煤层属于自燃～容易自燃煤层，7号煤层属于易自燃煤层，$9_上$号煤层属于自燃煤层，9号煤层属于不易自然～容易自燃煤层。

（7）该勘查区内4、6、7、$9_上$、9号煤层查明资源量67 917万t，资源储量规模为大型，均为保有资源量，其中控制资源量为11 424万t，推断资源量为56 493万t，控制资源量占查明资源量的20.2%。另外，估算潜在资源量为6 342万t。

29.2.2 成果的实践效益

该勘查区位于山西省静乐县。静乐县既是深度贫困县，也是生态脆弱区，更是汾河水源保护地。煤炭开发对静乐县意义重大，可以增加静乐县就业人口，保障税收，促进当地相关产业及服务业的发展，促进静乐县经济发展。勘查区内大多为山坡地，村庄稀少，人口稀少，土地征用条件良好，交通运输条件优越，水源、电源易于解决，工业场地选择余地大，具备了建设矿井的外部条件。

29.2.3 推广价值

勘查区断裂构造较多，地层倾角较大，当钻探难度增加时，为确保岩心采取率，可以选择绳索取心钻机。注意强调施工前水平安装钻机平台，施工中按比例配置泥浆，钻进过程中管理好泥浆，确保绳索取心顺利进行，确保岩心采取率，使得钻探工作的可靠程度有所保障。该技术在今后的工作中可以进一步推广。

（供稿单位：山西省地质矿产研究院）

30

基于 OVT 域地震资料的煤田构造精细解释技术

30.1 项目基本情况

煤炭资源和煤层气资源作为我国的支柱能源，这些年备受国家的重视，进而加大了这两种资源的开发利用的力度。然而，这两种资源均与地质构造密切相关，地质构造影响煤层气的形成、运移和保存，如褶曲两翼有利煤层气保存，开放性断层或陷落柱易成为煤层气逸散通道，进而影响煤层气钻孔的成功率和产气量；煤层厚度突变、煤层分叉合并等地质构造特别是隐伏地质构造部位，极易引发煤与瓦斯突出。故提高构造的识别精度对煤层气企业及煤矿企业都至关重要。

然而，受常规三维地震数据处理解释技术应用水平及地震数据处理过程中钻测井信息的忽视等因素限制，地震资料分辨率和保幅度较低，使得构造的准确率仅在60%左右。

目前，山西大部分煤矿均进行了地震勘探工作，有了大量高品质的地震原始数据和验证数据，研究与应用新的地震数据处理解释理论与方法，进一步发掘三维地震数据中所包含的丰富信息，对提高地震数据体的分辨率、提高构造准确率具有非常重要的现实意义。

当前，以“两宽一高”和“OVT 域”处理为核心的高清地震采集处理技术正在引起新一轮的地震技术革命，其数据体在原三维的基础上增加方位角和偏移距成为五维数据体。大量应用证明，其全方位数据体较常规数据体分辨率高，但该技术处理获得的道集数据量巨大，如何有效利用 OVT（宽方位矢量偏移距）处理带来的海量数据，提高地震勘探的分辨率，提高构造准确率，是目前亟须攻关的课题。

该成果通过技术研究和工程实践应用，取得了良好的经济效益及社会效益，在行业具备一定的示范性和推广价值。

30.2 取得的主要成果

30.2.1 成果关键技术要点与创新点

30.2.1.1 总体思路与方法

基于各向异性理论的基础上，从野外采集、处理和解释三个方面出发，形成了一套基于 OVT 域地震资料的煤田构造精细解释方法，该方法精确描述断层、陷落柱、隐伏陷落柱、挠曲等构造的分布特征，大幅提高小断层、陷落柱、隐伏陷落柱、挠曲等构造识别的准确率。

30.2.1.2 关键技术要点

（1）野外采用宽方位观测系统。

（2）处理采用基于 OVT 域五维处理技术，形成全方位数据体及优势方位数据体。

（3）解释技术中以优势方位划分技术和分方位优选属性技术形成以“OVT 优势方位与多属性融合”为核心的构造精细识别方法。

30.2.1.3 创新点

（1）OVT 处理技术，包括：OVT 道集、五维数据规则化、五维插值、时间偏移、方位时差校正。

（2）OVT 域道集优势方位选择技术。

（3）基于 OVT 优势方位数据体的多属性融合的构造识别技术。

30.2.2 成果的主要内容及应用场景

该成果研究主要从采集参数、处理技术和解释技术三个方面进行，实现大幅提高小断层、陷落柱、隐伏陷落柱、挠曲等构造识别的准确率的目的。

30.2.2.1 采集技术

野外数据采集过程中，采用宽方位观测系统（横纵比大于 0.5）和低频检波器接收，确保采集数据质量，如图 30 - 1 所示。

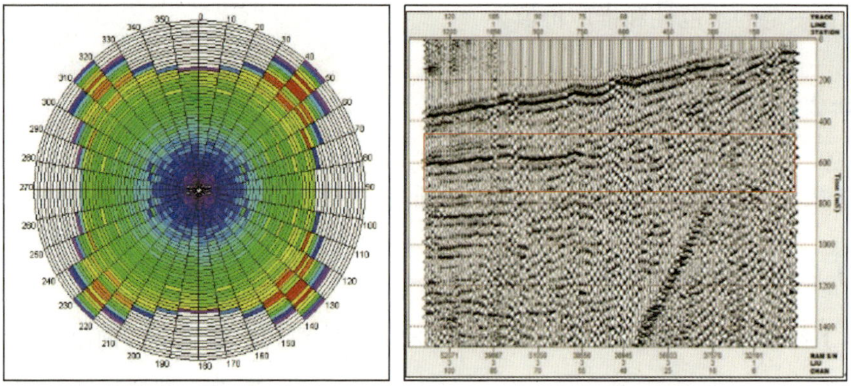

a）方位角玫瑰图　　b）山区单炮记录

图 30－1　某应用区观测系统方位角玫瑰图和山区单炮记录

30.2.2.2　处理技术

采用 OVT 域地震数据处理技术，关键技术包括抽取 OVT 道集、五维数据规则化、五维插值、时间偏移、方位时差校正等。具体流程见图 30－2。

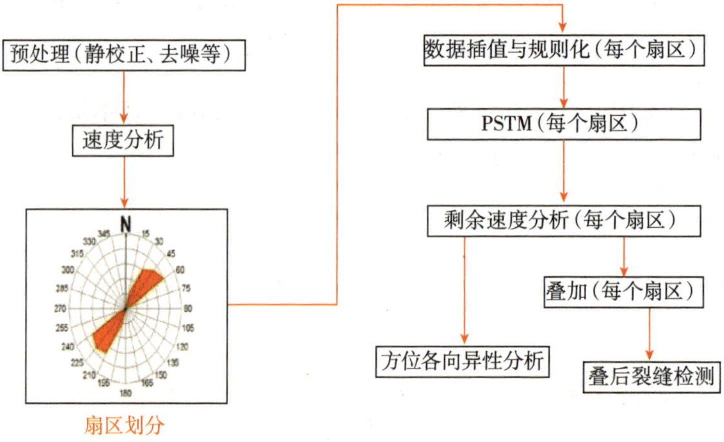

图 30－2　OVT 域处理流程图

30.2.2.3　构造解释技术

构造解释技术主要分为两个关键技术，即 OVT 域道集优势方位选择技术和基于 OVT 优势方位数据体的多属性融合的构造识别技术。

（1）OVT 域道集优势方位选择技术。

OVT 域资料处理技术可形成全方位数据体、含方位信息的道集和各向异性体，该道集数据量巨大，如何高效地进行方位划分，形成优势方位数据体，是该技术的难点所在。

该技术首先依据已知区域地质资料，形成构造走向玫瑰图（图 30－3），在此基础上，依据 HTI（水平各向同性）介质方位各向异性理论，选取垂直、平行和斜交于构造走向的三个方位作为备选方位，在构造识别效果基础上，分析垂直、平行和斜交于构造走向方位的数据体剖面效果（图 30－4），选取最优的方位；结合构造分组和最优方位形成优势方位，即平行、垂直或斜交于分组的方位。具体流程见图 30－5。

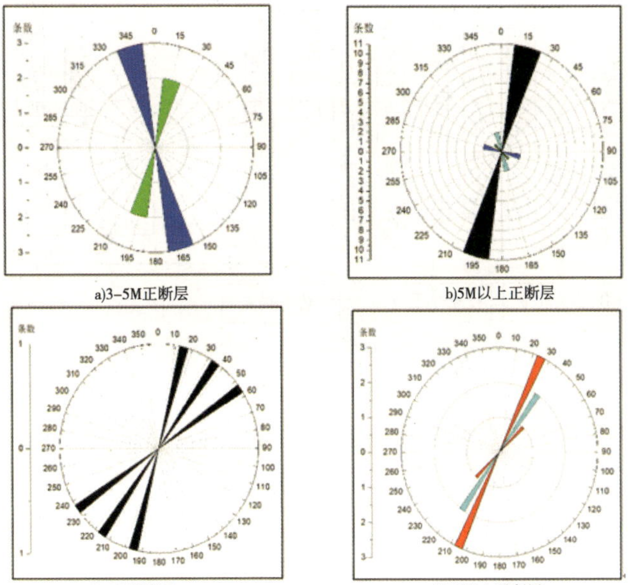

a)3-5M正断层　b)5M以上正断层　c)3-5M逆断层　d)5M以上逆断层

图 30－3　某区构造走向玫瑰图

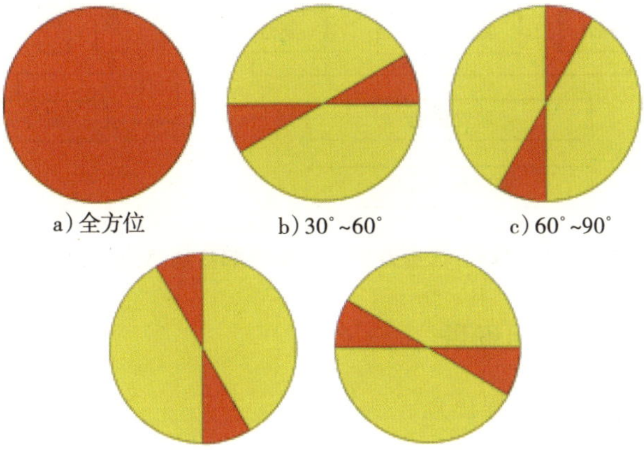

a）全方位　b）30°~60°　c）60°~90°　d）90°~120°　e）150°~180°

图 30－4　某区分方位示意图

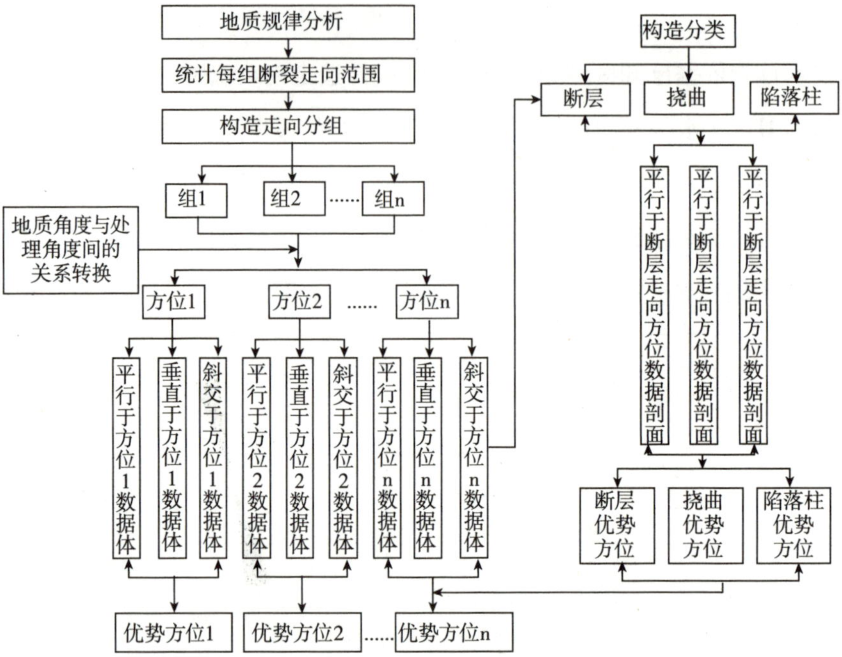

图 30－5　优势方位选择流程图

（2）基于 OVT 优势方位数据体的多属性融合的构造识别技术。

用优势方位叠加数据体进行多属性提取及融合降维，放大其优势特征，从而提高对地质异常体的分辨能力。具体流程见图 30－6。

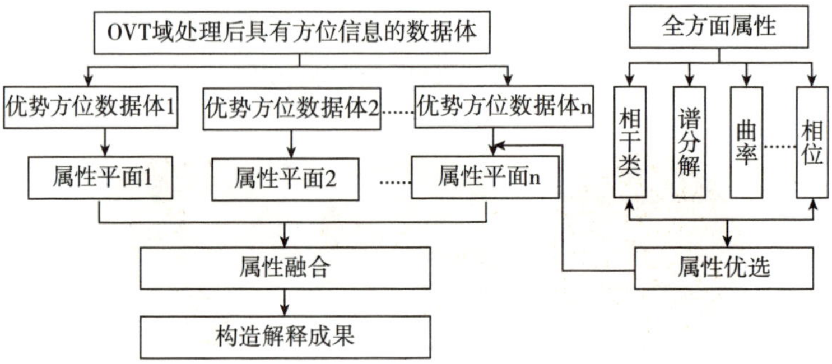

图 30－6　OVT 优势方位与多属性融合解释方法流程图

30.2.2.4　成果应用场景

（1）应用 1（常规构造解释）。

图 30－7 为不同方位断层剖面对比图及频谱分析图，图中平行于断层走向的剖面效果最清晰，频谱中平行于构造走向的频谱最宽。

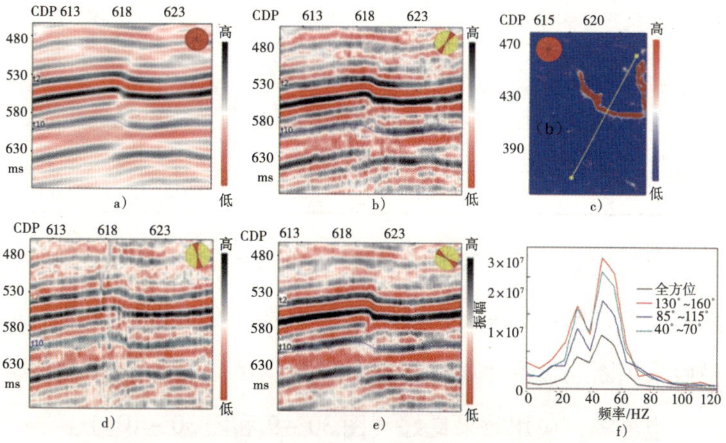

图 30 -7　不同方位断层剖面对比图及频谱分析图

图 30 -8 为不同方位属性平面图，图中①～③号构造均平行于构造走向，平面异常明显。分方位融合效果较全方位及分方位效果好。表 30 -1 为该区构造准确率统计表，准确率较以往构造识别率较高。

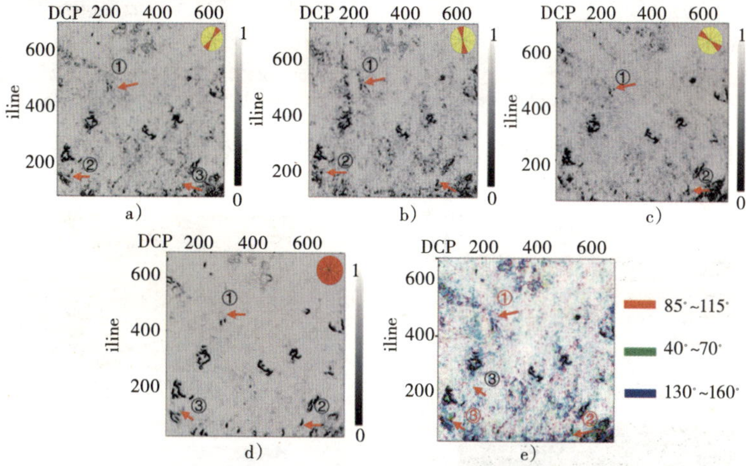

图 30 -8　不同方位属性平面图

表 30 -1　某应用区构造准确率统计表

构造	级别	分级	揭露个数	分方位属性解释	准确率/%	全方位属性	准确率/%
断层	一类	≥5m	4	3	75	3	75
陷落柱	一类	20～30m	5	2	40	2	40
	二类	30～50m	5	5	100	4	80
	三类	≥50m	3	3	100	3	100

续表

构造	级别	分级	揭露个数	分方位属性解释	准确率/%	全方位属性	准确率/%
挠曲	暂无		4	2	50	2	50
共计			20	15	75	14	70

（2）应用2（隐伏陷落柱解释）。

应用2为采用全方位数据进行隐伏陷落柱识别，在全方位数据体的基础上进行属性分析，最后采用断层概率体属性和全方位数据体融合，较好地刻画了隐伏陷落柱的冒落高度、边界等，应用效果良好（图30－9和图30－10。）

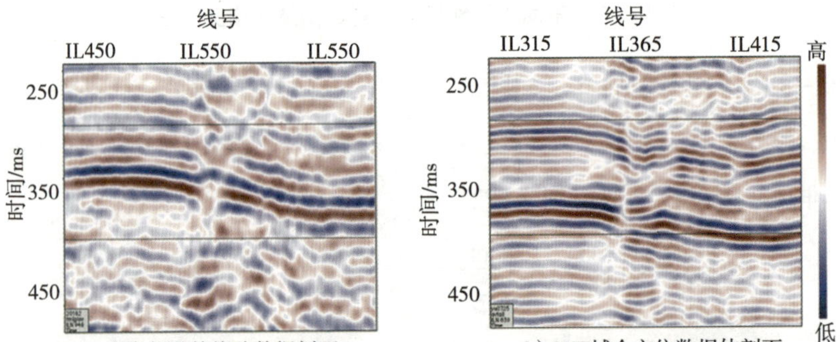

a）常规叠前偏移数据剖面　b）OVT域全方位数据体剖面

图30－9　常规叠前偏移数据剖面与OVT域全方位数据体剖面对比图

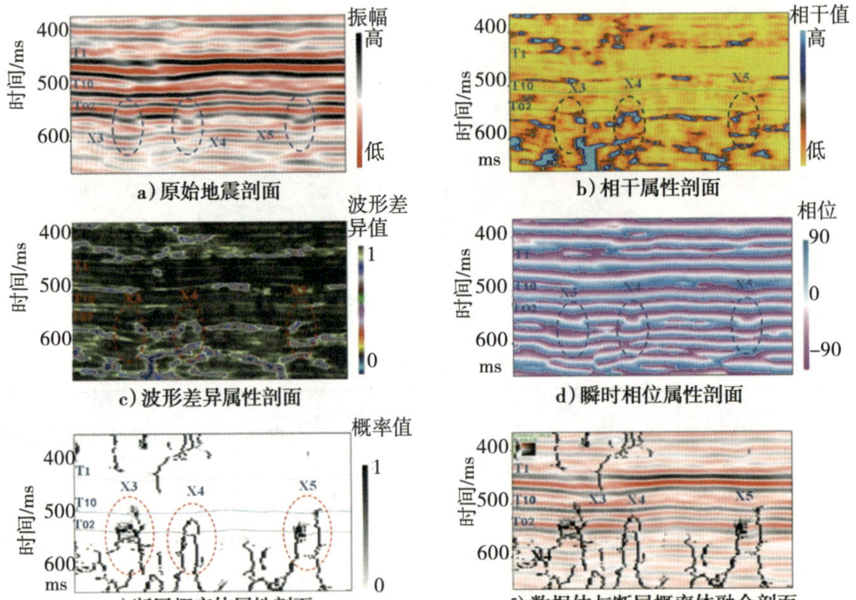

a）原始地震剖面　b）相干属性剖面

c）波形差异属性剖面　d）瞬时相位属性剖面

e）断层概率体属性剖面　f）数据体与断层概率体融合剖面

图30－10　OVT域全方位数据体剖面及多种属性剖面对比图

30.2.3 成果的技术实用性和实践效益

30.2.3.1 技术实用性

该项技术可广泛应用于煤层气开发企业、煤炭企业及物探技术服务企业。

近年来，OVT 域处理技术在国内发展迅速，在处理方面基本成熟，段文胜、袁刚、赵玉华等人主要对 OVT 域处理技术进行研究，研究表明 OVT 处理是宽方位资料处理的有效手段，可提高成像质量和分辨率，为后期解释提供数据基础。

OVT 域五维数据解释，现阶段主要应用于油田，利用方位角和炮检距信息，进行构造解释、岩性解释、裂缝预测、流体识别等。在煤田勘探中，该项技术正在起步阶段。目前，山西大部分煤矿均进行了地震勘探工作，虽然部分队伍进行了宽方位采集，获得了大量高品质的数据，但在解释方面仍未形成一定的系统，需要进一步探索和研究，有了大量高品质的地震原始数据和验证数据后，对这些资料可以应用该技术进行进一步研究，实现构造特别是小微构造的精细探测。因此操作性较强。

综上，此次成果具有先进性，且可操作复制，具有实用性和推广性。

30.2.3.2 实践效益

该成果直接体现的经济效益主要有两个方面：一是煤层气开发企业、煤炭企业高效开采的实际效益；二是为单位带来的成果应用推广效益。

该项技术成果已在山西通洲集团安神煤业有限公司、山西乡宁焦煤集团申南凹焦煤有限公司、山西蓝焰煤层气集团有限公司等多家煤炭及煤层气企业进行应用，取得了较好的经济效益，应用证明见图 30－11。其中隐伏陷落柱识别技术是此次成果技术的一部分。

另外，2018—2019 年，该技术为山西山地物探技术有限公司新增产值 667 万元；年新增利润 40 万元，年缴税金 30 万元；开拓了山西山地物探技术有限公司的业务范围，为亚美大陆煤层气有限公司马必项目 2019—2020 年度煤层气三维地震项目提供了技术支持。

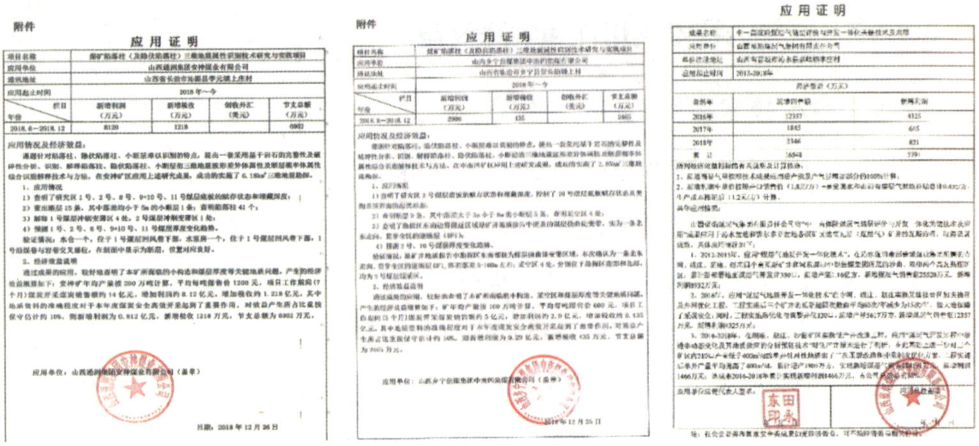
附件

应用证明

项目名称	煤矿陷落柱（及隐伏陷落柱）三维地震属性识别技术研究与实践项目			
应用单位	山西潞安集团安神煤业有限公司			
通讯地址	山西省长治市沁源县李元镇上庄村			
应用起止时间	2018年—今			
栏目 / 年份	新增利润（万元）	新增税收（万元）	创收外汇（美元）	节支总额（万元）
2018.6—2018.12	8120	1218		6902

应用情况及经济效益：

课题针对陷落柱、隐伏陷落柱、小断层难以识别的特点，提出一套采用基于岩石的完整性及破碎性分析、识别、解释陷落柱、隐伏陷落柱、小断层的三维地震波形差异体属性及断层概率体属性综合识别解释技术与方法，在安神矿区应用上述研究成果，成功的实施了6.18km²三维地震勘探。

1、应用情况

1）查明了研究区1号、2号、8号、9+10号、11号煤层底板的赋存状态和埋藏深度；

2）查出断层15条，其中落差均小于5m的小断层1条；查明陷落柱41个；

3）解释1号煤层冲刷变薄区4处，2号煤层冲刷变薄区1处；

4）预测1号、2号、8号、9+10号、11号煤层厚度变化趋势。

验证情况：水仓一个，位于1号煤层回风巷下部，水泵房一个，位于1号煤层回风巷下部，1号轨煤巷与岩巷交叉部位，在剖面中显示为断层，位置对应良好。

2、经济效益说明

通过成果的应用，较好地查明了本矿所面临的小构造和煤层厚度等关键地质问题，产生的经济效益概算如下：安神矿年均产量按200万吨计算，平均每吨煤售价1200元，项目工作期间（7个月）煤炭开采煤炭销售额约14亿元，增加利润约8.12亿元，增加税收约1.218亿元，其中地质资料的准确程度对于本年度煤炭安全高效开采起到了重要作用，对效益产生所占比重按保守估计约10%，则新增利润为0.812亿元，新增税收1218万元，节支总额为6902万元。

应用单位：山西潞安集团安神煤业有限公司（盖章）

日期：2018年12月26日

附件

应用证明

项目名称	煤矿陷落柱（及隐伏陷落柱）三维地震属性识别技术研究与实践项目			
应用单位	[illegible]			
通讯地址	[illegible]			
应用起止时间	2018年—今			
栏目 / 年份	新增利润（万元）	新增税收（万元）	创收外汇（美元）	节支总额（万元）
2018.6—2018.12	2900	435		2465

应用情况及经济效益：

[illegible]

应用单位：[illegible]（盖章）

2018年12月25日

应用证明

成果名称	[illegible]	
应用单位	[illegible]	
联系通讯地址	[illegible]	
应用起止时间	2013-2018年	
经济效益（万元）		
自然年	新增销售额	新增利润
2016年	12337	4325
2017年	1865	645
2018年	2346	821
累计	16548	5791

[illegible]

应用单位法定代表人签名：

注：[illegible]

图 30－11　经济效益应用证明

30.2.4　推广价值

该技术可进一步推进煤矿瓦斯治理，具有良好的环境效益。为山西省能源革命和资源绿色智慧开发提供前沿技术支撑，具有良好的市场推广前景和应用价值。

该项技术可广泛应用于煤层气开发企业、煤炭企业及物探技术服务企业。

30.2.4.1　在煤层气开发企业的应用

该技术成果可为煤层气企业提供更可靠的构造分布情况，为预测煤层气有利区提供重要参考。

煤层气企业一方面可据此作为煤层气孔的施工部署的重要参考，以优化钻孔布置，提高煤层气孔的成功率，降低施工钻孔成本；另一方面，在有利区内进行煤层气孔施工，可提高煤层气孔的产能，提高企业经济效益。

30.2.4.2　在煤炭企业中的应用

该成果技术可为煤炭企业提供更准确的工作面小型断层、陷落柱或挠曲等构造分布信息，并为预测煤层瓦斯突出危险区提供重要依据。

煤炭企业根据构造分布情况以优化采煤巷道设计，提高采煤效能，减少不必要的投入；根据预测的瓦斯突出危险区，进行瓦斯防治，确保煤矿安全生产。该成果对实现煤矿采区安全、高效生产具有重要的现实意义，并具有广泛的前景，能带来较显著的经济、社会和安全效益。

30.2.4.3 在物探技术服务公司的应用

该技术可进一步推广和应用于同行业中物探技术服务企业，提高物探技术型服务公司的服务技术水平，为企业带来更多的项目和经济效益。

综上，该项成果技术可广泛应用于煤层气、煤炭、物探企业，为山西省能源革命和资源绿色智慧开发提供前沿技术支撑，具有良好的市场推广前景和应用价值。

30.2.5 取得的知识产权、奖项

30.2.5.1 已获专利

经过多年科研活动，通过申请的方式获得技术发明专利1件，计算机软件著作权1项（图30－12）。

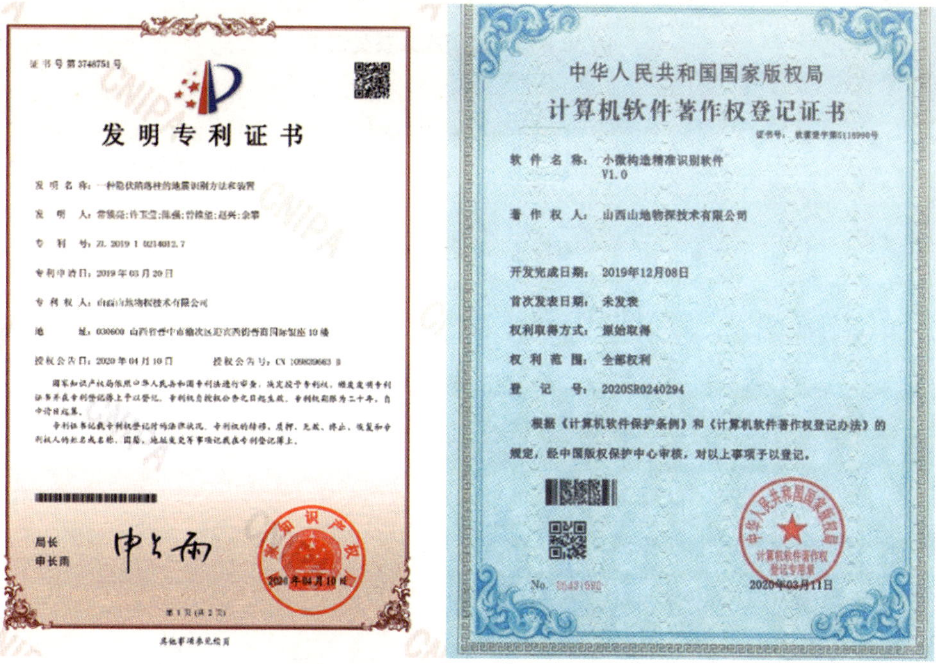

图30－12 该项成果的专利证书及软件著作权证书

30.2.5.2 已获奖项

共获得奖项1项，其相关报告在煤炭工业学会组织的第十八届优质地质报告评选中获得专业地质报告一等奖（图30－13）。

荣誉证书

HONORARY CREDENTIAL

证书编号（18ZY1-9）

山西山地物探技术有限公司：

你单位完成的《临汾市长发煤焦实业有限公司庞壁井田三维地震勘探成果报告》，在中国煤炭工业协会组织的第十八届优质地质报告评选中，荣获专业地质报告一等奖。

中国煤炭工业协会

二〇一八年十二月

图 30－13　该项成果获奖证书

（供稿单位：山西山地物探技术有限公司）

31

陕西省黄陇侏罗纪煤田焦坪矿区
煤炭、煤层气综合勘探与评价技术

31.1 项目基本情况

煤炭是我国的基础能源，随着我国煤炭勘查开发技术的发展，煤层气勘查越来越受到重视，国家相关部门不断出台有关政策，要求加强综合勘查力度，并要求新设立的煤炭探矿权勘查项目必须进行煤炭与煤层气的综合勘查、评价和储量评审备案，为煤炭综合清洁高效利用和煤炭工业绿色发展提供可靠的资源保障。

31.1.1 矿区资源禀赋情况

如图 31－1 所示，焦坪矿区位于黄陇侏罗纪煤田的中东部，地处鄂尔多斯盆地南部渭北隆起次级构造单元内，整体为一倾向北西的单斜构造，其上发育有次一级的宽缓褶皱。

在中—新生代，鄂尔多斯盆地作为独立沉积盆地开始发育与演化，并表现出了明显的阶段性和旋回性（图 31－2），在此时期盆地内在三叠系、侏罗系地层中沉积了石油、天然气、油页岩、煤炭、砂岩型铀矿等丰富的矿产资源。

焦坪矿区位于煤炭、石油、油页岩共生区，同时由于焦坪矿区煤层沉积厚度较厚（最厚者可超过 30m），煤层自身产生的煤层气与下部油田中游离的油气叠加，共同存储于煤系地层当中，因此造成焦坪矿区局部地区煤层气具有一定的资源潜力。

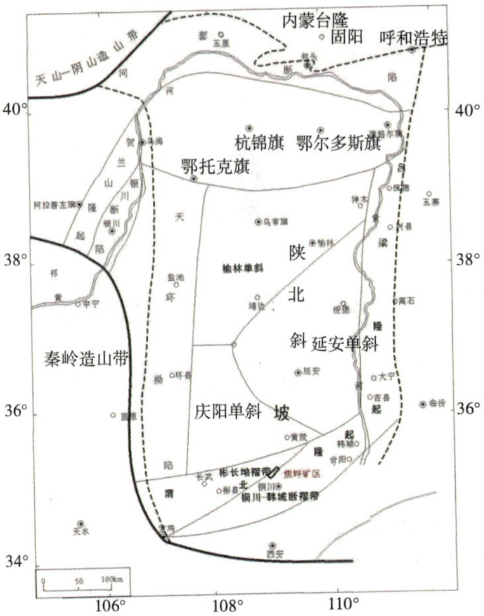

图 31－1　焦坪矿区大地构造示意图

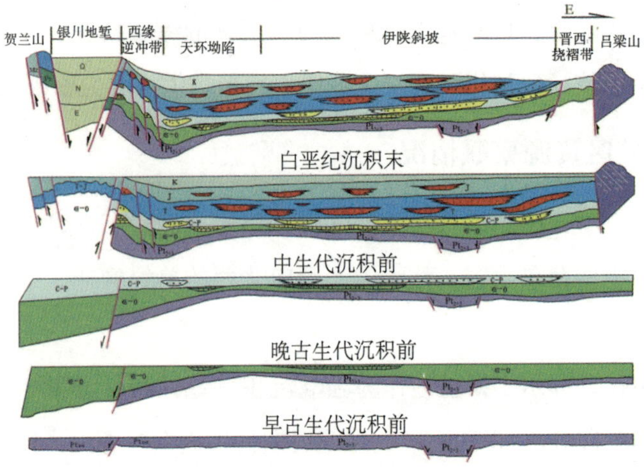

图 31－2　鄂尔多斯盆地构造—沉积演化剖面图

31.1.2　煤层煤层气资源综合勘探

焦坪矿区地质勘探工作起步较早，20 世纪 50 年代就开始有煤田地质队、石油勘探队、水文地质队等地勘队伍进行能源矿产、水文地质调查等工作。但受当时的技术条件和理论水平限制，煤炭勘探技术较为落后，对煤层共伴生勘探研究程度不足，对煤层气重视程度不够。由此导致煤田勘探时期煤层钻孔瓦斯测试的结果往往比煤矿实际瓦斯检测结果偏低，而煤矿瓦斯的局部富集现象，也给煤矿安全生产带来了重大的影响，焦坪矿区的一些煤矿也曾发生过瓦斯事故，如2004年“11·28”陈家山煤矿特大瓦斯爆炸事故。

因此，加强对焦坪矿区煤炭与煤层气的综合勘查与研究，有助于提高焦坪矿区煤层气研究认识程度，总结煤层气赋存规律，提高煤层气开发利用效率，减少煤矿瓦斯地质灾害的发生。

2012—2015年，陕西省一九四煤田地质有限公司在进行焦坪矿区转角勘查区煤炭勘探工作时，根据以往的经验及综合勘查的要求，开展了陕西省黄陇侏罗纪煤田焦坪矿区煤炭煤层气综合勘探与评价技术研究工作。

此次工作在煤层气富集区施工了ZJS01煤层气参数井，该钻井一开采用绳索取心钻进工艺，井深620m，二开扩孔井径215.9mm，下入139.7mm套管。对该井进行了煤层气测井、气测录井，对钻遇的4^{-2}号煤层采集了煤层气含量解吸样品11件，另外采集了煤层顶底板力学样、煤岩分析样、煤心煤样、孔隙度样、等温吸附解吸样、扫描电镜样、压汞试验样、甲烷同位素分析样、比表面积样各4件。对煤层气参数井进行含气量、气成分、等温吸附等相关测试，并对主要煤层进行了注入/压降试井和原地应力测试，获取了参数孔的气含量、气成分、吸附参数、渗透率、储层压力及梯度、闭合压力及梯度等参数，为勘查区内煤层气的赋存规律研究、资源赋存状况及煤层气的可采性评价提供了基础地质参数。

31.2 取得的主要成果

31.2.1 技术创新点

31.2.1.1 首次在焦坪矿区开展原生状态下煤层气研究

焦坪矿区煤矿瓦斯研究工作已取得一定程度上的成果，但对于地质勘查中煤层处于原生状态下的煤层气研究此前还未曾进行过，因此转角勘查区ZJS01钻井是首个在煤炭勘探时期施工的煤层气参数井，这对原生状态下煤层气气含量、气成分、吸附参数、渗透率、储层压力及梯度、闭合压力及梯度等参数的研究有着重大的意义。

（1）煤的吸附性。

此次工作采集了4^{-2}号煤层样品4件进行了等温吸附试验，试验结果显示：4^{-2}号煤层：空气干燥无灰基兰氏体积V_L为18.52～23.83m^3/t，平均20.71m^3/t；兰氏压力P_L为1.331～1.909mPa，平均1.561mPa。

（2）煤层含气性。

此次对ZJS01煤层气参数井采集的11个煤心样品进行自然解吸、损失气及残余气测定（含一个快速解吸样），总气含量及甲烷气含量的计算是采用解吸样品不同基准重量分别进行换算的，即根据每个样品解吸的总气含量及甲烷浓度计算出空气干燥基、干燥基、干燥无灰基等不同基准的总气含量和甲烷含量。

ZJS01号煤层气参数井CH_4含量及气成分测试结果为：CH_4含量0.02～1.30 $ml/g_{可燃}$，平均0.26 $ml/g_{可燃}$。气体成分以CH_4及N_2为主，CH_4浓度0.06%～42.75%，平均11.03%；N_2浓度28.41%～99.80%；CO_2浓度0～7.89%，平均1.83%。

煤层气参数井煤层气含量测试与各阶段探煤钻孔瓦斯样品测试结果显示，区内煤层变质程度小于0.7%，各煤层煤层气含量平均仅0.26～0.52m^3/t，该区煤层气达不到《煤层气资源/储量规范》（DZ/T 0216—2010）要求的低变质程度烟煤含气量下限标准。

（3）煤储层渗透率。

煤层渗透率是煤储层评价的关键参数之一，通常描述的煤储层渗透率是指煤层裂隙渗透率，可通过注入/压降试井方法测得。煤层渗透率的高低直接决定着煤层气的运移和产出性。通过对勘查区内实施的煤层气参数孔采用注入/压降法试验，测得ZJS01井的4^{-2}号煤层渗透率为0.35md，具低渗透率特征，表明4^{-2}号煤层属于渗透性差的储集层。

（4）煤储层压力。

储层压力直接决定着煤层中流体流动的“势”以及煤对CH_4等气体的吸附和煤层气的解吸，是影响煤层气开发的重要参数。煤层气参数孔注入/压降试验结果显示，4^{-2}号煤层储层压力3.30mPa，储层压力梯度高于6.40×10^{-3}mPa/m（正常静水压力梯度），属低压储层。

31.2.1.2 建立了煤层含气量测井预测模型

在煤层气地球物理测井中，为了能准确估算煤层气含气量，采用多元统计回归法，深入研究煤层含气量与煤层密度、工业组分、储层温度、压力、埋深等因素之间的关联，根据煤心含气量、工业组分分析资料及煤层温度、压力等测井测试资料，建立了煤层含气量与其相关因素及测井参数的回归统计模型，实现了煤层含气量的预测评价。

煤层气含量计算以 ZJS01 井邻近钻孔煤层瓦斯含量测试数据（表 31－1）为依据，用测井曲线值进行相关分析，建立多个测井参数值与瓦斯含量的关系，利用此关系计算含气量。多元回归公式一般形式为：$Q = a + b_1 * GR + b_2 * DENB + b_3 * DEPT$，利用表 31－1 统计数据求得 a、$b_1$、$b_2$、$b_3$。分析结果如图 31－3。

表 31－1　邻近钻孔测井解释煤层含气量统计表

孔号	自然伽马/（$Pa \cdot kg^{-1}$）	密度/（$g \cdot cm^{-3}$）	深度/m	含气量/（$m^3 \cdot t^{-1}$）
7－2	15.79	1.44	527	0.41
7－3	17.19	1.48	525	0.86
7－4	20.15	1.48	499	0.46
7－5	17.82	1.49	566	0.78
8－0	34.4	1.47	506	0.91
9－0	12.36	1.5	623	0.81
9－1	11.64	1.52	565	0.44
9－2	20.76	1.48	721	0.51
9－3	16.25	1.54	627	0.49

回归统计	
Multiple	0.438536
R Square	0.192314
Adjusted	-0.2923
标准误差	0.23214
观测值	9

方差分析	df	SS	MS	F	gnificance F
回归分析	3	0.064156	0.021385	0.396842	0.7614658
残差	5	0.269444	0.053889		
总计	8	0.3336			

	Coefficien	标准误差	t Stat	P-value	Lower 95%	Upper 95%	下限 95.0%	上限 95.0%
Intercept	-0.50909	4.726256	-0.10771	0.918411	-12.65831	11.64014	-12.6583	11.64014
X Variabl	0.013024	0.013361	0.974819	0.374421	-0.02132	0.047368	-0.02132	0.047368
X Variabl	0.733476	3.228459	0.227191	0.829273	-7.565543	9.032495	-7.56554	9.032495
X Variabl	-0.00034	0.00124	-0.27262	0.796046	-0.003525	0.002849	-0.00352	0.002849

图 31－3　多元回归分析结果图

由回归分析得到公式为

$$Q = -0.51 + 0.013GR + 0.733DEN - 0.00034DEPT$$

式中，GR 为自然伽马，DEN 为密度，DEPT 为深度。

采用测井预测模型估算出的煤层气含量为 0.53 ~ 1.02 m^3/t，平均 0.75 m^3/t，含气量达不到规范规定的工业品位的下限。

31.2.1.3 煤炭煤层气资源综合勘查评价

经过综合勘查评价，项目组认为，焦坪矿区构造简单，煤层沉积受古地形等因素影响较大，主采煤层层位稳定，煤炭资源量丰富，煤层变质程度低，属褐煤 ~ 长烟煤范畴，各煤层空气干燥基煤层气含量平均 0.26 ~ 0.52m^3/t，小于 1m^3/t，达不到煤层气资源储量估算要求。

但由于焦坪矿区煤层分布呈鸡窝状，富集区煤层厚度可达数十米，煤层老顶上覆的直罗组泥岩较为致密、分布稳定、厚度较大，作为煤层气的盖层有利于其存储。

另外，焦坪矿区在煤田勘探过程中，曾在煤田钻孔中钻遇石油，虽然油迹显示钻孔油层厚度很小，含油级别低，不会形成工业油气，但油气在煤层下部沉积，会通过构造裂隙等通道进入煤层或煤系地层中，并且厚煤区往往也是沉积中心，煤层埋深大，与油气层间距小，导致厚煤区易受到下部油气层的影响。

因此，煤层瓦斯往往存在局部富集现象，煤层气在厚煤区及油气赋存区还是具有一定的资源潜力。

31.2.2 相关成果与获得的荣誉

陕西省一九四煤田地质有限公司利用焦坪矿区煤层煤层气综合勘查与评价技术，取得了丰硕的成果和荣誉：

(1)《陕西省黄陇侏罗纪煤田焦坪矿区转角勘查区详查地质报告》于 2014 年 3 月获得陕西省地质学会第七届优秀地质成果二等奖。

(2)《陕西省黄陇侏罗纪煤田焦坪矿区转角勘查区勘探地质报告》于 2017 年 11 月获得第九届陕西省地质学会优质地质报告三等奖。

(3)《转角地区低阶煤储层特征与煤层气勘探开发方案研究》于 2017 年 12 月获得陕西省煤田地质集团有限公司科学技术三等奖。

（供稿单位：陕西省一九四煤田地质有限公司）

32

陕西省渭北石炭二叠纪煤田澄合矿区煤炭、煤层气综合勘探与评价技术

32.1 项目基本情况

32.1.1 背景意义

煤层气是赋存于煤层中的非常规天然气，是高效洁净能源，同时煤层气（瓦斯）也是威胁煤矿安全生产的重大隐患，开发利用煤层气资源既能充分利用高效洁净能源、保护大气环境，也有利于煤矿安全生产。目前，煤炭勘查和煤层气勘查分别执行不同的技术标准体系，缺乏相互联系、相互融合，同时受煤炭与煤层气矿业权管理、投资、技术壁垒等因素的影响，有很多煤炭或煤层气勘查项目未能做到综合勘查、综合评价，严重影响到煤炭、煤层气资源综合勘查的质量和工作效率。煤炭与煤层气综合勘查技术研究，对于指导煤炭与煤层气综合勘查工作具有重要的意义。

陕西省成煤时代主要为石炭二叠纪、三叠纪和侏罗纪，主要煤田有渭北石炭二叠纪煤田、陕北石炭二叠纪煤田、陕北三叠纪煤田、黄陇侏罗纪煤田、陕北侏罗纪煤田、商洛石炭二叠纪煤田和镇巴侏罗纪煤田等 7 个煤田。各个煤田均有煤层气分布，但具有资源价值的煤层气主要分布在陕北石炭二叠纪煤田、渭北石炭二叠纪煤田和黄陇侏罗纪煤田。渭北石炭二叠纪煤田东起韩城，西至耀县，地层走向由北东向南西展布，有渭北“黑腰带”之称。研究该区澄合矿区的煤炭与煤层气综合勘探有重大现实意义。

32.1.2 主要研究内容

32.1.2.1 矿区奥灰水补、径、排及水文地质条件分析

澄合矿区属于黄河流域，区内沟谷发育，构成错综复杂的黄土台塬、沟壑地貌形态。矿区奥灰含水层岩溶发育呈现水平分区、垂直分带特征，且受到构造发育方向和程度的影响；主要补给来源为区外铜川灰岩裸露区域，还有澄合矿区部分河流和水库灰岩裸露带的入渗补给与上覆含水层的少量越流补给。澄合矿区位于合耀水文地质单元的径流带和排泄区，奥灰含水层水径流方向为由西向东，在黄河和洛河河谷通过上升泉排出地表。

区内地下水含水层，按其岩性及充水空间性质不同，可划分为孔隙裂隙潜水、裂隙水及岩溶水三种类型。孔隙裂隙含水层的富水性一般为弱~中等程度，而岩溶含水层中太原组灰岩为中等富水性，富水性较强的含水层主要为奥陶系灰岩含水层。

奥灰含水层作为澄合矿区的主要底板充水水源，具有富水性强、充水量足、厚度大及难以防治等特点，由于距离煤层近，增大了其对澄合各矿安全开采的影响。

矿区位于合耀水文地质单元东端，合耀水文地质单元奥灰地下水补给方式包括面状、线状和点状三种补给方式，补给来源主要为大气降水和地表水体，面状补给区域主要为渭北隆起带灰岩裸露山体，大气降水直接通过灰岩裂隙岩溶补给岩溶含水层。线状补给主要指河流、沟渠等地表水的入渗补给。合耀水文地质单元内河流均属于黄河水系，主要河流包括石川河、漆水河、洛河、县西河、白水河、大峪河、金水沟和徐水河。

32.1.2.2 澄合矿区山阳井田煤炭资源量估算

山阳井田范围内共获得4号、5号煤层煤炭资源总量43 307万t，贫煤21 778万t，贫瘦煤21 529万t（表32-1）。其中探明的内蕴经济的资源量（331）为8 069万t，贫煤3 835万t，贫瘦煤4 234万t；控制的内蕴经济的资源量（332）为7 734万t，贫煤6 142万t，贫瘦煤1 592万t；推断的内蕴经济的资源量（333）为27 504万t，贫煤11 801万t，贫瘦煤15 703万t。

表 32－1　4 号、5 号煤层资源量统计表

分区	煤层号	资源量/万 t			
		331	332	333	合计
全井田	4	738	960	8 882	10 580
	5	7 331	6 774	18 622	32 727
	合计	8 069	7 734	27 504	43 307

32.1.3　山阳井田煤层气特征研究

32.1.3.1　含气性

山阳井田煤炭（补充）勘探施工了 2 个煤层气参数井（SC1、SC2）和 2 个煤层气探井（ST1、ST2），共采集煤层气样 33 个。

4 号煤层空气干燥基煤层气含量为 0.70～3.46m^3/t，平均 1.43m^3/t；5 号煤层空气干燥基煤层气含量为 0.43～2.34m^3/t，平均 1.25m^3/t。南部煤层气含量较北部相对较小，随着深度增加煤层气含量增大

32.1.3.2　生气条件

（1）显微组分特征。

煤中显微组分含量对煤层气原始生成量的大小影响显著，其中镜质组、壳质组生气能力较强，是煤成气态烃的主要贡献者；镜质组吸附能力较强，是影响吸附性的主要组分。4 号、5 号煤层有机显微组分以煤镜质组为主，但惰质组含量相对较高，以至壳质组含量极低，生气能力总体上较差。

（2）煤的变质程度。

井田内 4 号煤层镜质组最大反射率 1.710%～1.916%，平均值 1.799%；5 号煤层镜质组最大反射率 1.670%～1.900%，平均值 1.806%。4 号、5 号煤层均属高变质（Ⅶ、Ⅷ）阶段烟煤，即贫煤～贫瘦煤范畴，生气能力及储集能力较差。

32.1.3.3　储气条件

煤储层的储气条件是影响现今煤储层含气量大小的重要因素，主要包括储层埋藏深度、构造、围岩等地质条件。

（1）煤层埋藏深度。

4 号煤层埋藏深度为 281.62～768.25m，5 号煤层埋藏深度为 285.46～

773.03m，各煤层由南向北埋藏深度逐渐变深。各煤层煤层埋藏深度总体相对较深，相对有利于煤层气的生成和储集。

（2）构造条件。

山阳井田构造形态是一走向近东西、向北倾斜具波状起伏的单斜构造。地层产状平缓，倾角一般3°~8°，东部及东北部倾角逐渐增大，不超过20°，沿走向倾向均发育有次一级的小型褶曲。井田内未发现大的断裂构造，仅在井田外东西两侧有北北东（F22）和北东向（F4）较大断裂，构成本井田的自然边界。首采区经三维地震勘探仅发现两条落差0~6m的小断层（DF1、DF2）。

F22、F4、F38断层均为张性正断层，这些断层破坏了煤层的连续性和完整性，可能形成有利于煤层气排放的地质条件，由于受到张性断层拉伸作用，其断裂面为开放性，不利于煤层气的保存，断层面附近由于构造应力的释放而成为低压区，煤层吸附的甲烷大量解吸，并通过断层面逸散，以致煤层气含量下降。DF1、DF2正断层断距较小，对煤层气的保存有一定影响，但影响程度相对较小。

（3）煤储层围岩。

4号煤层基本顶为K4砂岩，直接顶板以粉砂岩、砂质泥岩为主，其顶板含水性弱，渗透性差；4号煤层直接底板以砂质泥岩及粉砂岩为主，其底板含水性弱，渗透性较差。5号煤层基本顶以中、细粒砂岩为主，有时相变为细粉砂岩或粉砂岩，直接顶板分粉砂岩和砂岩两类，粉砂岩顶板包括粗、细粉砂岩及砂质泥岩、泥岩，砂岩类为细、中粒砂岩，伪顶为炭质泥岩、泥岩，其顶板含水性弱，渗透性差；5号煤层直接底板为K3石英砂岩、砂质泥岩及泥岩，含水性弱，渗透性较差。4号、5号煤层的围岩封闭性较好，有利于煤层气的储集。

32.1.3.4 煤层气综合评价

4号煤层煤层气总含气量整体较低，空气干燥基煤层气含量为0.70~3.46m^3/t，平均1.43m^3/t；空气干燥基甲烷含量为0.03~2.71m^3/t，平均0.81m^3/t；气体成分以N_2和CH_4为主，还有少量CO_2；镜质组最大反射率1.710%~1.916%，平均值1.799%，属高变质（Ⅶ）阶段烟煤。5号煤层煤层气总含气量整体较低，空气干燥基煤层气含量为0.43~2.34m^3/t，平均1.25m^3/t；空气干燥基甲烷含量为0.13~1.83m^3/t，平均0.82m^3/t；气体成分以N_2和CH_4为主，还有少量CO_2；镜质组最大反射率1.670%~1.900%，平均1.806%，属高变质（Ⅷ）阶段烟煤。4号、5号煤层煤层气含气量均小于《煤层气资源/储量规范》（DZ/T 0216—2010）根据变质程度划分的煤层气含量估量下限标准4.0m^3/t，达不到煤层气资源量估算要求标准。

32.2 取得的主要成果

32.2.1 创新点

32.2.1.1 研究方法齐全

此次研究采用钻探、三维地震、地球物理测井、地质及水文地质（含工程、环境要素）填图、采样测试、抽水试验以及地表水、地下水动态长期观测、气测录井、煤层气试井等多种手段进行综合勘探，充分发挥了各种勘探手段的优势，提高了对煤炭资源的控制程度，以合理的投入取得了较佳的地质效果，为矿井建设可行性研究和初步设计提供了可靠的地质依据。

32.2.1.2 澄合矿区山阳井田煤炭资源量巨大

共获得4号、5号煤层煤炭资源总量43 307万t，先期开采地段内共获得4号、5号煤层煤炭资源量15 334万t，其中探明的内蕴经济的资源量（331）为8 069万t，控制的资源量（332）为4 148万t，推断的资源量（333）为3 117万t。4号、5号煤层探明的内蕴经济的资源量（331）占先期开采地段内4号、5号煤层总资源量的52.6%，4号、5号煤层探明的内蕴经济的资源量（331）和控制的内蕴经济的资源量（332）占先期开采地段内4号、5号煤层总资源量的79.7%。

32.2.2 获奖情况

2018年10月，陕西省一三九煤田地质水文地质有限公司提交《陕西省渭北石炭二叠纪煤田澄合矿区山阳井田煤炭勘探报告》，约16.4万字，各类图纸113张，附表4册。2020年9月11日，该报告获得中国煤炭工业协会煤炭地质分会第十九届优质地质勘查报告特等奖。

（供稿单位：陕西省一三九煤田地质水文地质有限公司）

33

云南省富源县大河煤矿区煤炭、煤层气勘查中大口径绳索取心技术的应用

33.1 项目基本情况

根据《国务院关于促进煤炭工业健康发展的若干意见》（国发〔2005〕18 号）文件精神，国家以建设大型煤炭基地和大型煤炭企业集团为主体的煤炭供给体系，鼓励支持国有大型集团参与大型煤炭基地建设，在云南省和曲靖市政府支持下，国投曲靖煤炭开发有限公司开发恩洪矿区中深部。为了矿区科学合理开发，按照统筹规划、合理布局、择优开发、综合开发、规模经营、持续发展的思路进行总体规划是十分必要的。

曲靖市恩洪矿区是云南省已探明的最大优质炼焦用煤基地，也是云南省最大的商品煤基地，还是国家发展改革委员会"发改能源〔2006〕352 号"文批准的国家大型煤炭基地中云贵基地之主要矿区之一，煤种主要是中灰、特低~中硫、特低磷、高发热量焦煤、1/3 焦煤，属特殊和稀缺煤类矿区中的优质焦煤。

大河煤矿区中深部勘查区是国家大型煤炭基地恩洪矿区范围内的重要组成部分，位于恩洪矿区西北部，规划范围为由格宗向斜大水塘两个含煤构造单元组成的煤系地层的中深部。由于勘查程度不够，在国家大型基地规划中明确待进一步勘查后再确定建设规模和开发形式。2015 年 5 月，国投曲靖煤炭开发有限公司根据云南省发展和改革委员会"云发改能源〔2008〕1301 号"文备案登记的《大河煤矿区总体规划》，将大河煤矿区中深部探矿权区块规划为富煤一矿后备区、二矿、三矿、四矿等矿井规模开发，编制《云南省富源县大河煤矿区中深部开发规划调整优化方案》，再结合现行矿业权相关管理规定及评审政策，编制了《云南省富源县大河煤

矿区中深部勘查区煤炭勘探设计》，委托福建省121地质大队和云南省煤炭地质勘查院共同实施了该项目，并最终提交《云南省富源县大河煤矿区中深部勘查区煤炭勘探报告》，为大河煤矿区中深部勘查区总体规划修编、矿产资源储量登记统计、矿业权分离和进一步补勘工作以及矿区科学合理开发提供了依据。同时，开发恩洪矿区深部符合国家大型基地由大型企业为主体的开发精神，尽快开发规划并建设矿区对对缓解云南选精煤和电煤的供需矛盾、维护能源安全、优化煤炭行业结构、促进地方经济发展意义深远。

2018年10月，项目组提交了《云南省富源县大河煤矿区中深部勘查区煤炭勘探报告》，自然资源部矿产资源储量评审中心以“自然资矿评储字〔2020〕18号”通过评审，自然资源部以“自然资储备字〔2020〕122号”予以备案。

33.2 取得的主要成果

33.2.1 成果关键技术要点与创新点

33.2.1.1 大口径绳索取心钻探施工工艺

深部找矿离不开钻探，且钻探工作的成功与否直接关系着地质找矿的成败，特别是在钻探设备、器具和工艺方法等方面。勘探选择的钻探等施工工艺均是传统工艺的延伸，通过多年的地区施工经验和具体地层的研究，探索出的大口径绳索取心钻探施工工艺解决了传统绳索工艺施工水文地质钻孔、煤层气试井孔、地热资源勘查孔的扩孔、钻效低下等问题。该工艺较好地拓展了传统钻探绳索取心工艺在煤层气试井、水文地质抽水试验孔的一次成孔的应用，大大提高了钻进效率，避免了传统施工扩孔诱发钻探事故的风险，具成孔质量高、钻进效率快、施工周期短、满足各类地质目的等特点，是传统工艺无法比拟的。

煤层气试井对钻探施工工艺和生产技术水平要求较高，钻探施工水平的高低很大程度上决定了试井的成败。此阶段施工的煤层气参数井均采用Φ130mm开孔、Φ95mm终孔的绳索取心工艺。根据现场地质资料和《煤层气井注入/压降试井方法》（GB/T 24504—2009），采用注入/压降试井方法。该方法是一种单井压力瞬变测试，适用于高、低压储层，是目前煤层气井测试中最常用的一种试井方法。它是以较稳定的排量、低于煤层破裂压力的注入压力向井中注水一段时间，在井筒周围产生一个高于原始储层的压力分布区，然后关井，使得压力与原始储层压力逐渐趋于平衡。注入和关井阶段采用压力计记录井底压力随时间的变化过程，通过分析数据，求取煤层的参数。其压降阶段的数据分析通常最具代表性，试验非常成功，取得参数准确，为如期高效完成地质勘查野外工作奠定了良好基础。

33.2.1.2 深部找矿理论

勘查区煤炭资源大部分为隐伏状，埋深大都超过800m，由于深部矿勘查相对于浅部矿勘查具有难度大、投资大、风险性大的特点，迫使矿产勘查人员必须依靠科学技术的进步来发展和形成新的找矿能力。通过对勘查区深部煤炭资源勘查，强调综合勘探技术方法的优化配置，结合多手段相互补充与多成果互相验证，效果极为明显，为矿井深部找矿勘探、开发提供了可靠的地质依据。

项目组通过认真分析勘查区大地构造背景、成矿地质条件和成矿规律，以已有的成矿预测理论为基础，合理选用地面调查、大口径绳索取心钻探方法和技术，综合分析成矿前景，同时加强和改进深部钻探工作，从而最大程度地增加了找矿成功概率，降低了勘查风险。尤其对滇东北区域性深部找矿工作，综合地质研究判定与深部成矿有关的地质背景、进而确定主要的控矿因素组合种类及其控矿作用的相互关系，在此基础上结合区域内已知矿床的成矿作用和成矿特征，总结区域成矿规律，最终建立矿床成因模型，从而指导区域内具体的深部勘查工作，在整个勘查系统中起到了地质研究的先行、指导作用；对于矿区深部找矿工作中的综合地质研究则首先侧重于查明主要控矿地质条件的局部化变化特征，特别是直接的赋矿地质部位的查明，进而总结矿体（床）空间定位规律，最终建立矿体（床）产状定位模型，以指导矿区深部勘查工程的具体实施。

33.2.2 成果的主要内容及应用场景

通过采用地表地质填图、深部钻探并辅以测井等手段，完成了项目野外地质勘查工作，历时3年，截至2018年底，自然资源部矿产资源储量评审中心评审通过，在现有探矿权范围内累计查明埋深1 200m以浅煤炭资源量（全硫含量≤3%）63 284万t，均为保有资源量。其中，探明的内蕴经济的资源量（331）为11 285万t，控制的内蕴经济的资源量（332）为18 821万t，推断的内蕴经济的资源量（333）为33 178万t。另获全硫含量>3%类资源量9 839万t，其中，探明的内蕴经济的资源量（331）为823万t，控制的内蕴经济的资源量（332）为3 508万t，推断的内蕴经济的资源量（333）为5 508万t。预测区内煤层气资源总量为54.02亿m^3，其中控制的为41.80亿m^3，推断的为12.22亿m^3；属中等规模、中等丰度、中等深度埋深。

查明了勘查区构造复杂程度为中等类型，主要可采煤层属较稳定型的Ⅱ类二型矿床。煤层瓦斯含量高，各煤层均有煤尘爆炸危险性，煤的自燃倾向为容易自燃～自燃；水文地质条件中等，工程地质条件中等，环境地质条件中等，开采技术条件勘查类型属复合问题的二类四型（Ⅱ-4）矿床；查明可采煤层15层，其中全区可采3层，大部可采9层，局部可采3层；煤类以焦煤为主，兼有1/3焦煤；煤层属特低～高灰、特低～高硫、特低～低磷、低～特高热值的焦煤大类。确定煤的工业利用方向，主要用作炼焦用煤或配煤，部分动力用煤。

33.2.3 成果的技术实用性和实践效益

勘查区煤炭资源赋存条件复杂，随着浅部煤炭资源逐步开采，深部煤炭开采面临的地质环境条件更加复杂，包括低渗透及高瓦斯煤层、高地应力、高承压水和高地温场等方面，不可避免地面临着煤与瓦斯突出、冲击地压、巷道围岩控制、水害、热害等诸多技术难题。煤层埋藏深度的增加是盆地构造演化和含煤岩系构造变形的结果，经历浅部脆性断裂变形的煤层在深部“高地温、高地压、高瓦斯”动力地质环境易于遭受韧性变形，从而在煤层构造形态和煤体结构更为复杂，并与瓦斯突出、顶板垮塌、水害、冲击地压等事故密切相关。深部安全高效矿井建设需要查明断层、褶皱、陷落柱、岩浆岩体、老窑及采空区位置与形态。

勘查区累计投入勘查费用约1.73亿元，探获能利用煤炭资源储量6.32亿t，煤层气资源总量为54.02亿m^3，吨煤勘探成本为0.273元/t，经济效益显著。同时，先进的钻探绳索取心工艺，尤其是大口径（Φ110mm以上）的绳索取心工艺可以广泛应用于煤层气勘探、水文地质勘查、地热资源勘查及相关地质科学研究领域，其具有取心率高、钻进速度快、处理复杂地层高效等特点。目前在地热资源勘查等领域中运用Φ150mm口径推广使用该钻探工艺，取得了较好的第一手地质资料，经济效益显著，成孔质量较高。

33.2.4 推广价值

由于受现有地质成矿理论研究本身的探索性和不完善性、地质成矿事件的复杂性和变化性以及研究手段的技术水平现状所限，深部地质综合研究的程度目前非常有限。与深部矿勘查有关的深部成矿地质环境、深部成矿特征、深部成矿规律研究亟待加强和提高。同时，深部找矿离不开钻探，且钻探工作的成功与否直接关系着地质找矿的成败，钻探技术不可替代。尤其要加强和改进深部钻探工作，特别是在钻探设备、器具和工艺方法等方面。

大河煤矿区中深部勘查区深部找矿理论是在充分分析深部成矿规律和成矿模式研究、区域地质构造背境和成矿地质条件研究基础上，选择适用的地质成矿理论、找矿经验和有效的钻探、物化探方法技术，综合运用理论和方法技术，大大提高了深部找矿的成功率，有效利用资源和减少能耗，减人增安，提高矿井生产安全，具有重要作用和现实意义，在滇东北煤层埋藏较深区域尤其值得推广。

（供稿单位：云南省煤炭地质勘查院、福建省121地质大队）

34

江西省新余市蒙山地区“石竹山式”隐伏硅灰石矿成矿模式及找矿方法

34.1　项目基本情况

硅灰石是战略性新兴矿产，属天然绿色、低碳排放矿物工业原材料，陶瓷工业的节能原料（可节省燃料消耗约60%），还是高性能工程复合材料的增强填料。新余市以铁矿、煤矿资源产业而“立市”，几十年来为江西经济社会发展作出了巨大贡献。因后备资源不足，2013 年《国务院关于印发〈全国资源型城市可持续发展规划（2013—2020 年）〉的通知》（国发〔2013〕45 号）将新余市列为资源衰退型城市，新余市急切需要新的接替资源，实现绿色发展、绿色崛起。项目以茅口组下部可能存在隐伏岩体与茅口组含燧石条带灰岩、硅质灰岩空间展布研究为突破口，以岩体接触带为重点勘查对象，主攻硅灰石矿，同时对铜、锡等矿产进行综合评价，实现综合勘查和找矿重大突破，探获世界最大硅灰石矿床，为新余市建设以硅灰石为原料的新型产业集群、促进新余市高质量跨越式发展、实现绿色崛起提供资源保障。

34.1.1　理论提升

34.1.1.1　突破前人认识，开展综合找矿

根据江西省地勘基金《江西省分宜县洞村煤矿普查》项目 ZK1802 孔、ZK1403 孔均在二叠系乐平组下部茅口组中发现了多层硅灰石矿体，其中 ZK1802 孔揭露硅灰石矿体真厚度 13.49m，硅灰石平均矿物含量 65.95%，矿体类型为热变质型的认识，通过系统收集整理蒙山地区区域地质调查与重力、电磁法测量等勘查成果并深入剖析，突破前人一直认为蒙山岩体南侧为高角度侵位的观点，提出蒙山地区南侧岩体为低角度侵位，其南侧具有寻找硅灰石矿的潜能，用绿色勘查技术重点开展隐

伏硅灰石矿的勘查工作，提出了蒙山地区南侧岩体为低角度侵位的认识。石竹山硅灰石矿区找矿认识的转变是该项目成功勘查的难点与突破点。江西地勘基金部署了《江西省新余市渝水区石竹山—上高县樟木桥硅灰石矿普查》项目，勘查证实，蒙山岩体的南侧及周边外接触带具有寻找隐伏硅灰石矿的巨大潜力，进一步拓展了蒙山地区的找矿思路、找矿空间和找矿方向。

34.1.1.2 剖析关键控矿因素，发现新类型矿体，创建“石竹山式”找矿模式

硅灰石形成的化学反应过程为 $CaCO_3 + SiO_2 \rightarrow CaSiO_3 + CO_2$，此反应除需要硅、钙外，还需要足够的热源，并让生成的 CO_2 快速逃逸。该项目突破了前人蒙山地区硅灰石矿均为“层控热变质型”的认识，矿床类型的厘定取得突破性认识，深化了区域成矿规律的认识，拓展了江西硅灰石矿的找矿空间，为今后的找矿新突破明确了找矿思路和找矿方向，进而指导科学部署探测技术和探矿工程。石竹山隐伏黑云母花岗岩、黑云母二长花岗岩至外接触带具有典型的蚀变分带特征，即绿帘石化、绿泥石化→云英岩化（内接触带）→矽卡岩化（萤石化、透闪石、符山石、石榴石、硅灰石）→矽卡岩化大理岩（硅灰石、透辉石、硅灰石）→大理岩→大理岩化灰岩，表明此岩体为成矿岩体，能为硅灰石的形成提供热源、流体与硅质源。石竹山矿区茅口组下部灰岩内存在稳定的似层状～透镜状硅质条带、燧石结核，灰岩能为硅灰石的形成提供钙源和硅源。上覆炭质泥岩屏蔽热能及成矿流体，伸展滑脱断裂及其次级裂隙系统能够让 CO_2 快速逃逸，促使硅灰石的形成。石竹山矿区发现了层控热接触变质型和接触交代矽卡岩型硅灰石矿体，其中接触交代矽卡岩型硅灰石矿体为蒙山地区首次发现的新类型硅灰石矿体，并共伴生锡、铜矿体，以层控热变质型为主，如石竹山Ⅳ号硅灰石矿体，单层矿体长超过6 000m，资源量达超大规模，经济价值巨大；矽卡岩型矿体如Ⅷ号矿体除硅灰石矿外，共伴生锡、铜矿，找矿潜力巨大。

综上，“石竹山式”找矿模式为“岩体＋含硅质碳酸盐岩＋伸展滑脱断裂＋盖层（炭质泥岩屏蔽）”。“石竹山式”找矿模式的创建，为科学指导区内勘查工程的部署提供了理论依据。

34.1.1.3 率先提出超大型硅灰石矿床的动—热学机制

石竹山地区硅灰石矿主要受晚印支期伸展构造—岩浆活动的控制，矿床的形成

与该地区由北向南的伸展滑脱构造以及同期的岩体侵入作用密切相关，晚印支期以来，一系列岩浆的热隆升导致区域内形成大规模的伸展滑脱，同时诱发二叠纪地层中的含硅质灰岩发生接触热变质作用，矿体主要赋存在遭受韧性伸展滑脱变形的二叠系茅口组含硅质石灰岩中，矿层的空间展布与近东西走向、向南缓倾的滑脱断层和岩体接触面近乎平行；其成矿过程为区域伸展—岩体就位—接触热变质及接触交代变质—硅灰石化—韧性伸展滑脱导致构造层带状富矿化—浅表层沿脆性正断层破碎带碎裂流动、角砾岩化和 CO_2 脱气。伸展构造体系是该区隐伏超大型硅灰石成矿的关键所在。

34. 1. 1. 4　践行绿色勘查理念，创新勘查技术

以绿色勘查理念贯彻硅灰石绿色节能矿产勘查，采用“一位两孔、一位多孔”的施工方案，减少钻机平台、道路对生态环境的扰动；采用多级孔径的工艺、清水钻进，改变了传统的泥浆护壁对水源的污染；应用“脉面层体”就矿找矿模型指导矿区立体透明化探测，精准定位岩溶对钻进的风险和隐伏矿体，提高钻探见矿率、减少钻探钻进事故，达到绿色勘查、低成本勘查的评价效果。突破了深部接触交代矽卡岩型硅灰石矿体的勘查技术方法瓶颈，探获富、大的硅灰石矿床。

34. 1. 1. 5　探获世界最大硅灰石矿床

历经 3 年，探获 333 +334 类硅灰石矿石量 11 033 万 t、矿物量 6 955 万 t，硅灰石平均含量 63. 04%；其中，333 类矿石量 5 357 万 t，矿物量 3 478 万 t（相当 34. 8 个大型硅灰石矿），平均品位 64. 09%（赣国土资储备字〔2018〕12 号、赣金林储审字〔2018〕060 号）。相当于全国新增硅灰石保有储量 21%，全世界新增硅灰石保有储量 4%，刷新了世界硅灰石矿床资源量规模纪录，改变了中国乃至世界硅灰石矿资源分布格局。

34. 1. 2　实践意义

该项目成果的推广应用，不仅为硅灰石地质勘查提供了有力的科技支撑，而且被地方政府采用。依托项目成果，应用“石竹山式”找矿模式，在蒙山地区新探获新余市渝水区石山—上高县摇篮窝超大型硅灰石矿和上高县院坑—新余市渝水区新村大型硅灰石矿、透辉石矿。

经初步估算，石竹山硅灰石矿潜在经济价值超百亿元，硅灰石矿的开发在新余

市已有较好基础，南方硅灰石有限公司已形成5大系列产品，其中4 000～6 000目超细粉项目正在建设中，投产后超细粉产品将填补国内空白并达到国际领先水平。石竹山世界最大硅灰石矿及周边大型～超大型硅灰石矿的发现，巩固了新余市“矿业立市”的资源优势地位，新余市政府以硅灰石资源优势和科技创新产品研发基础为依托进行硅灰石产业链专项规划，为新余市建设以硅灰石为原料的新型产业集群，促进新余市高质量跨越式发展，实现绿色崛起提供资源保障。

34.2 取得的主要成果

（1）践行绿色勘查理念，突破以往勘查思路，探获世界最大硅灰石矿床。

突破前人一直认为蒙山岩体南侧为高角度侵位的观点，通过区域地质调查与重力、电磁法勘查等绿色勘查手段，提出蒙山地区南侧岩体为低角度侵位，其南侧具有寻找硅灰石矿的潜能，以绿色勘查技术重点开展隐伏硅灰石矿的勘查工作。

（2）查明关键控矿因素，创建“石竹山式”找矿模式，研究成果国际领先。

创建了“石竹山式”“岩体＋含硅质碳酸盐岩＋伸展滑脱断裂＋盖层（炭质泥岩屏蔽）”的找矿模式（图34－1）。

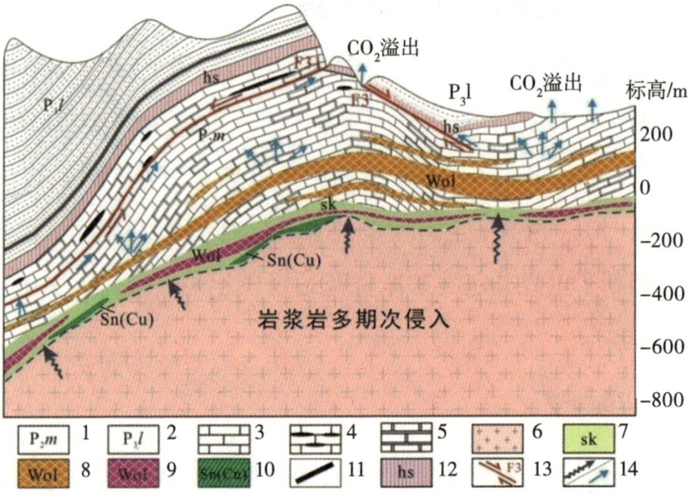

1.茅口组；2.乐平组；3.灰岩；4.含燧石条带灰岩；5.大理岩；6.蒙山岩体；7.矽卡岩；8.热变质型硅灰石矿体；9.接触交代矽卡岩型硅灰石矿体；10.矽卡型锡（铜）矿体；11.煤层；12.角砾岩化带；13.断层及其编号；14.岩体热量传导方向/CO_2逃逸方向

图34－1　石竹山硅灰石矿找矿模式图

（3）新发现接触交代矽卡岩型硅灰石矿体，拓展了硅灰石找矿空间、找矿思路和找矿方向。

在石竹山矿区新发现了层控热接触变质型和接触交代矽卡岩型硅灰石矿体，其中接触交代矽卡岩型硅灰石矿体为蒙山地区首次发现的新类型硅灰石矿体（图 34－2），并共伴生锡、铜矿体。深化了区域成矿规律的认识，拓展了江西省硅灰石矿的找矿空间，为今后的找矿新突破明确了找矿思路和找矿方向。

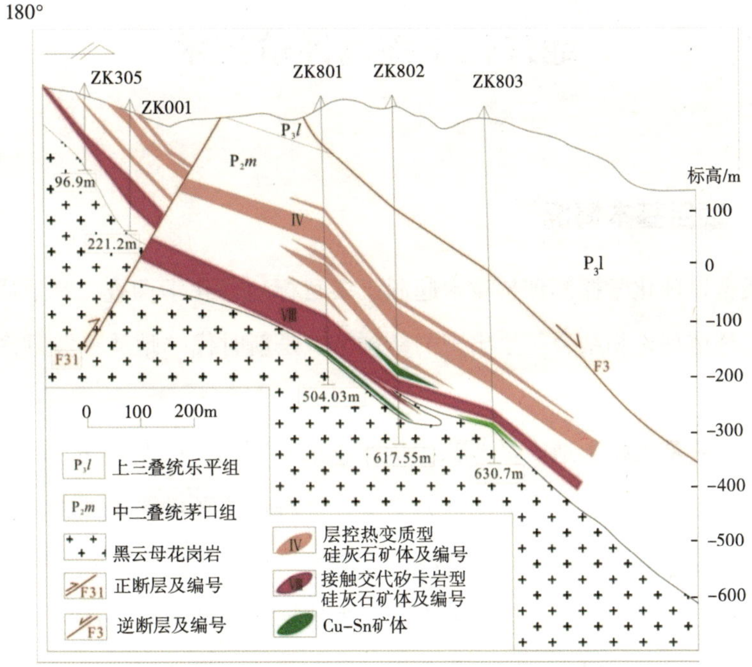

图 34－2　石竹山矿区 8 号勘探线剖面图

（供稿单位：江西省地质勘查基金管理中心、江西省煤田地质局二二四地质队、江西省煤田地质局）

35

江西省赣南地区土地质量地球化学探测评价技术

35.1 项目基本情况

土地质量地球化学探测评价技术起源于多目标地球化学调查，是地质科学与土壤学、农业种植理论相结合衍生出来的新领域，是新时代“地质+”理念下的一次交叉学科的尝试。

其核心本质是依托土地质量地球化学调查采样数据，以调查区土壤、大气、灌溉水等地球化学要素及生态安全评价为主体，生态地质环境调查评价为辅，对土地质量地球化学等级进行划分，对土地质量、潜在价值及生态风险、土地生态环境及适宜性进行评价，建立土地地球化学质量等级数据库及档案，实现科学量化土地质量，为促进地方经济发展、土地生态管护、动态管理、规划利用和成果数据的查询及应用提供基础资料和依据。

作为海峡西岸经济区土地质量地球化学调查项目子项目成果，江西赣南地区土地质量地球化学探测评价技术是服务于赣南苏区重点地区脱贫攻坚工作而开展的精准扶贫项目，被广泛应用于乡村振兴战略，支撑质量兴国、绿色发展。项目成果在于宏观掌握土壤中的物质元素分布特征，结合地区地质背景，分析有益元素及有害元素的分布及运移特点。同时考虑元素在土壤与植物、水与大气及生物圈的富集规律，以绿色发展和人文宜居理念为指导，将成果最终转化为服务乡村振兴和绿色发展的需要。

35.2 取得的主要成果

35.2.1 关键技术要点与创新点

35.2.1.1 关键技术要点

（1）评价指标体系的建立。

根据《土地质量技术化学质量要求》，评价指标分为肥力指标（包括健康指标）和环境指标两类。

土地质量地球化学评价指标体系是在系统研究土地质量地球化学内部因素（土壤中元素含量、土壤 pH 值和土壤有机碳等）和外部因素（大气质量、水体质量和农产品安全性等）的基础上，遵循主导性、系统性、独立性、生产性、稳定性和区域性等原则建立的。

土地质量地球化学评价指标体系是多层次的，对土地质量影响程度相同或类似的一组指标为一个层次。影响土地质量的内部因素为第一评价指标层，该评价指标层由肥力指标层和环境指标层组成，肥力指标进一步划分为大量元素指标层、微量元素指标层。

（2）评价指标的筛选。

土地质量地球化学评价指标的筛选过程遵循主导性原则、系统性原则、独立性原则、稳定性原则、区域性原则和空间变异性原则，重点是以土壤为主题构成评价指标层，从成图效果与统计计算上，结合先导区土地质量地球化学评价指标，进行本区的土地质量地球化学评价指标筛选，选对主导因子，避免出现重复评价。

（3）综合评价技术。

综合评价是对单因素评价结果进行综合。从数学方法的角度看来，对于一些复杂时空问题的研究，采用任何单一的数学方法和单个数学模型都是很难奏效的。在地理信息系统的支持下，本次调查综合评价采用多因子评价，主要包括土地利用性质、地层背景和流域三个方面。

35.2.1.2 创新点

（1）首次采用三因子插值法对土地质量开展综合评价。

该项目调查在赣南地区首次采用土地利用性质图斑、地质背景和流域三因子插值法对土地质量地球化学进行评价，相对于以往化探单因素分析方法，更加全面、更加系统地反映物质元素在土壤—农作物空间分布特征及运移规律，更准确表达出土地质量真实属性，更能有效服务于现代农业生产。

（2）首创以流域块段法对灌溉水质量进行评价。

该项目首次使用流域块段分析，对不同流域水系沉积物进行采集，再分区域对灌溉水质量开展评价。与以往水系沉积物以点数据表达方法相比，更具合理性。

（3）首次使用成果可视化展示。

便于地方应用转化为扩大成果应用，提高转化率，将该项目的成果及数据以土地档案卡片的形式呈现，图文并茂，为地方成果应用提供便利。

35.2.2 成果主要内容及其应用范围

项目系统采集了表层土壤、灌溉水、花生、脐橙、猕猴桃、半夏、蔬菜、灵芝、甜叶菊、茶叶、油茶与水稻籽实及根系土样品，获取了土壤全量、农作物中元素全量等分析数据，编制营养有益元素及重金属元素地球化学图、全量元素及有机质丰缺分级图、土壤重金属元素环境质量分级图、富硒土地资源分布图、无公害产地分布图、无公害富硒基地开发建议图等，为各工区开展土地资源利用、农产品品质和安全性研究提供了可靠的基础资料。取得的主要成果如下：

（1）系统地分析了赣南地区的土壤质量，调查掌握了区内的土壤污染源分布特征，综合评价了土地质量，为当地后续的土地治理和利用提供了基础数据支撑。

调查成果显示，土壤环境质量总体较好，局部区域存在部分元素超标，4 个工区土壤环境质量以一等（清洁）为主，清洁土壤面积占全部调查区面积的 77.80%，详见表 35-1。

表 35-1　调查区土壤环境质量一览表

地区	一等	二等	三等	四等	五等
赣县沙地/km^2	301.99	27.76	0.48	0.51	0.55
崇义县过埠/km^2	1.52	99.92	8.35	2.58	0
崇义县上堡/km^2	89.61	1.84	0.05	0	0
信丰县油山/km^2	141.38	7.3	1.12	1.2	0.87
占全部调查区比例/%	77.80	19.91	1.46	0.62	0.21

土壤综合质量良好，以二等、三等为主，分别占全部调查区面积的 43.60%、

38.35%，详见表35-2。

表35-2 调查区土壤综合质量等级一览表

地区	一等	二等	三等	四等	五等
	优质	良好	中等	差等	劣等
赣县沙地/km^2	28.85	156.45	128.6	16.32	1.07
崇义县过埠/km^2	0.31	13.27	84.1	12.13	2.56
崇义县上堡/km^2	25.34	56.61	9.5	0.05	0
信丰县油山/km^2	26.6	73.24	41.26	8.7	2.07
占全部调查区比例/%	11.80	43.60	38.35	5.41	0.83

（2）对土壤中养分的丰缺情况展开研究，指导地方农业种植。

调查成果显示，调查区土壤养分的丰缺呈现差异化分布。其中，土壤养分综合等级以三等（适中水平）为主，占全部调查区面积的55.18%，详见表35-3。

表35-3 调查区土壤养分综合等级一览表

地区	一等	二等	三等	四等	五等
赣县沙地/km^2	1.12	31.5	168.59	114.11	15.97
崇义县过埠/km^2	0.47	12.79	75.31	22.73	1.07
崇义县上堡/km^2	0.385	25.42	58.05	7.66	0
信丰县油山/km^2	0.39	30.86	77.17	35.87	7.58
占全部调查区比例/%	0.34	14.64	55.18	26.25	3.58

（3）首次采用流域关联分析法对调查区内的灌溉水质量开展质量评价，为全调查区的土壤元素迁移及物源追索研究提供方案。

调查区内采集的87件灌溉水样水质分析结果均为一等，水质综合评价良好。

（4）首创使用成果可视化展示，为优势土壤资源建立土地质量档案，提高项目成果的应用转化率。

通过此次赣南调查区土地质量调查，基本掌握了调查区内富硒富锌、绿色土壤的分布情况。调查成果显示，共圈定了含硒量为0.3～0.4mg/kg的富硒土地资源面积30.67万亩，含硒量高于0.4mg/kg的富硒土地资源面积24.41万亩。圈定AA级绿色食品产地25.03万亩，A级绿色食品产地63.49万亩，见表35-4。

表 35 - 4　调查区优势土壤资源分布情况一览表

地区	绿色食品产地			富硒土壤资源	
	AA 级	A 级	其他	富硒	潜在富硒
赣县沙地/km^2	136.6	171.48	23.21		71.87
崇义县过埠/km^2	7.56	66.67	38.14	66.66	35.28
崇义县上堡/km^2	10.94	56.93	23.63	64.79	21.27
信丰县油山/km^2	11.79	128.17	13.91	31.31	76.07
面积合计/万亩	25.03	63.49	14.83	24.41	30.67
占全部调查区比例/%	24.22	61.43	14.35	23.06	28.97

向三县提交一大批优势土壤资源土地质量档案卡片，提出了 11 个无公害富硒富锌基地，14 个绿色食品产地建议区，14 个名特优农产品基地。

圈定富锌土壤面积 25.48 万亩，在崇义县上堡梯田圈定富硒、富锌特色区 4.09 万亩，并进行农产品锌吸附研究，发现茶叶锌富集程度较高，为当地富锌土地开发和农业种植提供了依据。

35.2.3　技术实用性与实践效益

江西赣南地区土地质量地球化学探测评价技术是海峡西岸经济区土地质量地球化学调查项目的核心技术，可广泛应用于土地质量调查评价项目，其成果紧密联系农业生产，实用性强，能够直接转换，服务于调查区农业种植，实践效益明显。以下从社会效益和经济效益两方面进行阐述。

35.2.3.1　社会效益

（1）为当地农业种植施肥提供科学依据。

（2）为提升土地利用价值提供有力科学依据。

（3）为农产品安全提供根本保障。

（4）改善人居环境，保障人体健康。

35.2.3.2　经济效益

（1）带动当地经济发展，创造更多就业岗位。

基于此次调查成果，三县四个调查区提交的富硒富锌土地资源，若用于打造富锌富硒农产品销售，初步估算能为该区域每年累计增收 2.294 亿元，估计新增约 1 000个就业岗位。

（2）引导当地种植业发展及施肥方向，发力精准扶贫。

通过对当地土地质量的评价，了解调查区内土壤各有益元素及有害元素的空间分布情况，有利于正确引导当地农业发展规划，提供精确施肥计划，为全区的精准扶贫工作提供助推剂。

（3）挖掘优势土地资源，协助招商引资。

通过此次评价，全面掌握调查区内富硒富锌、无公害、绿色等优势土壤分布情况，同时了解调查区内劣势土壤分布，提出无公害富硒富锌、绿色富硒富锌等一系列重点区域，建立土地质量档案卡片，为当地的招商引资提供协助，进而促进当地经济发展。

35.2.4 推广价值

项目成果为当地提交一批优势土地资源，有利于当地打造绿色生态发展品牌，具有较好的推广价值和利用前景。

项目调查成果为当地挖掘了一大批优势（富硒富锌）土地资源，提交了一批绿色食品产地、集中连片富硒富锌基地、特色农产品基地；同时也对可能存在风险的重点污染区提出相应修复建议，并对土地规划与利用、农业种植施肥提出建议。

35.2.5 已获奖项

该项目成果获“江西省煤田地质局第四届科技大会”科技进步二等奖、中国煤炭工业协会煤炭地质分会第十九届优质地质报告二等奖。

（供稿单位：江西省煤田地质勘察研究院）

36

青海省大柴旦行委绿草沟煤矿深部及外围高角度叠瓦逆冲断层和构造复杂区断层探测、评价技术

36.1 项目基本情况

青海省作为缺煤省份，现有生产煤矿多处于构造复杂区，受以往勘查成果认识限制，资源储量有限，多呈产能落后之势。绿草沟地区地质构造复杂，发育一系列高角度叠瓦逆冲断层，严格控制着煤系和煤层赋存。

项目重点对绿草沟煤矿、绿草山宽沟斜井煤矿及其外围复杂构造区发育的高角度叠瓦逆冲断层进行系统分析、探测及评价，取得了良好的成果和新增煤炭资源量，为煤矿改扩建提供了重要地质基础保障。

36.1.1 理论提升

该项目成果是对柴达木盆地北缘山前逆冲带典型构造样式的补充，以往对柴达木盆地北缘逆冲带内的构造系统认识多为逆冲构造影响下的阶梯状抬升、地层“倒转”等，缺乏对复杂构造区煤矿具体构造形态的系统总结。项目提出了构造复杂区的概念，即因煤矿区断层发育十分复杂而使地层赋存遭到破坏，含煤地层及煤层赋存不稳定，勘查工程部署困难，很难达到勘探程度的特殊地区。通过控制、总结复杂构造区高角度叠瓦逆冲断层的发育特征，细致划分构造单元，针对不同构造单元，分别控制、评价其构造发育程度，为构造复杂区煤矿地质勘查提供了问题解决思路，提升了对柴达木盆地边缘的山前逆冲带构造系统的认识研究方法理论。

36.1.2 实践意义

绿草沟煤矿作为即将被淘汰的 15 万 t 小煤矿，通过重点研究复杂构造控制下的

含煤地层和煤层赋存，取得了新增资源量突破，成功在构造复杂区获得了能够支撑其改扩建至60万t的地质成果依据。通过该关键成果的获得，间接缓解了当地煤矿企业的生存发展问题及部分人员就业问题。

绿草沟山前逆冲带规模大，根据该成果和绿草沟勘探思路，位于绿草沟煤矿东侧的宽沟斜井煤矿正在开展深部及外围勘探。

基于构造复杂区构造探测、评价方法，着力在柴达木盆地北缘鱼卡地区构造复杂区进行了构造控煤炭研究下的煤炭及煤层气调查工作，得到了青海省财政资金的大力支持，并初步取得了良好的找矿突破。

36.2 取得的主要成果

（1）建立了一套符合高角度叠瓦逆冲断层和构造复杂区断层探测、评价的技术方法体系。

项目的技术路线图见图36－1。项目从已有地面物探成果基础入手，在柴达木盆地北缘山前构造研究理论体系背景下，运用构造学、地层层序学、沉积学及煤地质学原理，实际采用地表地层对比分析，构造迹象识别、判断，配合钻探工程揭露验证，综合分析后建立起了绿草沟煤矿及其深部、外围整体构造形态。运用技术方

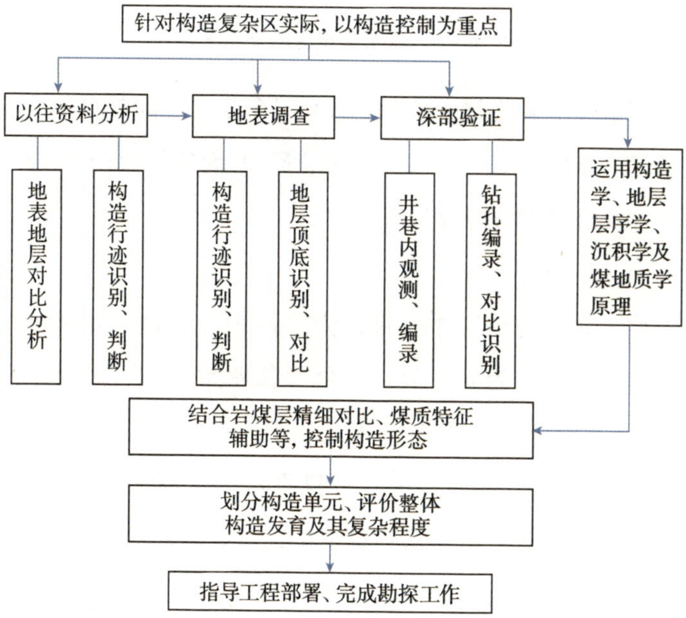

图36－1　技术路线图

法均为常规煤炭地质勘探手段，实用性较高。该研究技术方法体系可广泛应用于高角度叠瓦逆冲断层和构造复杂区断层的探测、评价工作。

（2）对绿草沟煤矿及其深部、外围区域地质构造形态进行了控制，第一次较全面地总结评价了该区域的构造发育。

绿草沟地区位于达肯大坂山前逆冲带上，总体构造形态为被数条逆冲断层切割控制下北翼倒转的不对称向斜，断层具有浅部倾角大、至深部逐渐变缓的特征，组成叠瓦式逆冲断层系统，控制着区内含煤地层和煤层的分布（图 36－2）。

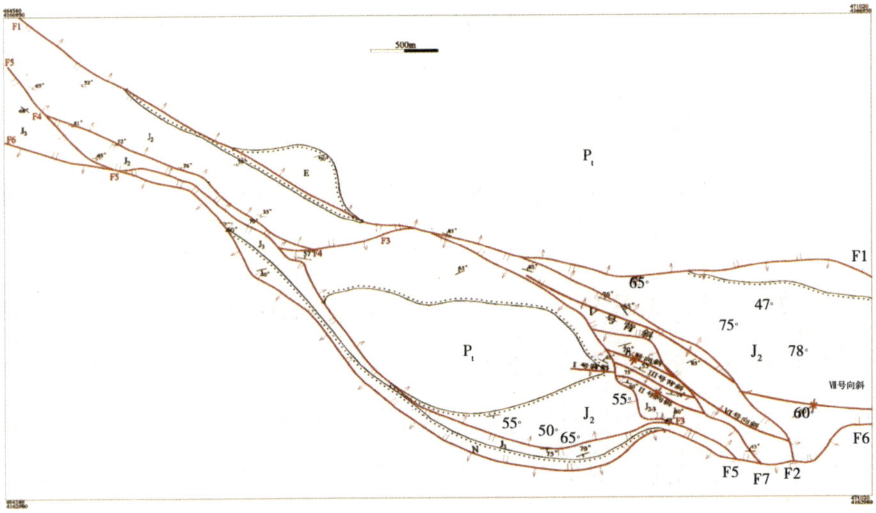

图 36－2　绿草沟地区构造纲要图

根据构造发育情况，可将绿草沟地区 F1、F6 断层之间的区域划分为四个不同的构造单元，即 F1～F2 条带、F2～F3 条带、F3 上盘条带及西部 F3 下盘条带。各条带内的地层赋存及煤层发育程度均有不同。

1）褶皱。

Ⅰ号背斜：位于绿草沟地区中东部，为“西山”古隆起的继承背斜，轴面直立，近东西走向，轴部地层为元古界，两翼为侏罗系中统，南翼地层倾角约 55°，北翼倾角约 65°。向东逐渐倾伏并被 F3 断层切割。

Ⅱ号向斜：位于 F2～F3 条带内Ⅱ号背斜北侧，F7 断层上盘，轴面近直立，呈北西西走向，轴部及两翼地层均为侏罗系中统，地表南翼倾角约 55°，北翼约 70°，规模较小，由断层逆推挤压形成。

Ⅲ号背斜：位于 F2～F3 条带南部，F7 断层上盘，轴面略向北倾，受 F3 断层影响，呈北西西走向，轴部地层为元古界，两翼为侏罗系中统。从地表看南翼地表倒转北倾，倾角约75°，北翼约55°。该背斜为Ⅰ号背斜的东延部分，向东被F7断层切割。

Ⅳ号向斜：位于F2～F3条带内Ⅱ号背斜南侧，F7断层上盘，轴面略向北倾，呈北西西走向，轴部及两翼地层均为侏罗系中统，地表南翼倾角约60°，北翼地表倒转北倾，倾角约75°，规模较小，由断层逆推挤压形成。

Ⅴ号背斜：位于F2～F3条带北部，F7断层下盘。轴面近直立，呈北西走向，轴部及两翼均为侏罗系中统，从地表看南翼较缓，倾角45°～55°，北翼陡，倾角83°左右，该向斜由断层逆推挤压形成。

Ⅵ号向斜：位于F2～F3条带北部，F7断层下盘。轴面近直立，呈北西走向，轴部为侏罗系中统，两翼地表以侏罗系上统为主。从地表看两翼倾角较大，南翼约65°，北翼约83°。该背斜由断层逆推挤压形成，并造成背斜部位煤层厚度较大。

Ⅶ号向斜：位于F1～F2条带内，是在山前断裂逆冲抬升过程中形成的，受F1影响，轴面北倾，走向近东西。南翼倾角约60°，北翼地层多倒转北倾，倾角47°～78°，轴部及两翼均为侏罗系，规模较大。

此外，区内西部F3断层下盘条带整体为山前倒转向斜的北翼，地层整体呈倒转的单斜赋存，倾角在35°～65°。

2）断层。

通过一系列勘查，不同程度地控制了一组高角度叠瓦状发育的F1、F2、F4、F5及F6北倾逆断层及F3、F7南倾逆（反冲）断层，如图36－3和图36－4所示。

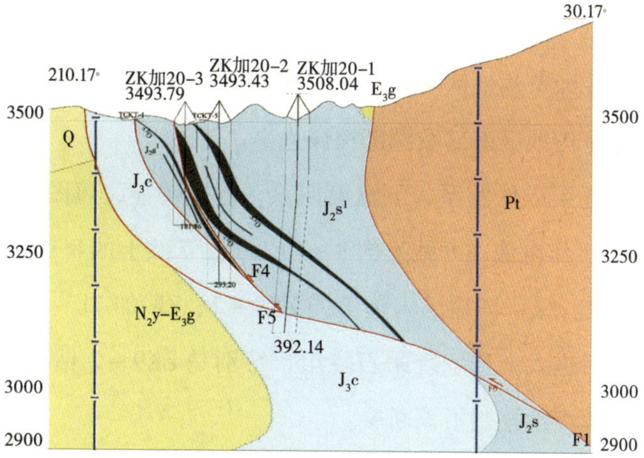

图36－3　绿草沟地区第加20勘探线地质剖面（断层示意）

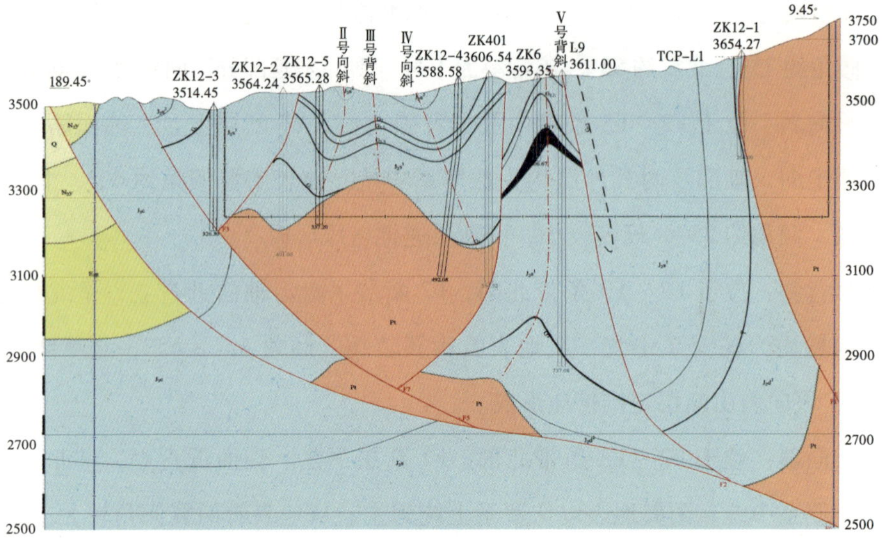

图 36－4　绿草沟地区第 12 勘探线地质剖面（断层示意）

——F1 断层。

逆断层，发育于绿草沟地区北部高山（达肯大坂山基底）边缘，与中、新生代地层接触。属于本区高角度叠瓦状系列断层中的后缘断层，为区内主要控煤构造。由于该断层的逆冲作用，北部元古界地层压覆于南部含煤地层之上，并使其下盘向斜地层北翼倒转，形成了绿草沟地区含煤地层的北部自然边界。普查、勘探两次工作中在地表对其行迹严密控制，点距接近 100m，深部有 ZK12－1、ZK13－2 穿过基底后深部揭露中侏罗统，ZK20－3（报废）钻孔钻遇断层破碎带造成涌水而报废，矿井水直接控制了该断层，其控制程度高。

——F6 断层。

逆断层，发育在绿草沟地区南部山区前缘，属于本区高角度叠瓦状系列断层中的前缘断层，为绿草沟地区南部及深部控煤边界。

地表上盘为新近系或侏罗系，下盘第四系，行迹明显，填图按 100m 左右点距控制。2008 年预查工作电法在 6 线上的 9～10 号点、7 线上的 8 号点、8 线上的 7～8 号点附近均有反映。绿草沟地区内施工的 ZK9－2、ZK 加 11－1、ZK 加 20－1 等钻孔穿过含煤地层后进入上侏罗统采石岭组，特别是 ZK9－2 钻孔穿过石门沟组后揭露新近系，不同程度地控制了该断层。

F6 断层的形迹照片和素描图分别见图 36－5 和图 36－6。

图 36-5　F6 断层形迹照片

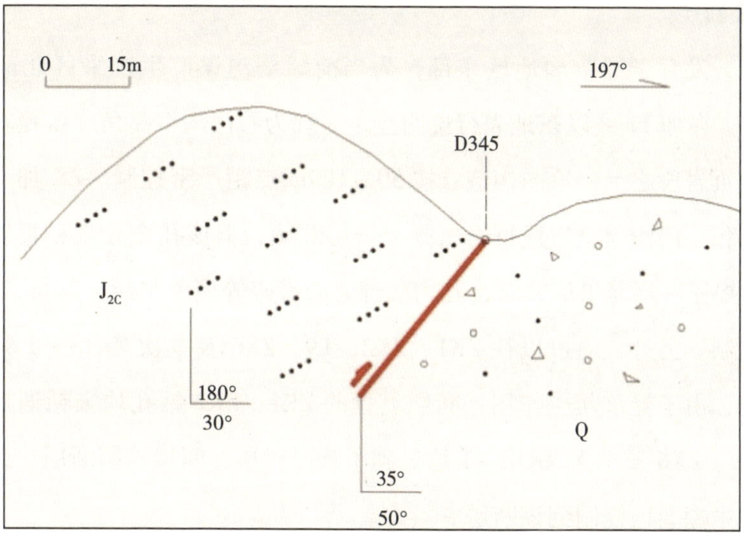

图 36-6　F6 断层素描图

——F5 断层。

逆断层，发育在绿草沟地区南部，F6 断层北侧，同属高角度叠瓦状逆冲断层（图 36-7）。断层地表出露行迹明显，特别在绿草沟地区南部地表断层上盘石门沟组中发育断层牵引褶皱，填图中按 100m 左右点距严密控制。由 ZK12-3、ZK301、TC-8 以及西部第 19～22 线大部分钻孔不同程度控制。

图 36－7　F5 断层形迹照片

——F2 断层。

逆断层，发育于绿草沟地区东部，为当前绿草沟煤矿生产采区北部边界断层（图 36－8）。在加 11 线以东地表行迹明显，表现为石门沟组高角度压覆在采石岭组及石门沟组页岩段之上，填图构造点按 50～100m 点距严密控制。ZK 加 11－1 南部地表有大面积石门沟组页岩段页岩出露，岩层北倾，但该孔全孔未见页岩段，且在 132.40m 处揭露一层薄煤层，结合孔内浅部岩心破碎等现象判断，其自 ZK 加 11－1 钻孔内被控制。另外，通过以往 ZK1、ZK2、L9、ZK6 及本次 ZK13－1 钻孔间接控制了该断层，由于受该断层作用，断层上盘的 ZK1、ZK2 钻孔均未钻遇煤层，而断层下盘的 L9、ZK6 及本次 ZK13－1 均见到了特厚煤层，间接控制断层。此外，绿草沟生产矿井中探巷内控制到该断层。

图 36－8　F2、F7 断层形迹照片

——F4 断层。

逆断层，属高角度叠瓦状逆冲系列断层之一。该断层地表行迹并不明显，只在其上盘各煤层尖灭点上可观察，并有 TCKT－3 槽探控制。通过地层对比，绿草沟地区西部含煤地层整体属于倒转向斜北翼，地表地层由南到北由新变老，但仔细对比后可发现，整体 $G_{2下}$ 至 G_1 煤层底板发育了一套明显的灰绿至暗红色细粒砂岩、粉砂岩及泥岩组合，地表观察十分明显。据此，在加 20 线施工钻孔后结合 ZK 加 20－2 见三层厚煤层，ZK 加 20－3 见两层厚煤层，但地表南部只有一层煤层露头等线索，将该断层地表及深部发育形态做了控制。

——F3 断层。

逆断层，发育在绿草沟地区中部基底“西山”前缘，第 17～13 线间该基底为古隆起。在上述这组高角度逆冲断层的活动过程中，该隆起因岩层坚硬造成反冲，围绕基底隆起区前缘形成 F3 逆断层。在局部地段有填图点控制，如 D395、D386、D418 等，ZK12－2、ZK12－5 根据见煤情况间接控制。

——F7 断层。

逆断层，F3 断层同期形成的附属断层，地表东部第加 11－9 勘探线部位行迹明显，由多个填图点控制，表现为石门沟组高角度压覆在采石岭组之上。向西由 ZK401、ZK12－5 及 ZK6 等钻孔见煤情况间接控制。绿草沟煤矿生产矿井目前正在沿该断层走向向深部掘进下山巷道，掘进面地压大，微小构造十分发育，证实了该断层的存在。

（3）因地制宜地按照不同地质单元评价构造复杂程度和煤层稳定性，最终实现“同一勘探区不同勘查类型条件下达到煤炭勘探程度”。在满足设计部门对煤矿改扩建可行性需要的同时，又不违背地质勘查规范要求，可以作为煤炭勘探新思路。

在总体认识构造系统，控制各类褶皱、断层基础上，划分了该煤矿区的不同地质构造单元，绿草沟地区中部因存在基底隆起，造成“西山”整体抬升，造成勘探区被分割为包括 F1～F3 条带、F3 上盘“西山”南缘的东部区块和包括西部 F3 断层下盘、第 20 线以西至第 22 线的西部区块两个构造区块。

绿草沟地区东部受 F1、F2、F7、F3、F5 及 F6 断层影响，含煤地层在不同的断块内呈现出地表产状零乱、皱褶发育的特点，地表 F2 断层北部地层整体北倾倒转，F2 断层南侧又呈现出倾向整体为南东向的倾伏背斜形态，F7 断层南侧石门沟组在

11勘探线地表发育连续向背斜形态。深部地层发育呈现出规律性差，厚度变化快，煤层层数、层厚变化大，受断层严格控制的特点。东部构造的总体评价为“复杂”。

绿草沟地区西部相对东部，构造发育有F6、F5、F4、F1断层，其为同一组高角度叠瓦逆冲断层，含煤地层的赋存在该区块也相对简单，为倒转向斜北翼，勘探区内形态整体上呈现出被一组断层切割的单斜形态。因此，西部构造的总体评价为“中等”。

（供稿单位：青海煤炭地质勘查院）

37

内蒙古自治区阿拉善左旗巴彦诺日公矿区查干四区饰面石材花岗岩矿勘探探矿权成果简介

37.1 项目基本情况

内蒙古自治区阿拉善左旗饰面石材花岗岩资源十分丰富，远景资源量超过 3 亿 m^3。其因资源潜力巨大、花色种类丰富、成材率高、开发条件优越，得到了越来越多国内石材企业的青睐。

近年来，随着福建、山东等花岗岩主产区矿山被逐步关停，国内石材产业由东南沿海向西部转移的步伐明显加快。《阿拉善盟矿产资源总体规划》（2016—2020 年）提出，要抓住国家石材产业由东南沿海向西部地区转移的有利时机，发挥巴彦诺日公饰面石材资源优势，加快引进产供销一体的国内外知名石材企业，大力发展中高档石材新产品以及石材深加工制品，打造石材产业基地。“十三五”期间，阿拉善盟对发展花岗岩石材产业进行了准确定位和科学规划。在产业布局上引导石材产业相对集中、统一规划、合理布局，整合全盟的石材资源，形成产业聚集效应，促进石材产业实现集约发展、规模发展和可持续发展。目前已建成内蒙古自治区阿拉善左旗吉兰泰石材专业化特色园区，入驻加工企业 30 余家，年加工板材能力达到 6 000 万 m^2。

经过详查、勘探工作，该项目查明了勘查区饰面石材花岗岩矿的矿石量和荒料量可满足设置矿山的需求。提高了阿拉善左旗饰面石材资源的保障程度，为吉兰泰石材专业化特色园区建设提供了资源保障和技术支持。

37.2 取得的主要成果

37.2.1 成果关键技术要点与创新点

（1）经详查工作，在阿拉善左旗提交饰面石材花岗岩矿超大型矿产地 1 处。矿区获得新增饰面石材花岗岩矿矿石量（122b+333）14 532.74 万 m^3，荒料量（122b+333）6 272.45 万 m^3。

（2）经勘探工作，提交饰面石材花岗岩矿大型矿产地 5 处。矿石量（121b+122b+333）5 281.53 万 m^3，荒料量（121b+122b+333）2 262.27 万 m^3，理论荒料率为 42.83%，矿床剥采比 0.165∶1。首采区资源储量占总资源储量的 44.72%；探明的资源储量占总资源储量的 18.15%，控制的+探明的资源储量占总资源储量的 53.56%。

（3）查明了矿区的地层、构造、岩浆岩特征与成矿、控矿条件。矿体赋存于二叠纪黑云二长花岗岩中，矿石呈浅肉红色、浅黄色，中粗粒结构，矿床属中酸性岩浆岩成因。详细查明了矿体矿石物质成分、结构构造、矿石类型、矿石化学成分；通过物理性能测试、放射性检测、节理裂隙统计及部分地段试采工作，掌握了矿石花色品种、色斑、色线、解理裂隙率及荒料率等矿石质量的变化特征。详细查明了矿区花岗岩矿石的工业用途，该区矿石属中~高档花岗岩类饰面石材，荒料的表面颜色基本一致，矿石矿物颗粒分布均匀，无裂纹，无色斑、色线等缺陷，矿石加工技术性能良好，易于加工。矿石加工技术性能报告可作为地质矿产评价的依据。

（4）详细查明了矿区的水文地质、工程地质条件和地质环境现状。确定矿区水文地质勘探类型为第二类第一型，矿区工程地质勘探类型为第二类第一型，矿区地质环境质量为良好。矿床开采技术条件勘查类型为第一类型。矿区开采技术条件简单，以露采为主。

37.2.2 成果技术的先进性、实用性

（1）勘查过程中，及时采用新技术规范，项目各项技术指标满足《饰面石材矿产勘查规范》（DZ/T 0291—2015）的要求。

（2）研究了矿床开采技术条件和矿石性能，显示该矿床水文地质条件简单，利

于露天开采；矿体放射性指标符合要求，开采不会造成环境方面的污染；矿石属中高档花岗岩类饰面石材，加工技术性能良好，易于加工。该地区饰面花岗岩具有良好的开发潜力，为矿山开发提供了重要参考。

（3）勘探工作提高了资源的保障程度，满足了现在设置矿山的需求。饰面石材矿山开采符合当地政府产业发展规划要求，开采方案采用的生产工艺成熟可靠，经济效益明显，对发展地区经济、增加地方财政收入起到积极的作用。

（4）报告系统总结了详查与勘探工作成果，可作为矿产资源储量登记统计及矿山建设初步设计的依据。2017 年，获中化地质矿山总局地质找矿成果奖二等奖。2020 年，获中国煤炭工业协会煤炭地质分会第十九届优质地质报告一等奖。依托项目成果，项目组成员在学术期刊公开发表论文 2 篇，申请专利 1 件，对推动阿拉善地区饰面石材行业学术影响起到了积极作用。

37.2.3　成果的社会经济效益、推广价值

该项目符合内蒙古自治区阿拉善盟阿拉善左旗产业发展规划要求，开采方案采用的生产工艺成熟可靠，预计可产生 260 亿元以上的经济效益，对发展地区经济、促进就业和社会安定团结、增加地方财政收入起到积极的作用。经经济评估，项目达产后年总成本费用 14 020.65 万元，经营成本 13 280.96 万元。企业达产年实现利税总额 9 979.35 万元，利润总额 8 269.17 万元，所得税 2 067.29 万元，税后利润 6 201.88万元。投资利税率 78.82%，投资利润率 65.31%。

2020 年 1 月，经内蒙古国土资源厅审批，内蒙古自治区阿拉善左旗巴彦诺日公矿区查干四区蟒德勒、蟒德勒北和毛仁卡矿段饰面石材花岗岩矿探矿权转采矿权，设计生产规模 80 万 m^3/a。

该项成果通过技术研究和工程实践应用，取得了良好的经济效益及社会效益，具备一定的示范性和推广价值。目前阿拉善盟矿产能源投资（集团）有限公司已利用该项成果进行招商引资。

37.2.4　取得的知识产权、奖项

37.2.4.1　专利情况

一种辅助野外爬山与水样采集于一体的便携式装置（专利号：ZL 201822164793.7）。

37.2.4.2 获奖情况

（1）获得2017年度中化地质矿山总局地质找矿成果奖二等奖。

（2）获得中国煤炭工业协会煤炭地质分会第十九届优质地质勘查报告一等奖。

（供稿单位：中化地质矿山总局化工地质调查总院）

38

辽宁省北票市台吉营子矿区
金矿详查探矿权成果简介

38.1 项目基本情况

38.1.1 背景

金矿产资源在各国资源量中具有举足轻重的地位，属于国家重点控制矿种。黄金具有货币和商品双重职能，历来被当作货币储备。作为金融付款基础和银行金融界的交换基础，其在稳定国民经济、抑制通货膨胀、提高国家信誉等方面有重要作用。黄金在世界经济领域和现实生活中，是比任何纸币更具有储藏价值的一种储备手段，它对保证国家经济安全、国防安全和规避金融风险所起的作用也是任何物品所无法替代的，所以，人们对黄金的需求是长久的。当前就黄金价格变化而言，国际金价受供求因素、国际经济形势、国际地缘政治等影响较大，黄金市场价格波动较大，国际金价从高位大幅下跌之后，正处于缓慢回升时期。

北票市盛祺矿业有限公司涉足金矿投资业务，于2011年12月16日首次获得了由辽宁省国土资源厅批准的“辽宁省北票市台吉营子金矿详查”勘查项目探矿权；2012年7月29日和2013年4月9日两次对勘查许可证进行变更和延续，有效期限至2014年7月28日，勘查面积4.06km^2。该公司于2013年4月16日与中化地质矿山总局化工地质调查总院签订勘查工作合同，委托其对台吉营子矿区岩金矿进行勘查工作。

38.1.2 意义

经过勘查工作，团队成员查明了工作区金矿体的资源储量，满足了金矿床开发利用及矿山建设的需求，提高了北票市金矿产资源的保障程度，为台吉营子矿区矿山建设提供了资源保障和技术支撑。

该项目符合辽宁省北票市产业发展规划要求，开采方案采用的生产工艺成熟可靠，已产生了良好的经济效益和社会效益，目前已产生了9 391万元的经济效益，对发展地区经济、促进就业和社会安定团结、增加地方财政收入起到了积极的作用。

38.2 取得的主要成果

38.2.1 成果关键技术要点与创新点

（1）通过1∶2000地质填图及地表槽探揭露工作，基本查明详查区内地层、构造、岩浆岩等地质特征。通过施工槽探、钻探工程，共控制和圈定了①、①-1、①-2、①-3、③、④、⑤、⑤-1、⑥、⑥-1、⑥-2、⑦、⑦-1、⑩、⑩-1、⑩-2、⑩-3等18个金矿体，其中①、⑥号矿体为主矿体。

（2）根据①号矿体特征，确定了矿床勘查类型为第Ⅱ类型，对①号矿体采用80m×80m基本间距施工钻探，探求（332）及（333）资源量；其他矿体为第Ⅲ勘查类型，使用40m×40m间距进行控制，探求（332）及（333）资源量；主要矿体的连续性基本确定。基本查明了矿体中夹石及顶底板岩性的分布情况。

（3）矿石质量特征已查明，矿石中有用组分为金，伴生少量的银，载金矿物主要为黄铁、黄铜、石英等，金的赋存状态以裂隙金为主，晶隙金、包体金次之。矿石工业类型为金—硫化物—石英矿石，矿石自然类型有含金石英脉型和含金碎裂蚀变岩型两种。

（4）通过选矿试验，金矿样在磨矿细度为-200目75%的条件下，经过一段粗选—两段精选—三段扫选—中矿顺序返回的单一浮选工艺流程，即可获得精矿品位103g/t、回收率97.56%、尾矿品位0.25g/t的浮选指标，每吨金精矿的选矿成本约1 024元。浮选试验证明该矿石选矿工艺流程和药剂制度均简单合理，指标合格，技术可行，精矿质量较好。

（5）通过系统的矿区水文地质工程地质勘查与研究工作，查明矿床属水文地质条件为简单类型（第一型）、工程地质复杂程度为中等类型（第二型）、地质环境质量为中等类型（第二类），综合评价开采技术条件为中等类型（Ⅱ-4型）。

（6）本次详查施工83个钻孔，其中见矿孔46个，钻孔见矿率为55.42 %。矿心采取率平均96%，岩心采取率平均94 %，均符合规范要求。施工探槽46个，探槽均完整揭露了矿化蚀变带位置，基本控制和圈定了地表矿（化）体，槽探工程基本上达到地质设计目的，满足规范要求。因此，本次施工的探矿工程质量符合地质规范的要求。

（7）提交金矿资源量（332+333）：矿石量1 468 175t，金金属量16 770kg，金平均品位11.42 g/t。其中，（332）资源量为：矿石量319 249t，金金属量4 076kg，金平均品位12.77g/t；（333）资源量为：矿石量1 148 926t，金金属量12 694kg，金平均品位11.05g/t，伴生银（333）矿石量1 387 845t，金属量4.42t，平均品位为3.44g/t。

（8）通过勘查与研究，确定矿床成因类型为构造控制热液蚀变岩型金矿床。

38.2.2 成果技术的先进性、实用性

（1）勘查过程中，及时采用新技术规范，项目各项技术指标满足《岩金矿地质勘查规范》（DZ/T 0205—2002）的要求。

（2）经研究，该矿床具有较好的经济效益和社会效益。勘查工作提高了资源的保障程度，满足了现在设置矿山的需求。按矿山年开采规模15万t计，矿山总服务年限约10年。经济评估结果显示，该矿具备很高的开采价值，投资利润率达259.69%，可满足投资方预期的投资收益。金矿山开采符合当地政府的产业发展规划要求，开采方案采用的生产工艺成熟可靠，经济效益明显，对发展地区经济、增加地方财政收入起到积极的作用。

（3）报告系统总结了勘查工作成果，可作为矿产资源储量登记统计及矿山建设初步设计的依据。该成果曾荣获中国煤炭地质总局科学技术奖一等奖。依托项目成果，项目组成员在学术期刊公开发表论文1篇，丰富和完善了凌源—北票成矿带金矿的成矿理论及成矿规律，对区域寻找同类型的金矿提供了借鉴，对推动金矿行业学术研究起到积极作用。

38.2.3 成果的技术实用性和实践效益

该项目符合辽宁省北票市产业发展规划要求，开采方案采用的生产工艺成熟可靠，预计矿山总利润可达20亿元以上，潜在经济价值约40.28亿元，对发展地区经

济、促进就业和社会安定团结、增加地方财政收入起到积极的作用。经经济评估，项目达产后，矿山总利润为189 056.19万元，平均年利润18 178.48万元。投资收益率为355.49%，投资利润率为259.69%，投入正常生产后0.385年即可收回投资费用。

该项成果通过技术研究和工程实践应用，取得了良好的经济效益及社会效益，具备一定的示范性和推广价值。目前北票市盛祺矿业有限公司已利用该项成果完成转让工作，共获得收益9 391万元。

38.2.4 已获奖项

该成果荣获中国煤炭地质总局科学技术奖一等奖。

（供稿单位：中化地质矿山总局化工地质调查总院）

39

安徽省淮南煤田潘集矿区
深部煤炭、煤系气合探共采综合评价技术

39.1 项目基本情况

在我国《找矿突破战略行动纲要（2011—2020年）》指引下，为加快实现安徽省找矿突破，保障经济社会可持续发展，全面推进“公益先行、商业跟进、基金衔接、整装勘查、快速突破”地质找矿新模式，安徽省公益性地质勘查基金全额投资了淮南煤田深部大型煤炭整装勘查项目——安徽省淮南煤田潘集煤矿外围煤炭勘查。项目总投资2.52亿元，勘查面积281.71km^2。

依托深部煤炭勘查工程，项目同期开展了“巨厚松散层覆盖下复杂煤系地层深孔绳索取心钻进关键技术攻关”“深部煤炭勘查与开采地质条件研究专题”“淮南煤田潘集外围深部地区煤层气和页岩气合探共采综合评价”，深入研究深部煤层开采地质条件的勘查测试方法及评价方法，探求煤炭、煤系气合探共采综合评价技术。

该项目的成功实施，既实现了地质找矿重大突破，又取得一系列技术成果，对于两淮煤田深部及我国类似地区煤炭、煤系气综合勘查与开发具有明显的示范意义和推广价值。

39.2 取得的主要成果

39.2.1 成果关键技术要点与创新点

（1）首次在详查过程中，全面、系统地开展了“深部煤炭勘查与开采地质条件研究专题”。集成创新了深孔煤层瓦斯现场解吸技术和煤层顶底板工程地质条件评

价方法，完善了钻孔简易测温井底温度校正方法和瓦斯含量校正方法，提出了适合潘谢矿区的深部涌水量预测、含水层富水性评价以及深部开采突水预测方法，揭示了煤系赋存深度和地质构造对开采地质条件的控制作用，建立了深部煤层开采地质条件勘查、测试技术与评价体系。

（2）针对深孔（大于1 200m）钻探取心方面长期存在的突出问题，在分析煤系地层赋存特征的基础上，首次系统地开展了钻探设备及附属工具选择、钻孔结构优化、护壁泥浆和冲洗液类型选择、钻进规程优化、钻头选型等研究，自主研制了DX-2000型全液压顶驱钻机，改进了钻头类型，开发了等离子弧表面淬火处理钻杆接头技术，建立了一套巨厚松散层覆盖下复杂煤系地层深孔绳索取心钻进关键技术。该技术应用在煤层气井、冻结钻孔、注浆孔、地热井等深井施工中具有明显的技术、效率、经济优势。

（3）率先在淮南煤田展开了煤层气、页岩气及其他有益矿产综合勘查与评价工作。通过"淮南煤田潘集外围深部地区煤层气和页岩气合探共采综合评价"，首次发现淮南煤田石炭二叠纪煤系发育三套烃源岩，表现为三个煤层段与富有机质泥页岩的共生组合，烃源岩生烃潜力大，煤系气成藏气源充足；识别出三套煤系气有利储层组合，存在自生自储、下生上储、互层型三种共生基本类型，建立了适合淮南煤田地震地质条件下的煤系含气储层识别技术及合探共采有利区评价标准。

（4）首次在详查阶段引入了煤矿设计部门，对深部煤炭资源总体规划、未来开发可行性进行专题论证，提交了《潘集煤矿外围煤炭资源开发论证报告》，开创了特大型煤炭矿产地资源勘查与开发工程超前优化布置模式。

39.2.2 成果的主要内容及应用场景

基于潘集煤矿外围煤炭、煤系气综合勘查，取得了一系列地质成果，主要内容为：

（1）通过煤炭勘查，提交了《安徽省淮南煤田潘集煤矿外围煤炭详查报告》，新发现煤炭资源量48.57亿t，为稀缺的优质炼焦用煤，其中查明资源量37.55亿t，潜在资源量11.02亿t，为我国近5年来发现的最大的煤炭矿产地。

（2）基于淮南煤田巨厚松散层覆盖下复杂煤系地层的深部绳索取心钻探技术取得突破，技术装备得到完善、定型，关键技术荣获国家知识产权局实用新型专利权，该技术对提高深孔钻进效率和节约钻探成本具有明显优势。

（3）通过对潘集煤矿外围深部煤层、瓦斯赋存条件、水文地质条件、地应力场和地温场特征的研究，建立了深部煤层开采地质条件勘查、测试技术与评价体系，并对深部地热资源及其他伴生矿产资源进行了综合评价，全区潜在热储层资源量为 2.69×10^{14}kcal，可采热能储量为 6.73×10^{13} kcal，水中存储的热量为 8.43×10^{13} kcal。

（4）通过煤层气和页岩气合探共采综合评价工作，明确了区内二叠系煤系含气性较好，存在多个不同组合煤系气单采和共探有利区。其中，上石盒子组三、五、六、七煤段以煤层气“单气”勘查为主，而上石盒子组四煤段、下石盒子组二煤段以及山西组一煤段为煤系气“多气”有利组合层段。初步估算出全区煤系气（煤层气、页岩气、致密砂岩气）潜在资源量 979.37 亿 m^3，其中，煤层气潜在资源量为 743.31 亿 m^3，页岩气潜在资源量为 230.82 亿 m^3，致密砂岩气潜在资源量为 5.24 亿 m^3，为淮南煤田非常规天然气勘查与开发、利用指明了方向。

39.2.3 成果的技术实用性和实践效益

（1）本技术成果可应用于煤田地质勘查与开发，尤其对于深部煤炭、煤系气勘查开发具有很好的技术借鉴作用。如深部煤层开采测试技术与评价、巨厚松散层下煤系地层绳索取心技术、含气储层识别评价体系、煤系气共探共采评价标准、深部涌水与开采突水预测等部分成果已被原国土资源部“矿产资源储量技术标准基础研究”项目所属的《煤炭开采技术条件勘查程度要求研究》课题借鉴采纳，为我国煤炭深部开采技术标准修订提供了重要依据。同时，该技术成果针对《煤层气含量测定方法》《煤层瓦斯含量和成分测定方法（解析法）》两个规范中对于损失气量计算方法在深部煤层钻取过程中存在的适用性缺陷，提出了“基于泥浆介质瓦斯含量数据校正”“基于不同函数拟合的深部钻孔煤层瓦斯含量计算”等技术方法，具有较好的应用价值。

（2）通过煤炭、煤系气合探共采综合评价技术应用，发现潘集煤矿外围为一特大型煤炭矿床，查明煤炭资源量 37.55 亿 t，煤质优良，是国家鼓励提倡的洁净环保用煤，也是我国稀缺的优质炼焦配煤。全区煤系气（煤层气、页岩气、致密砂岩气）潜在资源量 979.37 亿 m^3。该找矿成果位于淮南煤田潘谢矿区深部，其煤炭资源在未来可以满足新建三座设计生产能力为 500 万 t/a 以上的大型矿井，在当前的技术和经济条件下，划分3个矿井开采，技术上可行、经济上合理。另外，区内煤系气资源丰富，“多气”共探共采潜力大，前景广阔。

39.2.4 推广价值

（1）随着国民经济高速发展对能源需求的不断增长，我国中浅部煤炭资源不断被占用，未来对深部煤炭资源的勘查开发力度会越来越大。现行《矿产地质勘查规范 煤》（DZ/T 2015—2020）要求，在勘探阶段对煤层气及其他有益矿产的勘查程度要达到基本查明。本次煤炭、煤系气合探共采综合评价技术体系对于我国类似地区实现深部找煤突破、煤炭、煤系气及其他有益矿产的综合勘查开发提供了行之有效的技术和方法，具有较高推广、应用价值。

（2）该技术体系近年来在淮南矿区煤层气开发和矿山瓦斯治理实践中得到了推广应用，2020年初以来，淮河能源集团已先后施工了5口煤系天然气开采试验井，为淮南矿区“十四五”打造煤系气地面、井下立体开发产业基地和瓦斯高效利用示范区建设提供了技术支撑。

39.2.5 取得的知识产权、奖项

39.2.5.1 专利情况

一种等离子弧表面硬化的耐磨钻杆接头（专利号：ZL 201620032233.4）。

39.2.5.2 评审意见书与备案证明

（1）《深部煤炭勘查与开采地质条件研究专题》评审意见书。

（2）《潘集外围深部地区煤层气和页岩气合探共采综合评价报告》评审意见书。

（3）《安徽省淮南煤田潘集煤矿外围煤炭详查报告》评审备案证明。

39.2.5.3 获奖情况

（1）中国地质学会2019年度十大地质找矿成果获奖证书。

（2）中国煤炭工业协会第十九届新发现矿产资源报告奖。

（3）中国煤炭工业协会第十九届优秀地质报告特等奖。

（供稿单位：安徽省煤田地质局勘查研究院）

40

大型非开挖铺管工程施工中定向钻井技术的应用

40.1　项目基本情况

40.1.1　成果的背景及概况

定向钻技术起源于油田垂直钻井工程。近年来，煤炭行业也越来越多地将此项技术应用于矿山开采前的瓦斯抽放、排放、矿井探查等方面，通过定向钻的定向工艺在煤层中横向打井，再用抽水减压工艺逼出煤层气。随着我国经济的持续稳定发展，用于输送石油、天然气、石化产品、供水、污水、光缆等的市政工程管道和油气管道建设越来越多，传统的地下管线施工技术采用开挖施工技术，这种技术对地面交通影响极大，而且由于开挖土方量大，带来的环境污染问题越来越受到人们的关注。

基于定向钻井技术的非开挖水平定向钻施工很好弥补了这些缺点，在管道铺设过程中，水平定向钻不需要给地面“开膛破肚”、管沟开挖就可以完成管道铺设，具有施工周期短、效率高、不影响交通、不破坏环境、安全性好等优点，具有较高的应用推广价值和社会经济效益。

定向钻井技术在大型非开挖铺管工程施工中的应用，由于其铺设距离长，管径大，特别是在粗砂、卵石、硬岩、破碎带等复杂地层环境下施工风险大，因此，在国内外的工程实践中应用较少，技术有待完善。安徽两淮建设有限责任公司响应城镇建设发展需要，加强技术创新，总结形成了定向钻井技术在大型非开挖铺管工程施工成套技术，实现了系列技术创新和装备研发，取得了良好的经济和社会效益。

40.1.2 成果推广应用范围

定向钻井技术在大型非开挖铺管成套技术适用于各种不宜在大开挖施工地段的管道穿越工程，特别是需要进行大口径、长距离、复杂地质环境下的各类市政及专用管线铺设工程。

40.2 取得的主要成果

40.2.1 成果关键技术要点、特点及创新点

40.2.1.1 在复杂地质条件下将定向钻井技术应用于大型非开挖铺管工程施工

通过与高校进行产学研合作，获得了安徽省住房和城乡建设厅的科技支撑项目支持，开展了《硬岩伴破碎带地层大口径水平定向钻铺管施工关键技术》专项科研课题研究，通过装置模拟和数值分析，从原理层面揭示了定向钻井技术应用于大型非开挖铺管施工的工艺参数优选规律和钻机具选择问题。

课题结合西六环中段天然气工程（高井村—军庄镇）西山林场南段水平定向钻穿越天然气铺管实际工程，综合运用现场调研、工程类比、理论分析、数值计算、监测数据反演分析等手段，对硬岩伴破碎断裂带地层大口径水平定向钻铺管施工中存在的钻进机具适应性、施工参数选取、随钻注浆、大直径管道回拖等进行技术攻关，取得了系列成果，并通过了工程验证。主要开展的研究子课题有：

（1）复杂地层泥浆配比模型及泥浆循环利用技术及废浆环保处理。

（2）硬岩层扩孔器的设计与制造。

（3）钻进施工控制参数数值模拟和参数优化。

（4）渗漏破碎断层带注浆设备及实施方案。

（5）复杂地层下穿越管道防腐保护技术及回拖施工技术。

40.2.1.2 在定向钻井技术铺管施工中攻克了水平穿越硬岩伴随裂隙山体涌水注浆堵漏的行业难题

在管道穿越山体岩石工程施工中，水平定向钻施工技术已成为首选施工技术。由于山体岩石中存有大量裂缝，且山体含有大量储水，施工过程中水体涌入孔内，

无法正常穿越施工。传统注浆工艺是将注浆材料直接喷涂涌水处或采取在泥浆中加入堵漏剂等方式进行堵漏，但由于岩层裂隙水产生的巨大水压，将会导致护壁系统无法有效建立，该成果妥善解决了上述难题。

研发了水平定向钻机钻杆连接注浆封隔器和孔口封堵装置，将其送入钻孔内涌水位置，通过高压注浆泵往孔内涌水点注水泥浆进行封堵，再利用高压泥浆泵，通过钻杆通道将经过特殊配置的注浆材料注入岩石破碎带裂隙中，使该材料发生固化反应，形成高强凝胶结构，从而达到止水的目的。考虑到后期扩孔影响半径，增大了注浆压力及注浆方量，确保导向施工及后期扩孔施工正常进行。相对于传统的注浆堵漏工艺而言，该成果施工速度快，止水效果立竿见影，而且可以允许带压工作，施工时采用孔口保压，可以克服一定的涌水漏点的水头压力，具有使用范围广、社会效益显著的特点。

40.2.1.3 实现了定向钻井技术应用于铺管工程中高效正向动力扩孔的技术突破，解决了采用钻机作为主动力进行扩孔效率低下的问题

先进适用的水平定向钻动力扩孔钻进关键技术一直是管道定向穿越中难以解决的世界级难题，面对铺设距离长、管径大、地层环境复杂（特别是硬度较大的岩石地层）等难题，常规的水平定向钻施工方案采用传统钻机、钻杆和扩孔器的施工方式，扩孔孔径小，效率低。该成果结合具体工程施工实践，创新性地提出了水平定向钻穿越硬质岩层大口径管道正向扩孔施工工法，解决了传统钻机回转扩孔施工的弊端，具有较高的推广应用价值。

正向扩孔施工方法相对于常规的水平定向钻利用传统钻机、钻杆和扩孔器反向扩孔的施工方法而言，其推进动力大、钻进扭矩大、扩孔级差大、钻头抗频繁冲击能力强，尤其避免了反向扩孔时由于钻杆在预先的长距离导向孔中与周围岩土产生的摩擦力过大而导致的动力损失。正向扩孔动力钻具采用独有的钻具与扩孔器一体化设计，主要由螺旋马达、万向轴、传动轴和岩石扩孔器构成，在岩石扩孔器（主要为牙轮式扩孔器、滚轮式扩孔器或复合扩孔器）后有一个高压泥浆马达作为正向扩进的主动力，通过后面连接的钻杆运输高压泥浆驱动阿基米德螺旋马达转子旋转，通过万向轴、传动轴驱动岩石扩孔器进行破岩。所以在面对复杂地层环境，尤其是硬岩地层时，不需要频繁多次扩孔，就可以实现一次扩孔和大极差扩孔，极大地减少了施工周期，降低了施工风险，其经济实用性好，有效增加了在各种地层环境下

水平定向穿越的成功率。

40.2.1.4 研发了系列钻机具装备，实现了水平定向钻进施工的智能控制

目前，发达国家非常重视非开挖定向钻机技术的研发工作，研发技术主要包括大型定向钻机、故障自我诊断技术和智能控制导向技术。国内非开挖定向钻机智能控制技术相对比较落后，大多以半自动化和手动操作为主，在工程地质动态随钻信息化、钻机故障自我诊断、自动钻进导向等方面都存在明显的不足。定向钻机钻进智能化程度低，钻机远程控制尚未实现，存在钻进效率低下，影响工程质量、施工安全和施工经济性的问题。

安徽两淮建设有限责任公司是专业非开挖大型水平定向钻施工工程和大型机械装备研发应用的综合型企业，公司利用平台优势，开展工程地质动态随钻智能信息化研究，解决地质勘察阶段钻孔间断布置和受上覆层及建筑物影响无法钻孔的问题，实现了定向钻进过程的地质信息化。开发钻机故障诊断系统和装置，通过循回检测的方式检测发动机、液压系统、控制系统、泥浆系统的多种技术参数来判断钻机的工作是否正常，实现钻机故障自我诊断率达到99.5%以上，在出现故障时及时控制停机，并给出故障号码。首次实现工程地质动态随钻智能信息化、钻进导向智能化、液压系统数字智能化，电气智能控制系统作为定向钻机的控制系统，其控制性能达到或优于国际先进水平。

40.2.2 成果技术的先进性、实用性

在铺设距离长、管径大、地层环境复杂（特别是硬度较大的裂隙发育岩石地层），“传统钻机+钻杆+扩孔器”的施工方式存在扩孔孔径小、扩孔扭矩小、扩孔级差小、钻进效率低、钻杆断裂和牙轮脱落等事故多、风险大、施工速度慢、工期长等问题，所造成的经济损失往往难以预计。该成果妥善解决了上述世界性难题，尤其是适合硬岩和复杂地层穿越，具有现场使用方便、经济适用性好等特点。该成果的核心技术为国内首创，与相关水平定向钻进技术相比具有明显的技术经济优势，其综合技术达到国内领先水平。

40.2.3 成果实践效益

（1）杭锦旗至银川天然气管道联络线宁夏段（平罗至银川）项目黄河定向钻穿

越工程，属国家级长输管道重点项目“区域管网和互联互通管道杭锦旗—银川段”（发改能源〔2016〕2743 号）。穿越总长 2 633m，主管道直径 711mm，钻孔1 050 mm，穿越深度 36m，创当时国内最大管径、最长单向穿越黄河的纪录。

（2）西六环中段天然气工程（高井村—军庄村：西山林场南段隧道）（定向钻工程），属北京市 2017 年重点工程“西六环中段天然气工程”（京发改〔2017〕251 号）。穿越总长 1 920m，创国内单向穿越最长、管径最大、埋深最深、岩石最硬、地层结构最为复杂的定向钻穿越工程记录。北京西六环中段天然气工程采用了该成果的成套技术解决了破碎带漏水难题，与传统工艺相比，节约工期约 2 个月，按照每月工期成本 300 万元计算，可节约经费 600 万元。

（3）粤东天然气主干管网揭阳—梅州支干线项目（浮洋清管站—揭阳分输站段）第 4 标段线路施工工程，属国家级、省级 2019 年天然气基础设施互联互通重点工程“粤东 LNG 外输管道与西三线闽粤支干线联通”重点工程（发改能源〔2019〕230 号、粤发改能源函〔2019〕892 号）。工程共包括 5 条定向钻穿越，管道穿越总长约 4 433m，设计压力 9. 2mPa，其中主管管径 914Mm，光缆管管径 114mm，为广东地区定向钻穿越工程中施工难度大、效率高、回拖风险大的品质工程，并赢得业主单位的赞誉和好评。

（4）清远港华燃气有限公司高压燃气管道定向钻穿越北江工程，采用该成果的施工技术，与传统工艺相比，节约工期约 2 个月。共取得经济效益 2 月 ×200 万元/月 =400 万元。而且施工速度比较快，施工费用较低，扩孔施工质量满足设计和施工验收要求，经济和社会效益显著，受到了各方的一致好评。

40. 2. 4　成果推广价值

该成果成功应用于安徽两淮建设有限责任公司的多个工程项目，在各种复杂地质条件下采用定向钻井技术非开挖方式进行铺管，取得了显著的经济及社会效益。相较于传统开挖方法及常规的水平定向钻施工技术，该成果具有效率高、适用性好、施工周期短、安全性高等优点，具有良好的发展空间及应用前景。

40. 2. 5　成果已获奖项及论文发表情况

40. 2. 5. 1　安徽省省级工法

基于该关键技术所形成的施工工法取得安徽省 2019 年度省级工法两项，其名称分别为“水平定向钻硬岩大口径正向扩孔施工工法”“水平定向钻穿越山体涌水注浆堵漏施工工法”。

40.2.5.2 安徽省住房和城乡建设厅住房城乡建设科学技术计划项目

安徽两淮建设有限责任公司承担的2019年度安徽省住房和城乡建设厅城乡建设科学技术计划项目《硬岩伴破碎带地层大口径水平定向钻燃气铺管工艺关键技术研究》（项目编号2019－ky－29）开展了钻进机理及机具适用性研究、泥浆配比及合理选用研究、管道安全回拖研究，形成了成套的施工工艺创新技术，缩短了与国外的技术差距。

40.2.5.3 申请与授权专利

（1）水平定向钻硬岩大口径正向扩孔施工方法（专利申请号：202010041375.8）。

（2）一种水平定向钻孔口保压封堵装置及应用该装置的涌水处理方法（专利申请号：202010042057.3）。

（3）一种水平定向钻用扩孔装置（专利申请号：202010385966.7）。

（4）智能混凝土养生系统及养生设备（专利申请号：202010467691.1）。

（5）一种新型水平定向钻穿越冲击回转钻进方法（专利申请号：202010574227.2）。

（6）水平定向钻正向动力扩孔施工模拟试验装置（专利申请号：202021544485.8）。

（7）一种水平定向钻正向动力扩孔施工模拟试验装置及其实验方法（专利申请号：202010749057.7）。

（8）一种水平顶线钻孔口保压封堵装置（专利授权号：202020082522.1）。

40.2.5.4 发表论文

（1）张启国：《硬质岩层超长距离大口径水平定向钻天然气铺管施工研究》，科学与技术，CN：10－1589/TU；ISSN：2096－3852。

（2）张启国：《水平定向钻穿越硬质岩层大口径天然气管道正向扩孔施工工法》，城镇建设，CN：10－1589/TU；ISSN：2096－3852。

（3）张启国：《水平定向钻穿越破碎带山体涌水注浆堵漏施工工法》，中华建设，CN：42－1732/TU；ISSN：1673－2316。

（供稿单位：安徽两淮建设有限责任公司）

41

全国煤中金属矿产资源评价技术方法体系

41.1 项目基本情况

近年来的煤炭地质工作不断在煤层和煤系中发现锗、镓、锂、铝、稀土等新兴战略性矿产资源。然而，受煤炭地质勘查理念和技术方法的制约，煤炭地质工作长期以来以煤为主，对煤系其他矿产重视不够，在煤中金属矿产资源调查评价方法和工程实践等方面均缺乏成熟的先例，严重制约了煤炭资源综合勘查和煤炭清洁高效绿色开发利用战略的实施。

针对煤炭工业发展方向和煤炭地质工作转型升级的迫切需求，该项目以煤中金属矿产资源为主攻矿种，开展重点地区煤中金属矿产资源综合调查，揭示煤中金属矿产资源的赋存规律，划分出成矿区带和远景工作区，摸清我国煤中金属矿产资源家底，实现煤炭资源综合勘查和找矿重大突破，为我国煤炭综合清洁高效利用和煤炭工业绿色发展提供可靠的资源保障。

41.2 取得的主要成果

41.2.1 成果关键技术要点与创新点

（1）拓宽和完善了“煤系矿产资源”和“煤中金属元素矿产资源”两个矿产地质基本术语，充实了煤炭资源的内涵，奠定了煤系矿产资源调查和评价的理论基础。

——由煤系共伴生矿产发展为煤系矿产资源。在20世纪后期煤系共伴生矿产评价工作的基础上，根据近年来的工作进展，尤其是煤系非常规气勘查开发和煤中金属元素研究所取得的显著进展，厘定了煤系矿产资源的概念，将其定义为：煤系矿产资源是指赋存于煤和含煤岩系以及邻近地层中与煤有成因联系或空间组合关系的所有矿产资源。提出由煤层综合矿产、煤系综合矿产、煤盆地综合矿产组成的煤系矿产资源层次结构，充实了煤炭资源的内涵，拓宽了煤炭地质工作领域。

——由煤中金属元素发展为煤中金属元素矿产资源。充分吸收国内外煤中金属元素研究成果，提出从富集程度、经济性出发，按照煤中金属元素、煤中金属元素矿产和煤中金属元素矿床三个层次，开展全国煤中金属元素矿产资源的评价新思路。确定了煤中金属元素综合评价参考指标，总结了煤中金属元素矿产资源调查方法，实现了由煤中金属元素研究向煤中金属元素矿产资源评价的转变。

（2）揭示了我国煤系矿产资源时空分布规律，建立了系统的煤系矿产资源类型划分方案和煤系矿产资源组合分类系统，为煤系矿产调查评价提供了科学依据。

——总结了全国煤系矿产资源时空分布特征。

从中国煤田地质条件和煤系矿产资源时空分布差异性角度出发，从赋煤区→成煤时代的思路，总结了全国五大赋煤区的煤系矿产资源发育特征及其组合类型。

东北赋煤区主要发育煤层气、油页岩、砂岩型铀矿等能源矿产，锗、镓等金属矿产，以及硅藻土、硫铁矿、隐晶质石墨等非金属矿产，分布面广、潜在经济价值高。

华北赋煤区主要发育煤系气、砂岩型铀矿等能源矿产，“三稀”金属元素、铝土矿/煤中铝等金属矿产，以及高岭土、耐火黏土等非金属矿产，开发利用价值大，前景广阔。

西北赋煤区主要发育煤层气、天然气水合物、油页岩、砂岩型铀矿等能源矿产，“三稀”金属矿产，以及高岭土与耐火黏土等非金属矿产资源，其中青海祁连山木里煤田煤系中赋存的天然气水合物受到国内外的广泛关注。

华南赋煤区主要发育煤系气、油页岩等能源矿产，锂、稀土、镓、锗、铌、铝土矿等金属矿产，以及隐晶质石墨、硫铁矿、高岭土、耐火黏土等非金属矿产。

滇藏赋煤区煤系矿产资源量很小，但种类较多，包括煤系气、天然气水合物、铀、油页岩等能源矿产，锗、铁、钒等金属矿产，以及硅藻土、石膏等非金属矿产。

——在分析煤系矿产资源概念形成和发展历程基础上，从经济性、赋存特征、成因、相态、工业分类等五个方面对煤系矿产资源进行研究；以《中华人民共和国矿产资源法实施细则》中的矿产分类体系为依据，结合资源开发利用现状，以工业分类为基础，将煤系矿产资源划分为能源矿产、金属矿产与非金属矿产三大类。

——建立了煤系矿产资源组合分类系统。

根据煤系矿产资源赋存特征，从含煤岩系矿产资源耦合成矿机理分析入手，以含煤岩系矿产赋存状况为依据，通过典型实例研究和归纳总结，建立了含煤岩系矿产资源组合分类系统。包括：煤—能源矿产、煤—金属矿产、煤—非金属矿产、煤—能源矿产—金属矿产、煤—能源矿产—非金属矿产、煤—非金属矿产—金属矿产等6大类和23个主要组合类型。

41.2.2 成果的主要内容及应用场景

（1）形成了一套由研究思路、工作流程、测试分析、综合评价指标等核心环节构成的煤系矿产勘查评价技术方法体系，在煤系矿产资源综合调查和评价中得到推广应用。

针对煤炭地质勘查多年来以煤为主，缺乏煤系矿产综合调查评价技术方法的困境，该项目研究形成了一套煤系矿产资源调查评价技术方法体系：以岩石学、沉积学、构造地质学等基础地质学和煤地质学、非常规气地质学、矿产资源学、地球化学等多学科理论为指导，以《矿产资源综合勘查评价规范》《煤、泥炭地质勘查规范》等相关技术标准和规范为依据，以历年煤炭勘查工程实践积累的海量地质资料为基础，以系统的测试分析技术为支撑，按照资料收集与整理→现场调查与采样→测试实验与数据分析→专题制图与综合分析的工作流程，选择重点矿种和典型地区，开展全面系统的调查评价工作，查明煤系矿产资源的赋存规律，揭示煤系矿产成矿机制并建立成矿模式，评价煤系矿产资源潜力和划分有利区带，为指导煤系矿产资源综合调查和评价提供了技术支撑。

该技术方法体系具有系统性和实用性特点，在国土资源规划管理、矿产勘查、煤矿生产、科研教学等部门推广应用，取得了显著的经济和社会效益。

（2）开展全国煤中金属元素矿产资源调查评价，深化了对中国煤中金属元素矿产资源成矿机制的认识，初步摸清了煤中金属元素矿产资源家底。

锗、镓、锂、稀土等“三稀”新兴战略性矿产资源越来越受到全社会的高度关注。在以往煤炭地质勘查开发中已经发现煤中“三稀”元素存在，但主要关注其在煤炭利用过程中的环境效应，很少考虑煤中“三稀”元素的资源价值，造成了巨大浪费。该项目以煤中锗、镓、锂、铝、稀土元素为重点研究对象，建立了煤中金属元素矿产综合评价指标，从全国—赋煤区—重点矿区层面开展煤中金属元素分布赋存规律研究及矿产资源评价工作。在系统收集梳理全国上万份煤炭地质勘查报告的基础上，重点矿区采样测试 3 870 件，在内蒙古五牧场矿区、新疆大井矿区、山西晋城矿区、广西扶绥矿区等地新发现一批煤中金属元素矿产地；首次划分了全国煤中金属元素矿产资源成矿区带，圈定了地质工作远景区。

初步摸清了我国煤中金属元素矿产资源家底，预测煤中锗、镓、锂、铝、稀土的资源量分别为：1.17 万 t、188.02 万 t、86.49 万 t、195 746.9 万 t、1 130 万 t。确认我国煤中“三稀”矿产资源潜力和价值巨大，有望成为“三稀”矿产资源的重要来源。

41.2.3 成果的技术实用性和实践效益

41.2.3.1 应用范围与应用单位

该项目实施期间和鉴定以来，在国土资源规划管理、煤炭地质勘查、煤矿生产、煤层气开发、矿产地质科研院校等部门得到广泛推广应用。主要应用单位包括：国土资源部矿产资源储量评审中心、中国地质调查局发展研究中心、安徽理工大学、中国矿业大学资源与地球科学学院、冀中能源峰峰集团有限公司、龙煤鹤岗矿业有限责任公司新陆煤矿、四川省宜宾市兴文县黄家沟矿业有限责任公司、西藏昌都市马查拉煤矿有限责任公司、青海大头羊煤业有限责任公司、宁夏煤田地质局、重庆地质矿产研究院、山西省地质矿产研究院、福建省煤田地质勘查院、四川煤田地质工程勘察设计研究院、中石油煤层气有限责任公司韩城分公司。

41.2.3.2 主要应用效果

（1）国土资源部矿产资源储量评审中心应用“煤中金属元素矿产资源研究”成果，支撑了“国家矿产资源储量技术标准体系建设研究”项目实施。

（2）中国地质调查局发展研究中心应用“煤系矿产资源综合评价技术与应用”，推动该中心承担的“全国煤炭资源勘查综合评价”项目顺利开展。

（3）安徽理工大学、中国矿业大学资源与地球科学学院分别将项目成果应用于两淮煤田、山西大同矿区等地的煤系矿产资源研究和能源矿产评价。

（4）冀中能源峰峰集团、四川宜宾黄家沟矿业公司、西藏昌都市马查拉煤矿、青海大头羊煤业公司等生产企业应用该项目成果，在促进煤炭和煤系矿产综合开发利用、指导矿山生产勘查部署、提高企业经济效益等方面发挥了积极作用。

（5）宁夏煤田地质局、山西省地质矿产研究院、四川煤田地质工程勘察设计研究院等矿产地质勘查单位将该项目成果应用于煤和煤系矿产项目申报、找矿勘查、资源评价等方面，推动这些单位从传统的煤炭地质勘查向煤系矿产综合勘查方向转型升级。

（6）据部分应用单位提供的数据统计，应用该项目成果新增利润 2 167 万元，新增税收 1 268 万元，潜在或预期经济价值超过 366 亿元。

41.2.4 推广价值

该项目成果拓宽了煤炭地质工作领域，形成了实用的调查评价技术方法，在煤系矿产赋存规律、资源潜力评价等方面取得诸多重大进展，提出了适合我国煤炭行业特色的煤系矿产资源综合调查和开发利用措施建议，为我国煤炭资源主管部门和地方政府制定政策提供了地质依据；在地质勘查、煤炭开发和资源综合利用等领域具有良好的推广应用前景和显著的经济效益及社会效益。尤其是近年来镓、锗、锂等“三稀”金属矿产作为国家战略性矿产地位的加强、煤系气共探共采热潮的兴起以及去产能关闭矿山资源综合利用受到重视，为该项目成果的推广应用提供了广阔的市场。

41.2.5 取得的知识产权、奖项

该项目取得的知识产权见表 41－1，获科技奖励情况见表 41－2。

表 41－1 取得的知识产权

知识产权类别	知识产权具体名称	国家（地区）	授权号	授权日期	证书编号（标准批准发布部门）	权利人	发明人
中华人民共和国地质矿产行业标准	含煤岩系钻孔岩心描述	中国	DZ/T 0002—2017	2017 年 3 月 8 日发布	中华人民共和国国土资源部发布	中国煤炭地质总局、中国矿业大学（北京）等	吴国强、曹代勇、权巨涛、邵龙义、唐书恒、李壮福、宁树正等
实用新型专利	一种岩心箱	中国	ZL201820864203.9	2019 年 2 月 19 日	第 8495825 号	中国煤炭地质总局勘查研究总院	黄少青、张恒利、张建强、张春林、袁建江、王华耀

续表

知识产权类别	知识产权具体名称	国家（地区）	授权号	授权日期	证书编号（标准批准发布部门）	权利人	发明人
实用新型专利	一种地质勘查野外作业用地质锤	中国	ZL201821672257.1	2019年4月9日		江苏地质矿产设计研究院	朱士飞、王双美、闻明忠
实用新型专利	一种矿物分类清洗装置	中国	申请号201821672246.3	2018年10月16日受理		江苏地质矿产设计研究院	秦云虎、王文强、王康
技术发明专利	一种勘查阶段煤炭资源利用途径的规划方法	中国	申请号201810616787.2	2018年6月15日受理		江苏地质矿产设计研究院	宁树正、乔军伟、秦云虎、杜芳鹏、朱士飞
技术发明专利	一种煤中元素异常区圈定方法	中国	申请号20191057934.9	2019年3月3日受理		江苏地质矿产设计研究院	宁树正、朱士飞、乔军伟、秦云虎、章伟

表41－2　获科技奖励情况

获奖时间	奖项名称	奖励等级	授奖部门（单位）
2018年2月	全国煤中金属矿产资源评价取得新进展	2017年度十大地质科技进展	中国地质学会
2019年8月	煤系矿产资源综合评价关键技术与应用	2019年度煤炭工业协会科学技术奖	煤炭工业协会

［供稿单位：中国煤炭地质总局勘查研究总院、中国煤炭地质总局第一勘探局、中国矿业大学（北京）、中国煤炭地质总局航测遥感局、江苏地质矿产设计研究院、中国煤炭地质总局浙江煤炭地质局、中国煤炭地质总局青海煤炭地质局］

42 全国煤制油气用煤资源潜力评价技术体系

42.1 项目基本情况

随着生态文明建设的发展，煤炭清洁利用成为煤炭工业发展的必由之路。本项目以直接液化、气化和焦化等清洁高效利用的要求为出发点，建立煤制油气用煤评价指标及评价方法，分析其成因规律，通过对全国主要煤炭国家规划矿区主采煤层的煤岩、煤质特征研究和资源潜力调查评价，摸清了煤制油气用煤的资源家底，对煤炭资源的分质分级和清洁高效利用具有重要的指导意义，对降低我国油气对外依存度、缓解能源紧张状况具有重要的战略意义，将为“十四五”煤炭产业高质量发展提供支撑。

42.1.1 理论提升

该项目通过对煤全水分、灰分、硫分、挥发分、元素分析、显微煤岩组分、哈氏可磨性指数、镜质体反射率、煤灰熔融性温度、煤对CO_2反应性、黏结指数、热稳定性等性质进行深入研究，确定各项指标对炼焦、直接液化和气化等工艺的影响，结合国内外煤质指标的要求，建立了“煤制油气用煤资源评价方法体系”（图42-1），编制了“煤炭资源煤质评价导则”，为开展煤制油气用煤资源调查评价提供了技术方法依据，为实现我国煤炭资源的分质、分级及清洁、高效利用提供了技术支撑。

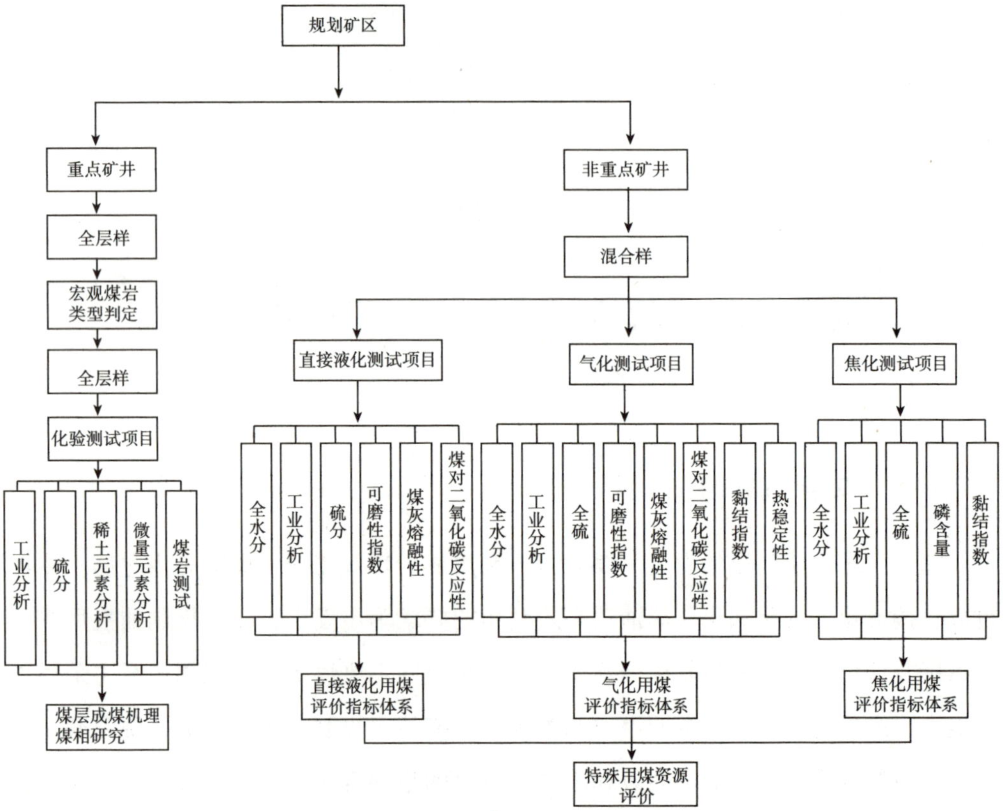

图 42－1　煤制油气用煤资源评价方法体系

42.1.2　实践意义

42.1.2.1　有力支撑了煤矿企业的煤炭开采与清洁高效利用

针对内蒙古自治区胜利矿区、河北省峰峰矿区和四川省古叙矿区等煤矿进行了系统的煤制油气用煤专项调查，并针对主采煤层进行了系统采样测试，首次从煤制油气用煤煤质评价的角度为我国煤炭的精细化利用提供了丰富的地质资料，有力支撑了煤矿企业的煤炭开采与清洁高效利用，在神华北电胜利能源有限公司、川南煤业泸州古叙煤电有限公司等企业取得了良好的应用效果。

42.1.2.2　为基金项目、标准、规范的成功申报提供支撑

（1）青海省木里矿区煤岩煤质评价、盆地热演化史等基础研究为国家自然科学基金项目《南祁连天然气水合物气源条件研究》的申请提供了丰富的支撑资料。

（2）调查研究成果为申报《煤炭资源勘查煤质评价导则》和《煤中锗、镓、

锂、稀土地质评价指标及评价规范》提供支撑。

42.2 取得的主要成果

42.2.1 创新点

（1）开展煤岩煤质系统评价，深化了对我国煤炭资源质量特征的认识。

根据收集和测试的数据资料，对五大赋煤区（东北赋煤区、华北赋煤区、西北赋煤区、华南赋煤区以及滇藏赋煤区）主要含煤组段煤的宏观煤岩特征、微观煤岩特征以及煤的化学性质、工艺性质、微量元素和煤类分布特征进行了概述，并选取东北赋煤区的鹤岗矿区、华北赋煤区的巨野矿区和宁东煤田、西北赋煤区的大井矿区和伊北矿区、华南赋煤区的古叙矿区进行资料收集和剖面采样测试等工作，重点阐述煤的化学性质、工艺性质和煤中微量元素的富集状态，如图 42－2 所示。

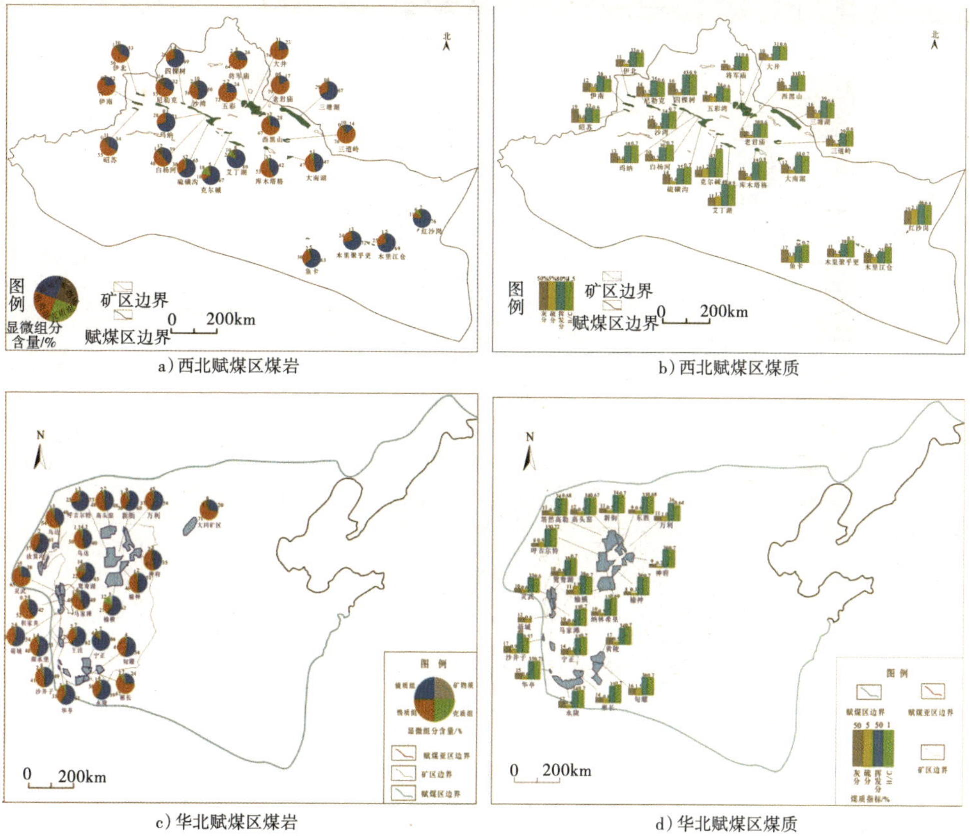

a）西北赋煤区煤岩　b）西北赋煤区煤质

c）华北赋煤区煤岩　d）华北赋煤区煤质

图 42－2　西北/华北赋煤区煤岩煤质特征图

（2）查明了煤制油气用煤赋存规律及其控制因素，为煤制油气用煤资源评价提供了理论支撑。

控制煤炭利用途径的影响因子主要包括：煤类、煤岩和煤质特征。该研究以煤岩煤质煤类的成因为切入点，从原生条件（沉积环境）和煤化作用过程（构造—热演化）两方面对煤制油气用煤形成的控制因素进行总结分析，查明煤制油气用煤资源形成的地质控制因素。在此基础上对煤制油气用煤的空间（赋煤区带）、时间（成煤组段）赋存特征、规律进行研究，为清洁煤炭资源的开发利用提供了地质理论支撑（图42－3、图42－4）。

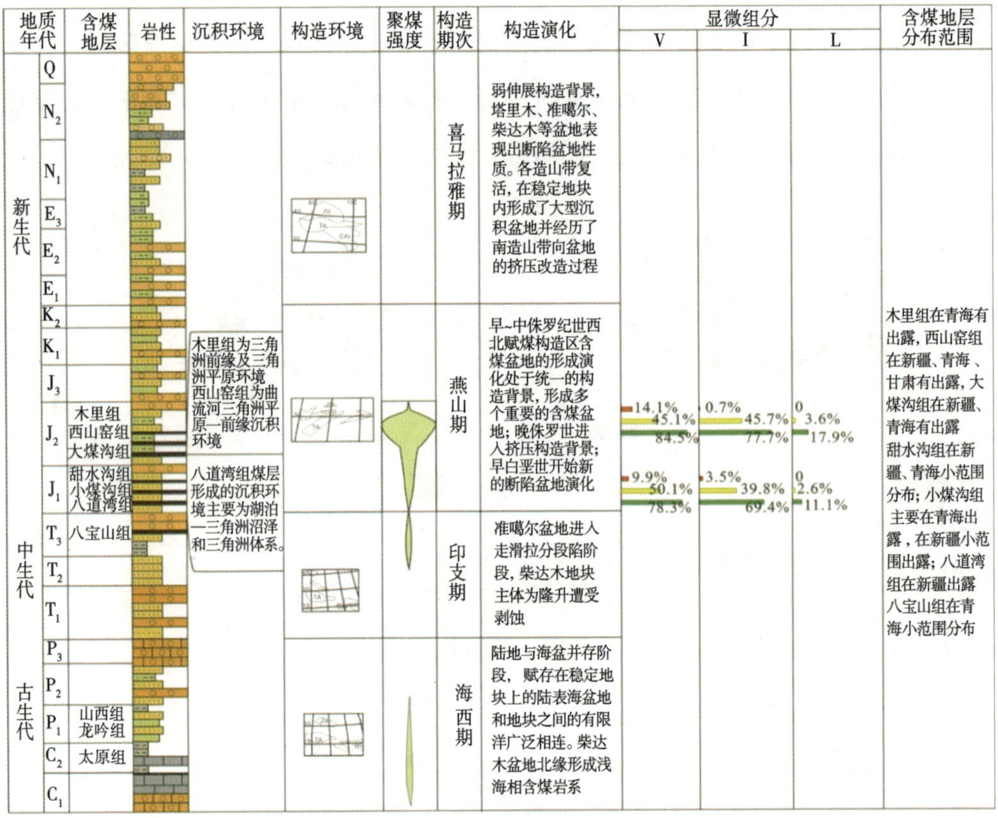

图42－3　西北赋煤构造区构造演化简图

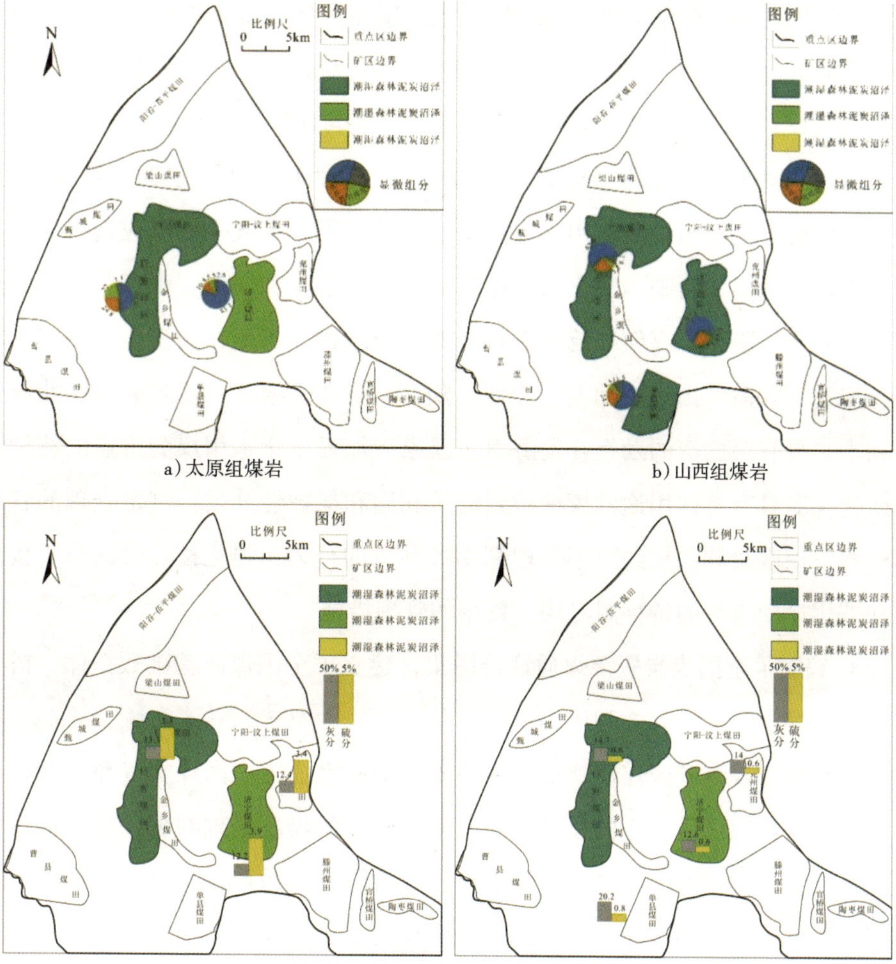

a）太原组煤岩　b）山西组煤岩　c）太原组煤质　d）山西组煤质

图 42－4　鲁西南地区泥炭沼泽对煤岩及煤质的控制

（3）从重点矿区—赋煤区—全国三层面开展系统的煤制油气用煤资源调查评价，划分并统计了主要煤炭国家规划矿区煤制油气用煤的保有资源量，编制了全国煤制油气用煤资源分布图，摸清了我国清洁利用煤炭资源家底。

从煤制油气用煤资源分布的区域来看，煤制油气用煤的分布特征与全国煤炭资源的分布特征基本一致，主要分布在煤炭资源丰富的山西、陕西、宁夏、内蒙古、新疆等省、自治区。但与煤炭资源分布不同的是，不同类型煤制油气用煤的分布受控于煤岩煤质特征的差异：直接液化用煤主要分布在陕西北部和内蒙古南部的鄂尔多斯盆地北部以及新疆部分地区；焦化用煤则主要分布在中高变质煤的分布区，主要是山西西部及陕西中部地区以及四川和贵州交界的部分地区；而气化用煤由于工艺类型较多，对煤质的适应性相对较广，气化用煤在全国煤炭规划矿区均有分布。

（4）确定了可供规模开发利用的煤制油气用煤资源战略选区、提出合理开发利用的政策建议，为国家统筹规划煤炭资源勘查开发与保护利用提供了依据。

结合煤制油气用煤的质量分级和资源储量，认为内蒙古、陕西、新疆三个省、自治区适宜建设大型直接液化用煤发展基地，常压固定床气化用煤应选择山西、内蒙古、陕西、甘肃、新疆，流化床气化用煤选择内蒙古和新疆，水煤浆气流床选择山西、宁夏和新疆，干煤粉气流床选择山西、内蒙古、贵州，大型焦化用煤发展基地选择河北、安徽、山东、河南、山西、陕西、贵州。蒙东、晋陕蒙宁和北疆3个分区在未来具有最广泛的勘查开发潜力。国家应加强以化工用煤为重点的特种煤炭资源研究，对具有特殊用途的煤种做到优质利用和保护性开发，制定合理的管理政策和法规，用政策和法规约束不合理利用特种煤的行为，强化按热量配煤、按煤质配煤和按用途配煤等的特种煤专用、精用的管理措施。

（5）编制了全国煤炭资源煤质评价图集，建立了全国煤质基础数据库，搭建了煤制油气用煤资源信息有效利用的科学平台。

以煤炭国家规划矿区煤质评价图为基础，编制完成了中国煤炭资源煤质评价图集。同时按照全国煤质管理的技术特征，基于海量的煤质基础数据，利用地理信息系统技术、大型数据库技术等先进技术手段，对全国煤质数据进行规范管理，建立了可行的数据采集、编码、储存规范的全国煤质基础数据库，实现了全国液化、气化、焦化用煤资源潜力调查评价的煤质信息的综合展示及分析，提升了煤炭管理的科技含量，推动了全国煤质工作的管理标准化和高效率。

42.2.2 论著出版及专利情况

以该项目成果为依托，项目组成员共发表研究论文65篇（其中SCI检索10篇、EI检索10篇），出版专著11部（其中已出版3部，待出版8部），申请专利16件（其中发明专利5件，实用新型专利11件）。

有效推动煤炭清洁利用科普宣传制作科普视频《煤炭的前世今生》一部，发表科普文章《你们错怪煤炭了!》一篇，编写完成科普专著《煤炭家族》一部。

42.2.3 已获奖项

（1）依托该项目完成的“全国煤制油气用煤资源潜力调查评价取得新进展”项

目获中国煤炭地质学会“2019 年度十大地质科技进展”。

（2）依托该项目完成的“特殊用煤资源潜力调查评价”成果报告获中国煤炭工业协会第十九届优质专业地质报告一等奖。

（3）依托该项目完成的“宁夏回族自治区煤炭资源煤质特征与清洁利用评价”成果报告获中国煤炭工业协会第十九届优质专业地质报告一等奖。

（4）依托该项目完成的“内蒙古自治区煤炭资源特征及清洁利用评价”成果报告获中国煤炭工业协会第十九届优质专业地质报告一等奖。

［供稿单位：中国煤炭地质总局勘查研究总院、中国矿业大学（北京）、江苏地质矿产设计研究院（中国煤炭地质总局检测中心）、中国煤炭地质总局航测遥感局、中国煤炭地质总局第一勘探局、中国煤炭地质总局青海煤炭地质局］

43

基于采动空间注浆技术的煤基固废处置及减沉防灾一体化技术

43.1 项目基本情况

我国煤炭开采历史悠久，技术世界领先，但我国煤矿开采面临地质条件复杂、以井工开采为主、资源分布不均、资源富集区生态脆弱、水资源缺乏与矿井水害共存等不利条件，导致我国煤矿开采引发的采煤沉陷、矿井水害、煤基固废及水资源污染、冲击地压等问题长期存在。新时代背景下，“创新、协调、绿色、开放、共享”新发展理念与“绿水青山就是金山银山”的科学阐述，给我国煤炭开采提出了新要求，水资源综合利用与保护、采煤沉陷区土地治理与利用、煤基固废综合利用与处置等地质生态环境问题，已经成为煤炭资源绿色开发利用中的核心问题。

随着国家对煤矿区环境治理工作的重视，煤矿近零生态环境影响开发利用理论提出，煤矿区开发要达到近零生态损害，煤矿固、液、气污染物要达到近零排放与综合利用，开采区地表达到近零均匀沉降，矿区环境得到有效修复和保护。近年来，为解决采煤沉陷、煤基固废堆积、矿井水害与水资源污染等问题，中国煤炭地质总局勘查研究总院与中煤能源集团、潞安集团、西山煤电、晋煤集团等开展“铁路、公路、瓦斯泵站等建（构）筑物下采煤引发的沉降治理”“高矿化度矿井水综合治理”“煤矸石分级分质综合利用”等方面的研究，研制出了“新型采动空间注浆充填”“矿井水减排与深层回灌”“高盐废水地下封存”“煤矸石地下处置”等技术，形成了基于采动空间注浆技术的煤基固废处置及减沉防灾一体化技术体系，并初步完成了工业试验，为煤基固废、高矿化矿井水低成本处置、“三下”煤炭资源释放、脆弱含水层保护等提供了新的思路。

43.2 取得的主要成果

43.2.1 创新性及实践成果

43.2.1.1 创新性

（1）减沉方面。

针对煤矿开采过程中形成的岩层垮落带、裂缝带及离层空间开展空间注浆工作，精确设计工作面采宽、回采进尺速度、煤柱宽度、注浆浓度、注浆速度、注浆压力、注浆层位及注浆时机，带压注入充填材料可有效地实现离层空间的最大压填量，从而最大限度地主动填压因采煤形成的失稳空间。形成的“注浆压实体—主关键层—煤柱”力学承载结构体将重构采场周边及上覆岩层中的应力场，保护采动覆岩主关键层不发生破断，增大其支撑载荷，减少地表沉降变形。

（2）煤基固废处置及防冲控水方面。

以煤基固废、矿井水为注浆原料，将煤矸石、粉煤灰、化工渣等煤基固废经“破碎—分选—球磨”制成浆液，通过地表钻孔充填到采动空间中，浆液在地层压力、注浆压力作用下，经过渗流扩散、灰体沉淀、压实固结形成充填压实灰体，重构形成“充填压实灰体—关键层—隔离煤柱—压实垮落岩体”等结构体组成的承载结构，保护上覆岩层、含水层，维持地表稳定。

在注浆压力、覆岩应力、浆体渗透压力等多因素耦合及高浓度浆液运移、沉降等多因素作用下进一步闭合、封堵采动导水裂隙，从而降低矿井涌水量；充填浆体代替了离层区空间中的积水，切断了离层区突水的灾害源，限制了覆岩关键层及其上覆岩层的移动变形，避免出现岩层的复合破断，导水裂缝带高度将不会被改变，最终达到控水的目的。

注浆充填一方面利用充填浆体对工作面回采过程中形成的离层区进行及时充填，在采空区中部形成了压实承载区，限制了关键层和上覆岩层的移动变形，减小了采场及巷道周围的应力集中；另一方面，在高压和岩层自重共同作用下，基本顶及各关键层变一次性破断为随采随注随垮落，减少了能量积蓄，从而降低了冲击地压发生的概率。

43.2.1.2 实践成果

为解决“三下”开采问题，传统办法一般有条带开采、柱式开采和采空区充填等，但这些方法存在“三低一高”等问题，即回采率低、效率低、单产低、成本高。中国煤炭地质总局、中国矿业大学和山东科技大学在这种背景下成立了全国首家采空塌陷地质灾害防治研究所，致力于解决这一难题，提出了煤矿新型离层注浆减沉防灾一体化技术，在山西、内蒙古等十余个矿井进行试验，取得了良好的效果。并在理论研究和工程实践上不断创新，正在形成集技术体系、质量标准、适用条件等于一体的规范性标准。

2017 年，中国煤炭地质总局勘查研究总院在潞安王庄煤矿 8110 工作面、夏店煤矿 3117、3116 工作面分别开展离层注浆控制地面沉降施工试验。首次在工作面单面开采条件下采用丛式定向钻孔进行多级注浆施工，并提升浆液浓度至 70% 以上，选择大功率无极变速注浆泵提升孔口压力至 4MPa 左右，并添加凝固时间可控的添加剂，改善了注浆效果，完成了王庄煤矿 340m 工作面注浆减沉保护国道任务；夏店煤矿充填区域最大沉降 86mm，释放压覆煤炭资源 32 万 t，有效保护了瓦斯泵站。中国煤炭地质总局勘查研究总院正在实施的中天合创门克庆煤矿 3101 工作面采动对自备铁路影响治理煤矸石注浆工程项目现已注入煤矸石 30 万 t，地表自备铁路等建筑物累计下沉量小于 70mm，目前每天煤矸石处置量为 2 000t，每天消耗矿井水约 4 000t，该项目在消耗煤矸石和矿井水的基础上，实现了对地表建筑物的有效保护，释放“三下”煤炭资源 146 万 t。

43.2.2 经济及社会效益

（1）降低充填成本。采动空间充填的成本一般仅为其他充填方式的三分之一到四分之一，且不占用采场空间，可实现连续开采，而空间置换方法必须在采煤后留出时间来充填。

（2）提高资源回采率。采动空间充填可以大面积开采，采面尺寸也较传统条带开采大 2 ~5 倍，从而大大减少对回采巷道的施工，采区回采率提高 80% ~90% 。

（3）实现高效生产。与传统工作面空间置换相比，该技术用人少、连续作业不直接干扰，因此效率很高，并且可以实现机械化、大产能作业，使年产 300 万 t 以上成为现实。其他各类充填开采或条带开采都无法实现大产能。

（4）该技术的应用可同时解决矿井固废处置及矿井水处理两大难题，环保意义重大。在生产型矿井实施该技术，平均每生产1t煤可处置0.4～0.5t煤矸石，平均每处置1t煤基固废可消耗2t矿井水，经济效益显著。

（5）减小冲击地压的影响。该技术使原来老顶周期性剧烈破断的运动形式为柔性均匀连续下沉，从根本上大大减弱甚至消除了冲击地压的诱发因素，实现矿井安全高效生产。

（6）消除矿震及高位离层水隐患。矿震和高位离层水防治技术复杂、难以控制，减沉、防冲、保水一体化技术在全国特别是内蒙古地区具有重要的推广价值。

43.2.3 取得的知识产权、奖项

43.2.3.1 专利情况

（1）采煤过程中控制地表塌陷的方法（发明专利号：CN108756944B）。

（2）防治冲击地压的方法（发明专利号：CN108729917B）。

（3）矿井离层水害治理方法（发明专利号：CN108843390B）。

（4）一种注浆充填系统（实用新型专利号：CN209990500U）。

（5）一种深井热交换系统（实用新型专利号：CN210772840U）。

（6）气体分离装置及气体采集系统（实用新型专利号：CN210977438U）。

（7）采空区注浆系统（实用新型专利号：CN210977589U）。

43.2.3.2 计算机软件著作权情况

（1）煤矿井下经纬仪导线测量自动计算软件（登记号：2018SR1009591）。

（2）压裂起裂压力及压裂产能计算软件（登记号：2018SR1076606）。

（3）钻井参数计算及钻井数据拟合分析成图软件（登记号：2018SR1077760）。

43.2.3.3 获奖情况

（1）获得2019年绿色矿山科学技术二等奖。

（2）获得2020年中国煤炭地质总局科学技术奖特等奖。

（供稿单位：中国煤炭地质总局勘查研究总院）

44

中西部地区复杂条件煤矿致灾水源电磁探测关键技术

44.1 项目基本情况

煤矿水害是导致煤矿安全事故频发的一个重要诱因，在煤矿安全生产中尤为突出。我国煤炭资源开采以井工开采为主，煤矿水文地质条件复杂。在我国中西部地区的主要煤矿区，不仅地下地质条件复杂，地表条件也尤为复杂，给煤矿水害探测带来了较大的困难。

由于含水地层/构造的低阻特征较为突出，电磁探测技术在矿井水文地质条件探测中得到较为广泛的应用，根据探测目的的不同常分为地面电磁勘探和矿井电磁勘探两类。在中西部复杂煤矿区，地面电磁勘探的主要技术难题是复杂地形的校正问题和纵向分辨率的问题，矿井电磁勘探的主要技术难题是井下电磁干扰的去除及探测精度问题。该项目针对地面及井下电磁技术的核心问题进行深入研究，从理论认知和技术创新双管齐下，取得了较大的突破，有效提高了地面电磁和井下电磁的探测精度，为煤矿安全生产提供地质依据，有效保障了煤炭资源的安全高效开采，经济社会效益和环境效益显著。

44.2 取得的主要成果

44.2.1 成果关键技术要点与创新点

（1）地面电磁关键技术是针对复杂地形校正问题，采用二次电位切线斜率法对瞬变电磁法资料优化处理，减小了地形对探测精度的影响；在瞬变电磁勘探和高密度电磁勘探数据处理中，引入高分辨率反射系数法，提高了对地层解释的分辨率、加大地层的探测深度，编制了相关的数据处理软件。该技术方法在陕西榆林小纪汗煤矿高密度电磁勘探、三道沟煤矿采空积水区电磁探测、余吾煤矿富水区探测等工程中进行验证，地质成果的可靠程度可达90%以上。

（2）矿井电磁技术重点研究了全空间矿井电磁技术的可行性，基于电各向异性特征研究矿井瞬变电磁法超前探测三维正反演算法，减少探测多解性；建立了煤矿井下典型的地质异常体地球物理模型，获得了断层、采空区等典型含水地质体的响应特征；研发了数据处理软件及井下激发装置；指导了安徽恒源煤矿、陕西郭家河煤矿等的井下电磁工作。

44.2.2 成果的主要内容及应用场景

44.2.2.1 成果的主要内容

（1）二次电位切线斜率的处理方法，进行瞬变电磁法的地形影响校正。

（2）利用高分辨率反射系数法进行瞬变电磁资料处理，提高了地质异常的识别能力。

（3）利用高分辨率反射系数法对高密度电法资料进行处理，加大了高密度电法勘探的探测深度和地层纵向分辨能力。

（4）研发了反射系数法处理高密度资料的配套应用程序。

（5）基于电各向异性特征研究矿井瞬变电磁法超前探测三维正反演算法，减少了探测多解性。

（6）进行低阻异常体三分量响应特征的试验研究，明确了含水异常的电磁影响特征。

（7）研发了矿井本安型电磁勘探设备。

44.2.2.2 应用场景

该成果研究的技术已应用于陕西、山西、安徽等煤矿水害探测工程，主要可用于复杂地表条件下地形校正和数据处理提高分辨率；井下电磁技术适用于矿井电磁勘探工程，可为煤矿安全生产提供地质依据。

44.2.3 成果的技术实用性和实践效益

44.2.2.1 技术实用性

（1）首次提出采用二次电位衰减曲线的切线斜率代替视电阻率参数进行资料处

理与解释，改善了地形校正的效果，提高了电磁勘探的精度。

（2）论证了井下全空间矿井电磁的理论方法可行性，建立了断层、采空区、陷落柱等含导水地质体的地质模型，得到了地质异常的电性特征，提高了对复杂地质构造的识别能力。

该技术方法先进，经过中国煤炭工业协会组织的科技成果鉴定，科技成果达到国际先进水平。技术方法适用于国内外各大煤矿地层含水性、含水地质构造、采空区探测，地质成果可靠，可有效指导矿井探防水工程，保障矿井安全高效开采。技术方法适用于国内外矿井水问题突出的煤矿区、复杂地质条件煤矿区，可根据矿区的地质条件，选择从地面或井下探测矿井水源、导水通道，为矿井安全工作提供地质依据。

44. 2. 2. 2 实践效益

该技术成果的经济效益表现在：提交了可靠的地质成果，为矿井工程布置提供地质依据，为矿井安全工作提供依据，以维持矿井安全生产，降低勘探投入；对煤矿可利用资源量有了重新认识，为煤炭增加了可利用资源量，产生了经济效益；提高了地质勘查企业的认可度，提高了勘查经营额。几年来，该技术方法在应用中共产生经济效益 4. 1 亿元，利润 1. 09 亿元。

该技术成果的社会效益表现在：勘探成本低，环境影响小，适用于从地面和矿井探测复杂致灾水源，符合煤矿企业对地质资料和勘探成本的需求和国家环保政策的要求；勘探成果可靠，能有效探测不同规模的致灾水源情况及导水通道的空间形态，应用主要技术方法所取得的地质成果，已经有部分得到了矿井生产或地质验证，可有效保证煤矿企业的安全生产；可为煤矿防治水工作提供依据，更大程度地保证煤矿安全生产，保护煤矿工人的生命安全，维护社会的安定。

44. 2. 4 推广价值

通过该项目的实施，可以更精确地了解矿井采掘过程中的水害威胁，为煤矿防治水工作提供依据，更大程度地保证煤矿安全生产，保护煤矿工人的生命安全，维护社会的安定。科技成果在陕西黄陵天顺煤矿、山西正源煤矿等多个煤矿采空区探测及含水性调查中得到应用，地质成果可靠，采空积水范围的查明对矿井掘进方案设计和巷道布置提供了依据，从而有效提高了矿井巷道的布置效率，节省了时间和勘探成本，勘探对勘探区的环境伤害小，保护了环境，节约了后期环境维护的成本。

在陕西郭家河煤矿、山西首阳煤矿等煤矿井下超前探测中，及时跟进矿井生产，为煤矿探测含水构造及地下富水区段，部分煤矿根据勘探成果对开采方案进行了调整，确保了矿井生产效率与安全。

该项目以较低的勘探成本和对环境较小的伤害，获得了复杂条件下煤矿水害的勘探技术，适用于从地面和矿井探测复杂致灾水源，符合煤矿企业对地质资料和勘探成本的需求，也符合国家环保要求；勘探成果可靠，能有效探测不同规模的致灾水源情况及导水通道的空间形态，应用主要技术方法所取得的地质成果，已经有部分得到了矿井生产或地质验证，可有效保证煤矿企业的安全生产，较其他同类技术有着更优越和更广泛的应用前景。

44.2.5 取得的知识产权、奖项

44.2.5.1 知识产权情况

（1）高精度连续剖面叠加电位仪（专利号：ZL201420276202.4）。

（2）新型金属物探测绘仪（专利号：ZL201320347957.4）。

（3）一种瞬变电磁探测方法、装置和系统（专利号：ZL201510072462.9）。

（4）矿井瞬变电磁三分量探测方法（专利号：CN106772644A）。

（5）一种电法探测采空区裂隙带的电各向异性数值模拟方法（专利号：CN108228952A）。

（6）矿井瞬变电磁井上下立体双磁源探测方法（专利号：CN107807395A）。

（7）一种消除瞬变电磁观测数据地形影响的方法和装置（专利号：CN105676300A）。

44.2.5.2 获奖情况

（1）荣获2017年西安市科学技术奖二等奖（2017-2-36-D2）。

（2）荣获2018年中国地球物理学会科学技术奖三等奖（DK-2018-111-01）。

（3）荣获2017年陕西省科学技术奖二等奖（2017-2-025-D1）。

（供稿单位：陕西省煤田地质集团有限公司）

45

煤矿复杂地质条件精细预测预报技术及应用

45.1 项目基本情况

我国煤炭资源丰富，煤炭作为全国第一大支柱型基础能源的地位上百年来从未改变，今后几十年内也不会发生改变。我国煤炭多为井工开采，矿井地质条件复杂，矿井安全问题突出，据统计，80%以上的矿井安全事故与地质因素有关。煤炭企业在煤炭资源勘查与资源开发过程中积累了丰富的地质勘查资料、三维地震勘探资料以及详尽的采掘地质信息，为此，该项目利用丰富的地质资料作为约束，深度挖掘地震数据的内涵，充分利用已有地质勘查资料和煤矿掘进过程中所揭示的地质信息，对地震资料进行二次解释，提高地质成果的精度，实现地震资料动态利用，保障矿井安全高效生产。

该项目以郭家河煤矿为依托，针对影响该矿安全生产的地质水害和煤层瓦斯涌出等问题，采用理论分析、数值模拟和生产实践验证再改进的研究方法，三维地震勘探、地质钻探、地球物理测井、电法等多种技术方法相融合，地质勘查成果和矿井采掘信息资料综合分析研究，对煤层厚度、地质构造、地层富水性、瓦斯分布与涌出特征等矿井地质因素进行精细解释，实现矿井地质条件的动态预测预报，对矿井地质资料进行二次解释，有效提高了地质资料的利用率，更好地服务于矿井的安全生产。科技成果通过地质验证，取得了良好的经济效益及社会效益，在全行业具备一定的示范性和推广价值。

45.2 取得的主要成果

45.2.1 成果关键技术要点与创新点

（1）利用巷道采掘地质信息对地震资料进行约束，优选对地质构造反映清晰的地震属性，采用 RGB 属性融合技术，提高地质构造解释的精度。

（2）利用地震软件反演构造应力场的分布与应力方向；采用模糊评判的方法，以断层强度、断层密度、平面褶皱强度指数、断层走向影响指数、构造损失面积指数 5 个参数为指标，对研究区内地质构造复杂程度进行了分区和预测，小于 5m 断层的解释精度提高了 30%；实现地震数据精细解释、动态服务于矿井生产，指导后期矿井巷道部署。

（3）应用层序地层学、地震属性提取技术和地震多参数反演技术，综合研究煤厚变化规律，揭示了古地形对煤层厚度的影响，预测了煤层赋存范围、空间展布形态及缺失边界，经巷道与钻探揭示情况验证，解释精度提高 15%。

（4）研究巨厚煤层综放开采顶板离层水形成机制及离层积水涌突机理，结合物探及地质钻探获得的含水层富水异常及砂体的空间展布特征，确定地层富水性分区的评价因子及权重，建立了基于 MapGIS 的信息融合型的含水层富水性分布评价模型，获得了研究区的含水层富水性分区图，评价结果得到了实测单位涌水量的验证，为水文地质资料较为缺乏地区的含水层富水性评价提供参考。明确了巨厚煤层综放开采顶板离层水形成机制及离层积水涌突机理，指出郭家河煤矿综放开采条件下直接顶板充水含水层为直罗组砂岩含水层、延安组煤层及其顶板砂岩含水层，洛河—宜君组砂砾岩含水层为间接含水层，采用解析法预计了 1307 工作面正常涌水量为 $65m^3/h$，最大涌水量为 $278m^3/h$。

（5）分析研究区煤变质程度、围岩岩性、煤层厚度、地质构造、水文地质条件和上覆基岩厚度等 6 个地质因素对瓦斯含量的影响，揭示区内瓦斯分布规律，总结了不同地质条件和开采条件下回采工作面瓦斯涌出量的变化，利用逐步线性回归法建立了以推进速度、煤层厚度和瓦斯含量为自变量的瓦斯涌出量预测模型。揭示了煤矿瓦斯“低含量、高涌出”的特点，预测精度达到 80% 以上。

45. 2. 2　成果的主要内容及应用场景

45. 2. 2. 1　成果的主要内容

（1）三维地震数据的动态利用。

（2）地质小构造的精细识别。

（3）地质构造复杂程度的判别。

（4）煤层缺失边界的地震识别。

（5）煤层气富集及涌出规律。

（6）地层岩性识别。

（7）地层含水性判别。

（8）煤层顶板水涌出危险性预测。

45. 2. 2. 1　应用场景

该成果研究的技术已应用于陕西省郭家河煤矿地质保障工作，部分地质成果已经得到矿井掘进巷道的揭示和验证，正在其他类似矿井进行推广应用。

45. 2. 3　成果的技术实用性和实践效益

（1）首次结合地震信息解释地层含水性及空间展布规律，建立了地层富水性层次分析结构模型，有效提高了预测精度。

（2）充分利用矿井地质资料、勘查地质资料，使地震数据动态服务于矿井生产过程中，更充分地挖掘了地震数据的信息，有效提高了地质构造、煤层厚度变化的解释精度。

（3）首次揭示研究区矿井瓦斯的分布及涌出特征，为矿井瓦斯防治工作提供了依据。

该技术方法于 2017 年 4 月通过陕西省煤炭学会组织的科技成果鉴定，鉴定认为科技成果水平达到国际先进水平。技术方法实用性强，适合于各大煤矿对致灾地质因素探查。

45. 2. 4　推广价值

该技术方法已经在陕西、宁夏等多个煤矿区进行推广应用，经过多个矿井生产的验证，地质成果精度较高，为煤矿工业设计、生产工作面布置提供了依据；为煤矿地质灾害防治提供了地质依据；维持了煤矿资源的可持续开发。科技成果适用于国内外有大量地质勘查资料但不能满足开采需求的所有煤矿，经过地质资料的二次分析和综合研究，可较大限度地提高地质成果的精度，实现对煤矿地质条件的动态预测，降低煤矿事故发生率，保障广大煤矿工人的生命安全。经济效益和社会效益显著，推广应用前景良好。科技成果适用于国内外各大煤矿区，尤其是开展过三维地震勘探工程的煤矿区，在传统地质勘查的基础上，结合矿井揭示的地质情况，对已有地震、地质数据进行再处理，提高了地质构造、煤层厚度、地层含水性及瓦斯等与煤矿安全高效生产密切相关的地质因素认识程度，为矿井安全生产提供了地质保障。

45.2.5 取得的知识产权和奖项

45.2.5.1 计算机软件著作权情况

（1）数字煤矿地质保障系统 V1.0（登记号：2015SR277753）。

（2）数字煤矿 3DGIS 动态地质信息系统（登记号：2015SR275334）。

45.2.5.2 知识产权情况

一种基于窗口傅立叶变换的地层异常地震检测方法（专利号：ZL201710553015.4）。

45.2.5.3 获奖情况

荣获 2017 年陕西省科学技术奖二等奖（2017-2-025-D1）。

（供稿单位：陕西省煤田地质集团有限公司）

46

中深层地热钻井换热供暖关键技术

46.1 项目基本情况

我国新达峰目标与碳中和愿景，提出到2030年左右CO_2排放达到峰值并争取早日达峰。2018年全国建筑总商品能耗为9.06亿t标准煤，占全国能源消费总量的20%；城镇供暖是建筑能耗的重要组成部分，占21.08%，共计1.91亿t标准煤。在城市供暖过程中，向大气排放的碳氧化物是造成城市雾霾的主要因素。冬季清洁取暖关系广大群众温暖过冬，关系雾霾天能不能减少，关系蓝天保卫战的成败，关系碳达峰和碳中和目标的实现，因此积极发展可再生清洁能源势在必行。地热资源是一种可再生清洁能源，具有储量大、分布广、稳定性好的优点，充分利用好地热资源特别是中深层地热资源对上述目标的实现具有重大意义。

成果运用地质学、钻井工程、数值模拟、暖通空调、建筑节能、自动化控制等多学科的理论和方法，形成地热钻井、井下换热、高效供暖等技术，集成形成了中深层地热钻井—换热—供暖一体化技术体系，在关中盆地等多个项目进行了推广应用，效果良好。这些成果是国家《地热能开发“十三五”规划》中需要加强攻关的关键技术，国内各省、自治区、直辖市近年来也出台了多项文件，进一步加快、加大地热供暖技术应用。

该项目成果是陕西省重点研发项目《陕西关中地区中深层地热采暖技术研究》（项目编号：2017ZDXM－GY－075）、自然资源部煤炭资源勘查与综合利用重点实验室重点项目《中深层地热钻井换热供暖关键技术》（项目编号：SMDZ－ZD2016－2）等多个项目的成果总结，由陕西省煤田地质集团有限公司联合陕西中煤新能源公司、长安大学、贵州汇通华城股份有限公司等单位完成，科研经费及配套工程费用2 000余万元。

成果已获中国煤炭工业协会科技二等奖和陕西省科技进步三等奖，成果总结《中深层地热钻井换热供暖关键技术》一书已由科学出版社出版。项目成果对加快中深层地热能建筑供暖技术推广应用、缓解区域能源供需矛盾、优化生态环境、促进新能源产业的发展具有一定的推动作用。

46.2 取得的主要成果

46.2.1 成果关键技术要点与创新点

46.2.2.1 关键技术要点

项目从地质、钻探、传热学、建筑节能和智能控制等方面对中深层地热能开发和利用进行研究。在开发方面，提出了中深层地热“U形对接井”开发利用新模式和配套新技术，建立了深埋管管内外耦合换热的三维全尺寸数值计算模型，分析了强化换热影响因素，提高了井管的换热强度和换热量；在利用方面，通过精细化建模优化供暖设计，在建筑末端采用全局性节能智能控制，实现了供暖机器无人值守，供暖能效提高了30%以上。成果经中国煤炭工业协会组织的包括3位院士在内的专家组鉴定，总体达到国际先进水平，在地热采集方面达到国际领先水平。

46.2.2.2 主要创新点

（1）首次提出了中深层地热“U形对接井”取热不取水开发利用模式(图46－1)，解决了中深层地热“取热不取水”开发利用中的技术难题，工程实践在国内外属于

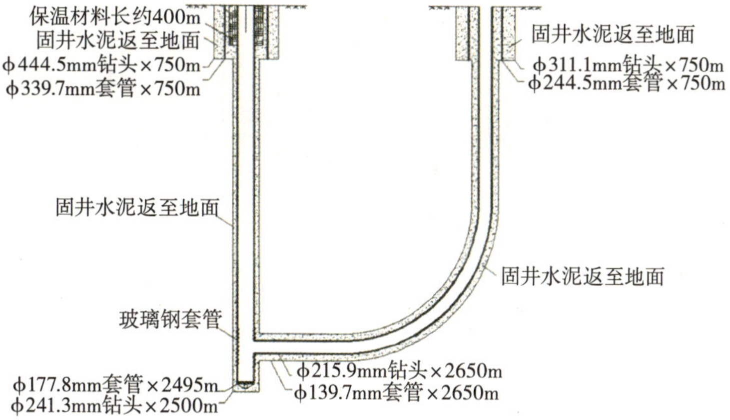

图46－1 优化后的U形对接井井身结构

首创，促进了陕西省关中地区中深层地热能开发利用的快速发展。

孔隙型砂岩热水回灌属于世界性难题。目前地下水的回灌，特别是孔隙型储层的回灌，没有突破，难度较大。目前开展的直井同心管换热技术，其钻井结构、换热形式、施工工艺等都有许多需要改进的地方，特别是套管外不进行固井，容易串通、破坏地下含水层，引起地下环境的恶化。

浅层地埋管换热系统换热效率低，埋管占地面积较大，城区内难以施工。

该项目开发的中深层地热能取热不取水模式供暖系统，通过采用闭式循环的中深层地埋管换热器（或井筒），利用热传导方式提取地下地热能，地埋管换热器与地源热泵循环系统分属两个独立循环系统，对地质条件不产生污染和扰动；占地面积较小，通过增加U形井水平段长度，可以大大提高地热井的取热量。

（2）首次建立了深埋管管内外耦合换热的三维全尺寸数值计算模型（图46-2），优化了井内强化换热技术，提高了对接井的换热强度和换热量，从而正确指导了中深层地热能的开发利用，降低了系统能耗，提高了系统换热效能，保证了系统的安全可靠运行，有利于中深层地热能开发利用的良性发展。

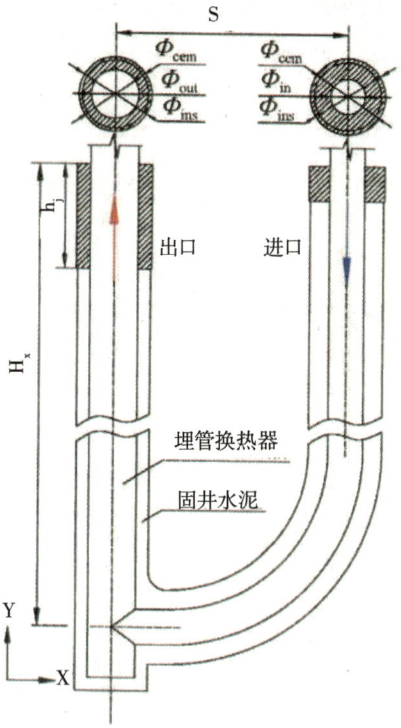

图46-2　U形井管模型示意图

该模型有效解决了深埋管换热特性研究中的以下问题：①埋管岩土换热是非稳态三维管内外耦合的复杂的换热过程；②浅层埋管的岩土上下温度和岩层结构变化不大，一般被简化为温度上下一致和岩层结构上下均匀的均质场；③ 深埋管穿过的岩层不能简化为均质。

（3）采用全局性节能智能控制系统，提高了系统节能控制程度，大幅度提高了供热能效，节能30%以上。

在地源热泵供暖系统的实际运行中，从全局性、系统化的角度出发，对整个系统的耗能设计进行了节能控制，同时依靠自动控制的先进技术对地源热泵供暖系统进行了全局性、最优化节能控制，使中深层地热供暖系统高效运行，有效节约了能源。

（4）将地质及钻井、换热、建筑节能和供暖等方面的技术集成为一体化的关键技术，并在示范项目进行推广，降低了供暖运行费用，提升了供暖品质，扩大了中深层地热能的应用范围，为建筑供暖和节能提供了一条新的途径。

一体化关键技术在关中盆地等多个项目得到了应用和验证，运行费用远低于燃气锅炉和集中供暖，效果良好。

46. 2. 2　成果的技术实用性和实践效益

46. 2. 2. 1　技术实用性

（1）该成果中的中深层地热钻井工艺、井下换热、高效供暖技术是国家《地热能开发“十三五”规划》中需要攻关的关键技术，对北方地区清洁取暖具有非常重要的意义，对缓解我国能源资源压力、推进能源生产和消费革命、促进生态文明建设具有重要的现实意义和长远的战略意义。

（2）首次提出的中深层地热“U形对接井”取热不取水开发利用模式，拓宽了中深层地热应用范围，解决了中深层地热取热不取水开发利用中的技术难题，加快了中深层地热能开发利用。

（3）成果集成地质、钻井、换热、建筑节能和供暖等，形成了一体化的技术体系，并在示范项目应用，有效降低了供暖费用，有利于技术的进一步推广应用。

（4）应用项目已评为陕西省中深层地热供暖示范项目，该技术在国内进行了广泛的推广和宣传，有利于技术的规模化应用。

（5）通过陕西省煤田地质集团拥有的陕西省地热能开发利用重点实验室和西安市地热能工程中心平台对技术进一步推广，科学出版社成功出版了《中深层地热钻井换热供暖关键技术》一书，有助于加快该技术的社会推广。

（6）项目带动装备制造、地质勘查、钻探、自动化控制等上下游产业全面发展，促进就业不断增加。

46.2.2.2 实际效益

相关技术通过应用，供暖面积达50万m^2，直接经济效益4.2亿元，减排CO_2达1.47万t，保护了环境，减少了雾霾，促进了企业经济发展和转型升级，为中国经济增长及经济结构转型升级贡献新动能。

成果技术在陕西西部中深部能源公司草滩地区、陕西一三一煤田公司韩城地区、陕西龙门公司延安地区等多个地热供暖项目中得到推广应用，其中陕西西部中深部能源公司通过草滩项目的运行，评价是“地热能利用效率大幅增加，减少了钻探井数，节约了投资，提高了项目的投资回报”，并对运营成本进行了对比。

运营成本对比：经与目前其他主要供暖方式对比（表46－1），该成果技术方案的运行费用最低。

表46－1 供暖运行成本的比较

方案	方案一	方案二	方案三
	中深层热泵系统	燃气锅炉	市政集中供暖
运行成本/元	913 945.6	1 770 770	1 656 526
每年单位成本/（元/m^2）	12.8	24.8	23.2
备注	供暖面积71 402m^2；供暖4个月；电力按0.5元/（kW·h）计	供暖面积71 402m^2；供暖季4个月；燃气按2.35元/m^3计；单平米运行费用按6.2元/月计	供暖面积71 402m^2；供暖季4个月；集中供暖每月按5.8元/m^2计

对同一地质条件下的同轴套管与U形对接井模拟数据进行对比，该技术成果的换热能力和延米换热量均最大。

46.2.3 推广价值

仅西安草滩一个供暖示范项目每年供暖节约资源800 t标准煤，每年减少CO_2排放2 096t，减少SO_2排放6 800kg，减少氮氧化物排放5 920kg，环境效益非常显著。

该项目的一体化关键技术研究成果适用于关中地区建筑供暖，更能用于国内外其他区域的中深层地热能供暖，具有广阔的推广前景。

中国地热能资源基础雄厚，市场空间广阔，发展趋势良好，是极具发展的朝阳行业。国家发展改革委、国家能源局、国土资源部联合发布了《地热能开发利用“十三五”规划》，各省、自治区、直辖市都制定了相应的规划，地热能市场发展迎来了前所未有的机遇期，市场前景良好。

46.2.4 取得的知识产权、奖项

46.2.4.1 专利情况

（1）张育平：垂直埋管接头结构，实用新型专利（专利号：ZL20171869539.6）。

（2）张育平，周聪：箱式集水器，实用新型专利（专利号：ZL20171869537.7）。

（3）张育平：一种垂直埋管下放配重装置，实用新型专利（专利号：ZL201721892774.5）。

（4）雷衍庆，宋宽强，张育平，等：一种地埋孔 PE 管下管器，实用新型专利（专利号：ZL20172186467.5）。

（5）周聪：一种水平弯管式 U 形埋管换热系统，实用新型专利（专利号：ZL201820129486.2）。

（6）张育平，拓佳胜，薛宇泽：一种中深层地热井原位闭式水循环换热强度测试仪，实用新型专利（专利号，ZL201822046172.9）。

（7）张晓宏，郭文祥，樊占龙，陈粤强，浦静怡：一种对接型地热井的井口控制装置，实用新型专利（专利号，ZL201721053740.7）。

（8）陶鹏飞：一种中深层地热水井换热、供热系统，实用新型专利（专利号：ZL201821837898.8）。

（9）陶鹏飞：一种中深层与浅层地热能联合供热及浅层地热能补热系统，实用新型专利（专利号：ZL201821837444.0）。

（10）陶鹏飞：一种 U 形地热换热器，实用新型专利（专利号：ZL201821837430.9）。

（11）张育平，拓佳胜：一种中深层地热井原位闭式水循环换热强度测试仪，发明专利（申请号：ZL201811489182.2）。

（12）张晓宏，荀迎九，陈先虎，姬永涛，樊占龙：一种换热型水平对接地热井的井身结构，发明专利（申请号：ZL201710720447.0）。

（13）姚建明，姬永涛，王俊立，张晓宏，郭文祥：一种换热型水平对接地热井的井身结构的施工方法，发明专利（申请号：ZL201710725015.8）。

（14）张晓宏，王俊立，陈粤强，姬永涛，樊占龙：一种基于斜井水平对接型地热井井眼轨道及设计方法，发明专利（申请号：ZL201710725013.94）。

（15）姬永涛，樊占龙，陈粤强，王俊立，张晓宏：一种基于直井负位移水平对接型地热井井眼轨道及设计方法，发明专利（申请号：ZL201710725027.0）。

（16）刘小康，李宝泰，薛宇泽：一种地热井下换热器，实用新型专利（申请号：ZL2018218379124）。

（17）薛宇泽，陶鹏飞：一种中深层地热井取热不取水型高效换热装置，实用新型专利（申请号：ZL2018218379073）。

（18）陶鹏飞，张育平，薛宇泽：一种中深层地热能增强型取热装置，实用新型专利（申请号：ZL2019202921574）。

46.2.4.2 计算机软件著作权情况

（1）地热能综合利用全局性智能化控制节能系统 V1.0（登记号：2019SR0036015）。

（2）CoreEx 故障失效代偿策略模块软件 V0.1（登记号：2018SR374986）。

（3）CoreEx 故障失效代偿策略模块软件 V0.3（登记号：2018SR375960）。

（4）CoreEx 群优化策略模块软件 V0.1（登记号：2018SR371625）。

（5）CoreEx 视界运行软件 V0.3（登记号：2018SR371631）。

（6）CoreEx 视界组态软件 V0.3（登记号：2018SR371391）。

（7）数据采集分析 V4.0（登记号：2018SR375352）。

（8）易方云系统 Android 手机 App 软件 V3.0（登记号：2018SR375349）。

（9）易方云系统 Apple 手机 App 软件 V3.0（登记号：2018SR375346）。

（10）易方云自动派工系统手机 App 软件 V1.0（登记号：2018SR371807）。

（11）CoreEx－OPC 服务端软件 V1.0（登记号：2018SR371434）。

（12）CoreEx N + 1 备份软件 V0. 3（登记号：2018SR372343）。

（13）CoreEx 负荷算法模块软件 V0. 3（登记号：2018SR375928）。

（14）CoreEx 系统优化算法软件 V0. 3（登记号：2018SR375924）。

（15）HEA1000 主机能效监测装置软件 V1. 0（登记号：2018SR369727）。

46. 2. 4. 3 获奖情况

（1）2017 年 11 月，获得中国石油和化学工业联合会科技进步奖三等奖。

（2）2019 年 10 月，获得陕西省住建厅中深层地热能供暖省级示范项目。

（3）2019 年 12 月，获得中国煤炭工业协会科学技术奖二等奖。

（4）2020 年 3 月，获得陕西省人民政府科学技术进步奖三等奖。

（供稿单位：陕西省煤田地质集团有限公司）

47

河北省中部平原沧县台拱带干热岩类地热资源利用经济模式

47.1　项目基本情况

近年来，我国北方地区，尤其是京津冀地区，以燃煤为主的能源结构以及产业转移带来的环境污染，使雾霾天气频发，引发了全社会的强烈关注。京津冀地区是我国最重要的地热分布区，区内浅层地温能和水热型地热能资源可开采热量折合标准煤为3.43亿m^3/a，其中浅层地温能9 200万m^3，地下热水资源2.51亿m^3，占京津冀地区2015年能源消耗总量的87%，可为5 000万人提供建筑物供暖制冷，占总人口的45%。京津冀地区地热能资源若全部开发利用，每年可减少二氧化碳排放8.18亿m^3，可有效缓解雾霾的产生，逐步实现绿色发展。

2017年4月1日，中共中央、国务院决定设立国家级新区雄安新区。雄县城区基本实现了地热集中供热全覆盖，成为我国第一个“无烟城”，成功打造了地热供暖“雄县模式”，为京津冀地区地热资源统一利用提供了可借鉴的经验。

该项目在对河北省中部平原沧县台拱带的干热岩资源进行研究和潜力评估的基础上，施工一个参数孔，初步了解预查区内干热岩资源的空间分布状况，将此资源进行梯级利用地热发电、地热供暖、地热种植、地热养殖、地热工业化利用、地热旅游、疗养等，打造技术可复制、经验可推广的高效利用模式，可为雄安新区智慧新城地热资源开发利用提供重要的科学参考，因此具有重要的推广意义。

47.2 取得的主要成果

47.2.1 成果关键技术要点与创新点

47.2.1.1 技术路线

预查工作的技术路线为：收集研究施工区的以往地质勘查资料→踏勘→大地电磁测深→确定钻孔孔位→钻探施工→采样测试→数字测井→抽水试验、压裂试验→再抽水试验→综合分析研究资料→提交预查报告。

47.2.1.2 关键技术

（1）大地电磁测深共施工测线 30 000m，物理点 36 个（其中坐标物理点 33 个，试验点 2 个，孔旁测点 1 个）。

（2）钻孔设计为分段取心、岩屑录井、地球物理测井、综合试验的勘查模式。

（3）参数孔设计测井工程量 3 995.00m，全孔进行井温、井径、视电阻率、自然伽玛、自然电位、声波等参数测井工作。实际井径、视电阻率、自然伽玛、自然电位、声波测深 4 002.50m；井温实际测深 4 004.93m。

（4）压裂试验的压裂方式采用 3－1/2 加厚油管注入下带封隔器保护套管的方式，油管注水，投球打开滑套压裂，压裂效果较明显。

（5）钻探施工采用高性能低固相泥浆，泥浆循环系统采用全封装系统，有效防止泥浆泄漏。废旧泥浆池底部及四周用水泥和防渗材料抹砌，施工结束后由当地环保部门进行无害化处理。施工用油采用高架密封贮油罐，架底用水泥做防渗处理，现场安检人员定时进行检查，本次施工没有对环境造成不良影响。

47.2.2 成果的主要内容及应用场景

47.2.2.1 成果的主要内容

该项目的主要成果如下：

（1）完成了我国以碳酸盐岩为目标的干热岩资源勘查工作，为华北平原区深部地热资源勘查提供了技术依据，为干热岩资源勘查规范的制定奠定了基础，开创了该领域的先河。

（2）首次在沧县台拱带揭穿了蓟县系地层，并揭露了长城系高于庄组地层，初步查明了区内的地层层序及地层结构。

（3）第一次发现了华北平原区长城系高于庄组中赋存中温热水，是水热型热储层，证实了它又是一个基岩热储层，并对此地热资源进行了评价。

（4）建立了华北沉积盆地型干热岩成藏模式。

（5）第一次在地热钻孔中开展了压裂试验，通过压裂试验获得了相关参数，为深部碳酸盐岩热储改造积累了宝贵经验，为华北平原区深地探测奠定了一定的基础。

（6）预测了区内干热岩赋存状况。

（7）估算了预查区内 4 000m 以浅热储资源量。

（8）初步查明了工作区地温场特征及深部岩溶地层地热特征。

（9）初步查明了预查区内岩石热导率、生热率、比热等相关参数。

（10）通过本次 4 000m 深孔钻进，为今后施工类似深孔提供了可借鉴的钻探经验和相关的工艺、技术。

（11）验证了干热岩温度场空间模型，并根据本次钻探揭示的温度场分布特征，修正了设计时推算的温度场参数。

（12）对区内地热资源开发利用前景进行了分析。

47. 2. 2. 2　应用场景

该成果应用于开展中深层地热发电、中深层地热供暖、浅层地热制冷及相关实验研究，形成梯级冷热电联产。

47. 2. 3　成果的技术实用性和实践效益

47. 2. 2. 1　经济效益

一期发电，装机容量为 280kW，为居民建筑供暖 3 万 m^2，为本次经济计算提供了重要的参数和依据。本次经济计算按满负荷发电和最大供暖能力计算。因二期设施农业尚未建设运营，因此本次经济计算不含设施农业收入。经计算可得出：“科研基地”地热发电与供暖的运行收入 608 万元，静态回收期为 9. 72 年，内部收益率 9. 64%；按市场价格收取配套费为 40 元/m^2，可一次性收取配套费 1 200 万元，实际静态回收期将缩短至 7. 75 年，内部收益率也升高至 12. 16%。

同时，中低温地热发电具有较好的经济性，根据美国能源部（DOE）公布的数据，在北达科他州鲍曼县（Bowman County）建立的 8 座低温地热电站（地热资源温度98℃)，采用有机郎肯循环（ORC）系统，其每千瓦的造价为3000美元，成本的投资回收期为7.2年。按业内良性投资评估标准，静态投资回收期不超过10年，内部收益率不低于8%，说明该项目具有良好的经济效益。

47.2.2.2 环境效益

现装机容量280kW，全年运行按照8 000h计算，年均发电224万kW·h，可替代标准煤896m^3，减排二氧化碳2 138m^3。二期地热发电扩容至400kW，全年运行按照8 000h计算，年平均发电320万kW·h，可替代标准煤1 280 m^3，减排二氧化碳3 054 m^3。72℃地热发电尾水用于地热供暖，水温降至25℃，那么可提供热能为1万kW，可为30万m^2建筑供暖，可替代标准煤9 000m^3，减排二氧化碳2 1474m^3。运用先进的采灌均衡技术，可实现两抽一灌，回灌率100%，对于地热资源保护具有重要的意义。

综上所述，该项目地热发电和地热供暖两级利用效果良好，在各个方面体现出低碳的特点。年发电总量超过了建筑供暖系统的用电总量，基地运行不但可实现碳的零排放，还可为外界提供清洁的热能和电能，为缓解雾霾提供新思路。二期将开展设施农业建设，将会更具良好的社会、经济、环境效益。

47.2.2.3 社会效益

（1）社会影响。

中国水热型地热资源丰富，总量（折合标准煤）1.25万亿t，每年可采量（折合标准煤）18.65亿t，以中低温为主，高温为辅。其中，中低温地热资源总量（折合标准煤）1.23万亿t，每年可采量（折合标准煤）18.5亿t，主要分布在华北、苏北、松辽、江汉、汾渭等大中型盆地，每年可开采量（折合标准煤）18.28亿t；其余山地丘陵区中低温地热资源（折合标准煤）0.19亿t。可见，该项目创新发展的中低温地热发电、供暖两级利用模式，和即将实施的地热设施农业三级利用模式，具有技术可复制、经验可推广性，对于推动我国中低温高效利用和地热行业发展具有重要的意义。

（2）对地区的影响。

献县隶属河北省沧州市，北靠京津，东临渤海，南通中原，西接石家庄，紧邻国家级雄安新区，是京津冀都市圈、环渤海经济圈县市区之一。献县地热资源丰富，当地地热开发历史悠久，为献县发展作出了一定的贡献。当前，地热资源开发利用遇到诸如回灌难、开发利用能效低等技术瓶颈，该项目开发的新技术模式，将会为献县地热资源开发提供新技术和重要参考，乃至对京津冀地热资源高效利用起到至关重要的作用。

同时，献县地热梯级利用项目符合国家关于建设节约型社会的方针，是我国节能环保产业的发展战略选择。对于我国加大节能宣传，推广可再生能源利用，推动地热能综合开发利用技术发展，建立完善的区域能源经营管理机制，将起到积极的推动作用。

（3）对行业的影响。

采用地热梯级利用模式，不需燃料，设备利用时间长，且不受降雨季节变化的影响，发电稳定，可以大大减少环境污染。该项目建立的中低温地热发电、尾水供暖、地热种植梯级利用模式为地热行业发展完善提供标杆和借鉴。

47.2.4 推广价值

献县地热田位于预查区西部，是京津冀地区重要的地热田之一，尤其是深部岩溶地热资源是该区域最具潜力的地热资源之一。根据 GRY1 号钻孔抽水试验资料，3 701.16～4 025.82m 含水层段出口水温 103.50℃，估算求得该区域基岩利用段热储地热资源量为 1.27×10^{18}J，相当于标准煤 4 335 万 t，利用前景广阔，将此资源进行梯级利用（地热发电、地热供暖、地热种植、地热养殖、地热工业化利用、地热旅游与疗养等），打造技术可复制、经验可推广的高效利用模式，为雄安新区智慧新城地热资源开发利用提供重要的科学参考，具有重要的推广意义。

47.2.5 取得的知识产权、奖项

47.2.5.1 专利情况

一种提取利用地热能的装置（专利号：ZL201821705151.7）。

47.2.5.2 获奖情况

（1）获得河北省煤田地质局 2013—2017 年度专业报告类科技成果特等奖。

（2）获得河北省煤炭工业行业协会一等奖。

（供稿单位：河北省煤田地质局水文地质队）

48

广域电磁法在地热勘探中的应用技术

48.1 项目基本情况

30 多年的高速发展，造成我国常规能源的过度开采。根据“十四五”规划，地热能资源将列入国家可再生能源开发计划。我国地热资源丰富，市场潜力巨大，发展前景广阔。开发利用地热能不仅对调整能源结构、节能减排、改善环境具有重要意义，而且对培育新兴产业、促进新型城镇化建设、增加就业均具有显著的拉动效应，是促进生态文明建设的重要举措。但是，我国在地热能勘探方面存在着勘查评价程度低、勘查严重滞后于开发等问题。目前国内的深部地热能勘探主要依赖地球物理勘探方法，常用的物探方法有：高精度重磁法勘探、高分辨率反射地震勘探、长偏移瞬变电磁法、大功率可控源音频大地电磁测深法、大地电磁测深法、微动勘探法等。基于城郊及市区受地面建筑物、道路、地下管网、电磁干扰等影响，这些方法很难满足地质任务要求。

48.1.1 理论提升

广域电磁法继承了大印率可控源音频大地电磁测深法使用人工场源的优点，也继承了磁偶源频率测深法非远区测量的优势。这一方法改良了大印率可控源音频大地电磁测深法远区信号微弱的劣势，拓展了观测适用的范围，同时摒弃了磁偶源频率测深法的视电阻率校正办法。广域电磁法用适合于全域的公式计算视电阻率，保留了计算公式的高次项，大大拓展了人工源电磁法的观测范围，提高了观测速度、精度和野外效率；同时发射信号采用 2^n 序列伪随机信号，伪随机信号包含 7 个勘探频率，一次发射同时接收，提高了工作效率。伪随机信号抗干扰能力强，提高了数据的精度。广域勘探系统的供电设备功率达到180kW，最大工作电流可以达到150A，并应用地网式布置方式，大大提高了信号的准确度和稳定度。该技术实现了在人文影响复杂区、探查大深度层面的勘探，提高了物探解释地热勘探中的准确性。

广域电磁法根据场源形式（电偶源、磁偶源）和接收电磁场分量（Ex、Ey、Hx、Hy、Hz）或其不同的组合拥有多种工作装置。E－Ex工作装置采用的广域电磁法可以应用电偶源全期视电阻率公式，计算广域电磁法全期视电阻率。

48.1.2 实践意义

该应用技术使用的大深度、高精度、广域电磁勘探技术与装备，是以何继善院士首创的“广域电磁法”理论为基础研发的电磁成套技术和装备，具有我国自主知识产权，获得了2018年度国家技术发明奖一等奖。

广域电磁在勘探中的优势主要表现在其剔除了CSAMT中视电阻率的近似计算导致深度数据假高值的特征，可通过视电阻率的严格解译来正确反映深部地层信息。在相同条件下，广域电磁法的探测深度是CSAMT的3～5倍；采用三元素自封闭加法和2^n系列伪随机信号的递推编码在分辨率和信号强度、抗干扰方面比照传统地球物理勘探方法均有较大提升，不仅在低阻地质体分辨力上强于传统的CSAMT，而且对高阻异常体的分辨率也高于传统的物探方法。特别是在城市区复杂干扰条件下，广域电磁法优势明显，将成为一种“绿色、高效、低成本”的新型地热勘探技术。广域电磁拟地震处理解释构造技术，通过拟地震成像处理能够消除视电阻率拟断面图上构造反映不明显、异常幅度小、难以解决精细构造、复杂断面等方面的问题。该项目在广域电磁勘探拟地震成像抗干扰能力强、勘探深度大、分辨率强、解释分辨率高的技术优势基础上，开发了快速反演技术，实现了高精度解释构造。

48.2 取得的主要成果

48.2.1 创新点

（1）阐述了广域电磁的基本理论，建立了广域电磁在地热资源勘探中的理论基础，为地热资料勘探调查评价提供了科学依据和指导方向。

广域电磁法使用大功率，发射机功率180kW，发射电流达到125A，采用全域电磁场计算公式，可缩小收发距离，收发距3倍勘探深度信号强、测量盲区小。所采集的资料在浅、中和深部目标层位基本不受影响，提高数据采集信噪比；采用单分量测试，只测量电磁场分量 Ex，不测量电磁场，由于只测量电场（传导场），不测量磁场（感应场），受到的干扰小，噪声小，在干扰较大的城区 1μV 左右也能进行较好的观测；在收发距合适的情况下，深部低阻反映明显（图48－1），不会像 CSAMT 那样，曲线尾支呈45°上升的假象。

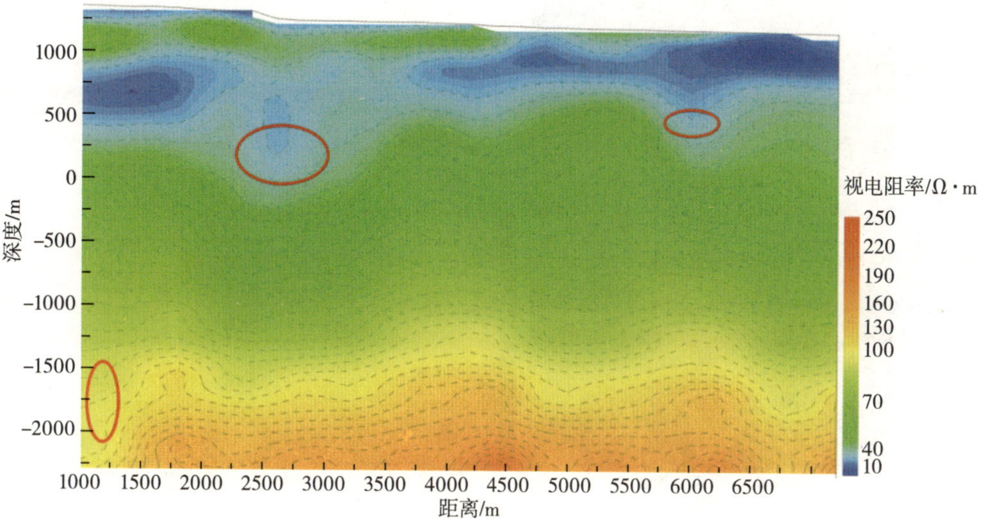

图48－1　铜川D1线广域电磁法电阻率断面图

（2）三元素自封闭加法和 2^n 系列伪随机信号的递推编码，有效地增加了抗干扰能力和采集速度。

三元素自封闭加法设计出主频率对数均匀分布、频谱很宽的多频波，为同时发射多频电磁波奠定了基础，可以同时保持频率在对数坐标上均匀分布；各个频率电流的振幅相等；各个频率电流的相位相同；各个频率的电流同时发送。发射信号采用 2^n 序列伪随机信号，伪随机信号包含7个勘探频率，采集频率最高为8 192Hz，最低频率可达到0.011 7Hz，一次就得到由浅到深的视电阻率。这就既保证了原始资料品质及深度要求，又因为不观测相位，发射与接收不需要严格同步。资源配置方面，在优化配置物流、资金流的基础上，对供应、生产、销售、财务、人力资源、安全质量管理控制等内部系统实施智慧矿山集成改造，消除内部信息孤岛，实现了人力、物力、财力等各类资源的科学合理配置，确保发挥出最佳效能。

经韩城市DRJ3钻探验证，广域电磁法实测剖面所揭示的物性地质结构分层成果与DRJ3井所得到的电性层吻合（图48-2），出水量60m^3/h，温度83℃，广域电磁法勘探所选定的井位相较2019年2月施工的DRJ1井在出水量及水温方面均有大幅提高，成果得到了甲方好评。

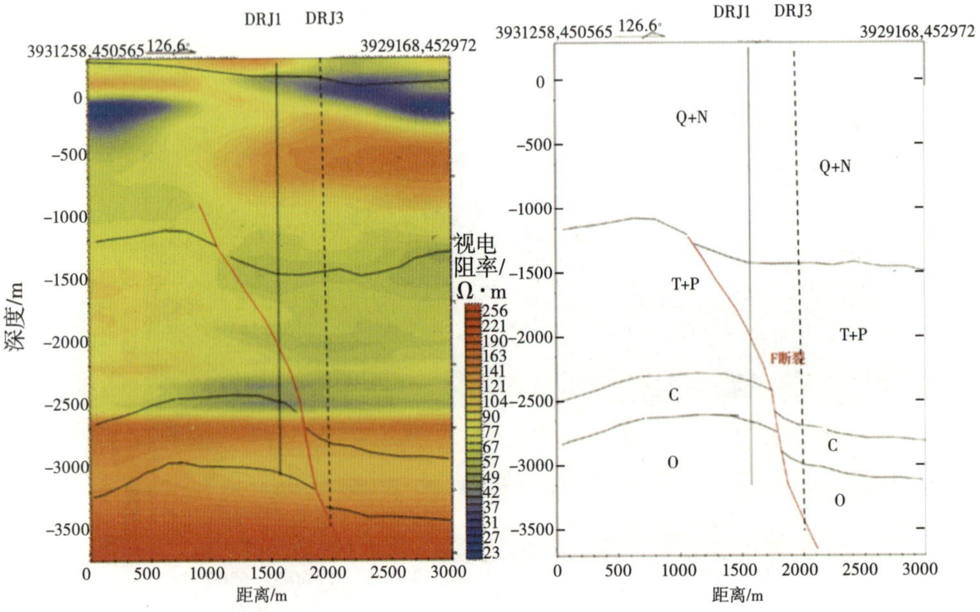

a）电阻率断面图

b）电阻率断面综合成果图

图48-2 韩城市公安局项目广域电磁法电阻率断面图和断面综合成果图

（3）采用专用的广域电磁法资料处理解释软件，进行一维、二维和复杂条件下数据快速精细反演成像，通过频率—视电阻率断面图，二维深度—视电阻率断面图和拟地震处理进行构造解释，综合得到区内由浅至深的电性层分布情况和构造情况。

在自主研发处理软件中采用Bostick法反演。Bostick法是一种一维大地电磁测深曲线的近似反演法，由于它求得的模型并不能拟合实测数据，因此有的学者又把它称为半定量解释方法，也可理解为一种电阻率转换方法。Bostick反演结果尽管精度不高，但其运算简便快捷，解释具有唯一性，不存在人为因素，能较好地反映地电断面的基本特征，为资料的精确反演提供初始模型。

一维反演是假设大地电性结构为一维的，即地下介质的电性仅随深度发生变化，沿水平方向不变。一维反演可分为层状介质反演和连续介质反演。层状介质反演初始建立时需要处理人员掌握一定的先验资料，而在二维的剖面勘探中，一维反演仅仅作为一个中间环节，在对最终解释成果的定性评价及质量控制中发挥作用，其成果为下一步的反演提供初始模型，所以一维反演应尽量避免人为因素的影响，客观对待原始资料。连续介质反演假定地下介质沿深度（纵向）是连续变化的，为适应反演方法的要求，在纵向上需离散化，即用一系列薄层来描述介质的电性分布。连续介质反演就是通过最佳拟合实测数据，求各个薄层的电阻率值，进而进行拟地震处理形成拟地震断面图(图 48 -3 ~ 图 48 -5)。

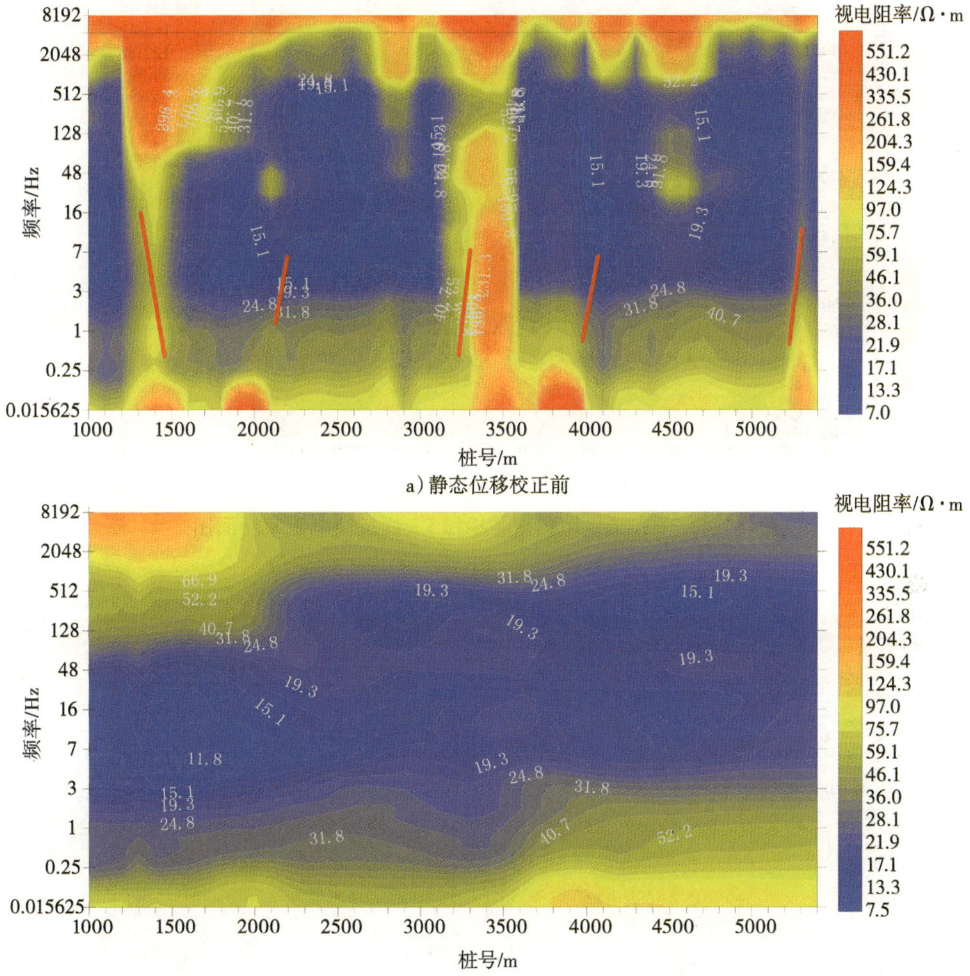

a)静态位移校正前

b)静态位移校正后

图 48 -3　山东某地地热资源勘探 L3 线电阻率和频率断面图

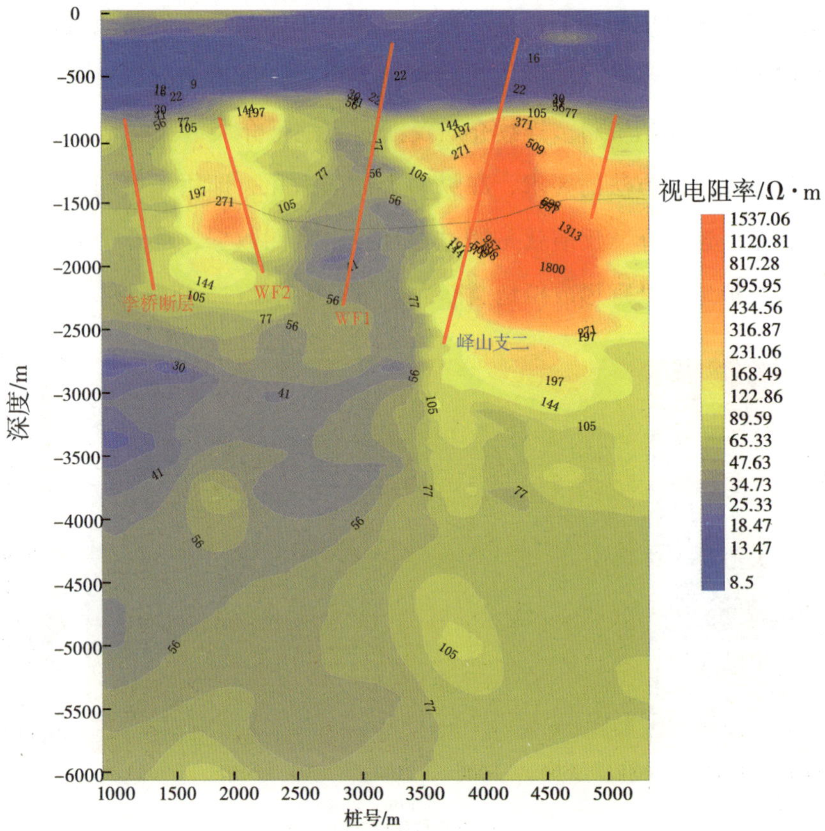

图 48－4　山东某地地热资源勘探 L3 线反演电阻率断面图

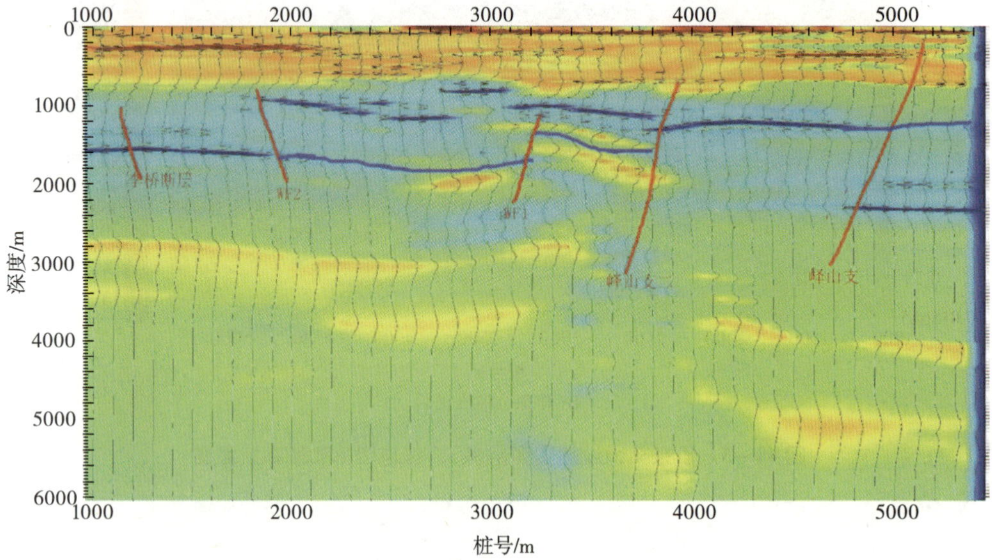

图 48－5　山东某地地热资源勘探 L3 线拟地震成像断面图

48.2.2 推广范围

该项目成果证明了广域电磁法在地热勘探中的有效性和实用性，未来可在全国地热勘探领域和其他领域进行推广应用，范围概括如下：

（1）发射2^n序列伪随机信号可以有效地降低城市区复杂电磁干扰，进行城市区域地热资源的广域电磁法勘探。

（2）进行勘探深度大超过1.5～8km深度电法勘探。

（3）进行电磁干扰复杂区的浅层地热勘探。

（4）进行煤矿干扰复杂区的水文地质勘探。

48.2.3 推广意义

该项目成果的推广应用，对推动地热地质科技进步和扩大地热地质行业学术影响起到了积极作用，为地热勘探单位等生产企业促进技术进步、拓宽工作领域、增加经济效益提供了有力的科技支撑。在能源规划、自然资源保护和生态环境建设等方面发挥了积极作用，形成了一套由研究思路、工作流程、处理解释、综合分析指标等核心环节构成的地热勘查技术工作体系，在地热资源综合调查和评价中得到了推广应用。该项目在推动绿色低碳发展、加快能源清洁低碳安全高效利用、持续改善环境质量、促进人与自然和谐共生等方面发挥了积极作用。

（供稿单位：中国煤炭地质总局地球物理勘探研究院）

49

土壤源热泵与风冷热泵复合式热泵系统

49.1 项目基本情况

近年来河北省地源热泵项目发展迅速，各种热源形式都有应用，并出现了利用新的热源形式的地源热泵系统，如工业余热、地热尾水、污废水源等作为新的热源形式应用在地源热泵系统中。

该项目是将土壤源热泵和风冷热泵这两个为建筑末端制冷或供暖的不同空调冷热源系统结合为一个系统，将两者完美结合，发挥优点、互补缺点，紧密结合了当前河北省利用开发新热源的形势，顺应了空调发展趋势，并形成中国煤炭地质总局水文地质局标志性的新型空调系统，为地源热泵复合系统的应用提供了新的研究思路和开辟了新的市场。

成果在邯郸市科技中心的应用是以充分发挥中国煤炭地质总局水文地质局的专业优势为前提，致力于建设绿色低能耗的空调系统，为建设面积 95 887.16m^2 的科技中心主楼提供节能型的空调、供热服务，取得了良好的经济效益及社会效益，在其行业中具备一定的示范性和推广价值。

49.2 取得的主要成果

49.2.1 成果关键技术要点

49.2.1.1 系统组成结构

土壤源热泵与风冷热泵复合式热泵系统将两个为建筑末端制冷、供暖的空调冷热源系统结合为一个系统，系统组成如图 49 - 1 所示。

当建筑密度较大，没有足够地面地下空间时，可充分利用现有场地，最大限度地利用土壤源热泵系统，不足之处应用风冷热泵系统补充。

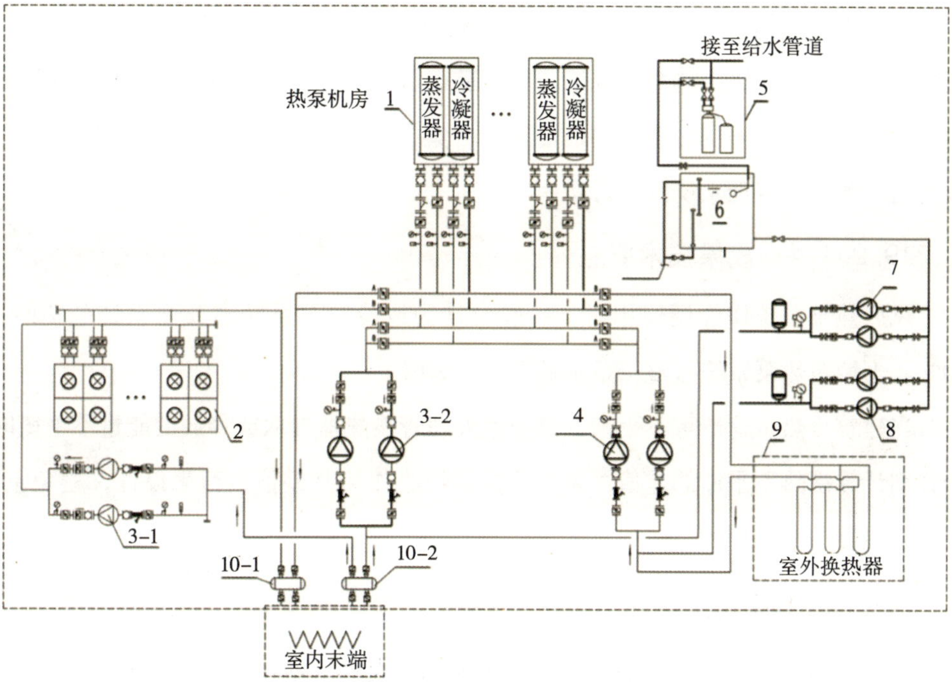

1.土壤源热泵机组；2.风冷热泵机组；3-1.风冷热泵系统末端循环水泵；3-2.土壤源热泵系统末端侧循环水泵；4.土壤源热泵系统地源侧循环水泵；5.软化水装置；6.水箱；7.末端侧定压补水装置；8.地源侧定压补水装置；9.室外埋管换热器；10-1.末端分水器；10-2.末端集水器

图 49 - 1　土壤源热泵与风冷热泵复合式热泵系统组成示意图

49. 2. 1. 2　成果工作原理

该复合式热泵系统主要由地源源热泵机组通过地源热泵系统地源侧循环水泵和室外埋管换热器将土壤中的冷/热量提取出来，作为热泵空调的冷源或供暖的热源，即在冬季把地能中的热量“取”出来，提高温位后，通过土壤源热泵系统末端侧循环水泵输送给室内采暖，反之，夏季将室内的热量通过热泵机组释放到土壤中；当末端空调负荷季节性高峰时期或地源热泵系统不能满足建筑末端空调冷热负荷需求时，开启风冷热泵系统，通过风冷热泵机组将空气中的冷/热量提取出来，输送给室内制冷或采暖，以满足室内末端空调需求。

49.2.1.3 智能化监控管理

在系统供暖制冷运行期间，智能化监控系统根据检测数据分析预测室外埋管换热器的冷热堆积时间，调整土壤源热泵系统和风冷热泵系统的负荷比例和运行时间，合理运行土壤源热泵系统、风冷热泵系统来降低土壤源热泵系统的冷热堆积；依据土壤源热泵系统、风冷热泵系统不同比例运行负荷和运行时间下的功耗和监测温度，分析模拟出系统供暖制冷期间的最佳运行方案，充分利用土壤源热泵系统，提高系统的运行效率、降低系统的运行费用。

49.2.1.4 成果技术要点

风冷热泵系统作为调峰用时，一般设计为风冷热泵系统占整个系统的 20% ~ 30%，土壤源热泵系统占整个系统的 70% ~80%。

当建筑冷热负荷严重不平衡，致使室外埋管换热器提取或释放的能量不平衡时，应详细计算冷热不平衡的差值，风冷热泵系统将作为其差值负荷来设计，避免室外埋管换热器的冷热堆积。

49.2.2 创新点

（1）合理结合了风冷热泵系统与土壤源热泵系统，双系统下具有相互补充、相互独立运行等特点。

（2）既最大限度地利用了现有场地，又起到了调峰的作用。

（3）风冷热泵系统的加入很大程度上解决了室外埋管换热器的冷热堆积。

（4）“二合一”的理念不仅做到了系统二合一，两个独立系统的控制与检测也在同一智能化监控管理系统内完成，做到了及时发现、及时报告、及时处理。

49.2.3 成果的技术实用性和实践效益

该成果创造的直接经济效益体现在两个方面：一是减少了土壤源热泵系统的投入，降低了初投资；二是充分发挥土壤源热泵系统的节能、高效特性，提高系统的运行效率、降低了系统的运行费用。2017 年邯郸市公布的供暖热力费价为每年 35.5 元/m^2，而以往燃气锅炉供暖费用统计，燃气锅炉运行费用为每年 40 元/m^2，即单从冬季供暖方面来说，科技中心项目每年利用土壤源与风冷热泵复合式热泵系统要比利用市政供暖每平方米降低费用 20 元，比利用燃气锅炉供暖每平方米降低费用

24.5 元，不仅解决了埋管区域受限的问题，也较常规采暖空调系统节能效果明显。

解决了因室外埋管占用场地面积不够而放弃用能效比较高的土壤源热泵系统为建筑物制冷、供暖的思路，克服了单纯利用风冷热泵系统制冷或供暖的运行费用偏高的状况。

土壤源热泵系统的冷热堆积不是一两年就能形成的。而是多年累积形成的。当有冷堆积时，冬季可适当延长风冷热泵的运行时间，减少土壤源热泵系统运行时间，夏季可适当延长土壤源热泵系统的运行时间，减少风冷热泵系统的运行时间；当有热堆积时，冬季可适当延长土壤源热泵系统的运行时间，减少风冷热泵系统的运行时间，夏季可适当延长风冷热泵的运行时间，减少土壤源热泵运行的时间。通过合理设计、合理使用，可最大限度地降低系统的冷热堆积，充分发挥土壤源热泵系统的安全、节能、高效、环保、可靠特点。

地源热泵空调系统没有氮氧化物、二氧化硫和烟尘的排放，真正做到了无污染；如果全国每年在 2 000 万 m^2 建筑中推广应用地源热泵空调系统，则可替代 70 万 t 左右标煤或 5.2 亿 m^3 左右天然气，削减约 470t 氮氧化物和约 40t 颗粒物的排放。

采用热泵技术为建筑物提供冷热源是今后全国供暖、制冷发展的重要方向，目前的技术水平是土壤源热泵的性能系数 COP 可达到 4.0 ~ 6.0，空气源热泵的性能系数 COP 可达到 2.0 ~ 3.0。在热泵采暖系统具有很好的环保效益的同时，可以大幅度降低系统运行成本，因而也具有很好的经济效益。

49.2.4 推广价值

地源热泵技术是一种高效、节能、无污染、低运行成本的，既可供暖，又可制冷，还能提供生活热水的新型空调技术。冬天，它代替锅炉从土壤中取热，向建筑物供暖；夏天，它代替普通空调向土壤排热，给建筑物制冷。因此，地源热泵技术被称为 21 世纪的“绿色空调技术”。地源热泵运用热泵技术，从土壤或地下（地表）水中吸取大量的低温热量，只需消耗少量的高品位能源（如电能），即可获得高于输入能量约 4 倍的热能效果。地源热泵系统是一种高效、环保的节能系统，属于经济效益、社会效益和生态效益显著的社会公益技术。

地源热泵产品正日益得到国内用户的认可，而该项目的土壤源热泵工程集成系统可以充分利用土壤源热泵系统，提高系统的运行效率、降低系统的运行费用，解决因为室外埋管面积不够而放弃用能效较高的土壤源热泵系统为建筑物制冷、供暖的思路。同时，结合空气源热泵系统的调峰补偿作用，也可避免土壤源（室外埋管）系统的冷热堆积，充分发挥土壤源热泵系统节能、高效、环保、可靠的特点。风冷热泵技术应用与地源热泵技术相结合具有很广的推广价值，在供暖（热水）、制冷应用领域上有着广阔的市场前景，市场容量是巨大的。

该成果的应用在加快地源热泵行业科技进步，拓宽企业产品结构，提升企业技术水平和市场竞争力，促进我国节能型社会建设和经济发展，驱动经济落后地区地源热泵行业及其相关产业发展的发展和科技进步、示范产学研相结合及技术成果向生产力转化等方面具有重要意义和经济价值。

49.2.5　取得的知识产权

一种土壤源热泵与风冷热泵复合式热泵系统（专利号：ZL201721403544.8）。

（供稿单位：中国煤炭地质总局水文地质局）